大厨必读系列

麻辣江湖
四川花椒

蔡名雄　著·摄影

中国纺织出版社有限公司

图书在版编目（CIP）数据

麻辣江湖．四川花椒 / 蔡名雄著．-- 北京：中国纺织出版社有限公司，2022.1
（大厨必读系列）
ISBN 978-7-5180-9068-6

Ⅰ．①麻… Ⅱ．①蔡… Ⅲ．①川菜—菜谱 Ⅳ．①TS972.182.71

中国版本图书馆CIP数据核字（2021）第217745号

原书名：四川花椒（全新增修版）：产地到餐桌24000公里的旅程
原作者名：蔡名雄

著作权合同登记号：图字：01-2021-5940

责任编辑：舒文慧　　责任校对：楼旭红　　责任印制：王艳丽

中国纺织出版社有限公司出版发行
地址：北京市朝阳区百子湾东里A407号楼　邮政编码：100124
销售电话：010—67004422　传真：010—87155801
http://www.c-textilep.com
中国纺织出版社天猫旗舰店
官方微博 http://weibo.com/2119887771
北京华联印刷有限公司印刷　各地新华书店经销
2022年1月第1版第1次印刷
开本 787×1092　1/16　印张：19
字数：322千字　定价：128.00元

凡购本书，如有缺页、倒页、脱页，由本社图书营销中心调换

前言

四川及周边是天然的优质花椒产区，有史以来“蜀椒”便成为优质花椒的代名词，巴蜀地区传承数千年的“尚滋味、好辛香”的饮食偏好，更让川菜成为唯一拥有独特、奇妙香麻滋味的菜系。

然而 2000 多年的历史中却从未有人从使用者的角度，好好介绍“花椒”这样的辅料，特别是现今川菜风行全球，花椒的应用技巧还是局限于川菜范围内，欠缺系统性的花椒应用知识与基础知识，因此迫切需要一本可以完整介绍花椒的品种、产地和基本使用技巧的图书。

个人的能力有限，加上四川地区汇集了相对多样的花椒品种及优质产区，研究范围因此限定在川菜源头的四川、重庆地区的品种与产地，以花椒产地与具有普适性使用原则的介绍为主，专而深的部分则期待借此拙作的抛砖引玉，能有更多各界人士致力于饮食文化和科学研究，为世人展现川菜千滋百味之下的灵魂与精髓。

当我 2006 年第一次踏上成都时，深挖川菜的种子就已在我心中种下，加上美食餐饮圈近 20 年的媒体经验与直觉告诉我，认识、了解、体验不同产地花椒的风味，才是让川菜的色、香、味、形更趋完美的关键。

然而，刚跨入花椒世界开始调查研究后我就发现，当代花椒研究或介绍都是以文化梳理、花椒种植、花椒林业经济、植物分类学或单纯的花椒成分分析为主，关于如何使用和分辨的相关知识极少，也十分粗浅。加上产地多在偏远地区或高山，到产地源头了解花椒并不经济，欠缺实地调研的情况导致不敢深入介绍花椒，花椒风味的独特性与差异性也因此被刻意避开不谈。这种现象同时出现在川菜典籍或各种烹调典籍中，对花椒的特点与使用的介绍都是点到为止，这就更激发了我对花椒及其产地的好奇心，在资料匮乏或可说没有的前提下，产生了亲自“下海”上山到产地，亲手揭开花椒及其产地之神秘面纱的念头。回顾当时，就是个不切实际的傻子啊！

再说花椒滋味，花椒可以去腥除异，这一点具有普遍性的认识与接受度，但对其那“麻”的接受度就相当不具普遍性，香气、滋味的部分就难以被四川以外的人们所认识，不仅历史文献没有记载，现今的实用资料同样少得可怜，即便有也是语焉不详地一笔带过。

实地走访产地，除了生长环境多是偏远地区或高山，还发现花椒树全株布满硬刺，要在烈日下采收、晒制等，这些使花椒产业成了一个相对艰苦的经济产业，花椒产地几乎与交通不便利、经济不发达画上等号。

除了通过本书介绍美妙的花椒风味与产地独特风情外，我也多了一个期许，就是希望通过花椒知识的普及，可以为花椒开拓新市场，间接改善椒农的生活。

近五年的采风研究，旅程超过二万四千公里，实地走访全四川及重庆市近50个主要的花椒产地，用味蕾与心体验不同产地的饮食风情与花椒风味，了解不同产地种植的风味差异性与风土人情，呕心沥血出版拙作《四川花椒》。旅程中持续思考如何帮川菜的未来梳理出一些新的可能性，并期待本书能为厨师、美食爱好者、椒农带来新效益。

一、对厨师而言，认识不同产地、品种、风味的花椒而后能精用，能让川菜风味特色更鲜明且完善。

二、增进美食爱好者的品鉴能力，进而回馈餐饮圈，互相提升。对大众来说，特别是四川、重庆地区以外的人，可以完整认识及懂得如何简单而适当运用花椒的美妙风味，进而促进购买和使用意愿，也就扩大了花椒市场。大众更能因了解花椒知识而减少被忽悠、欺骗或买到产地不明、质价不符的花椒。

三、对椒农与产地而言，让一些欠缺名气但质量佳的花椒产区，不需再替知名产地作嫁，获得应有的收益。就如许多不知名产区的正路花椒，产地收购价相对便宜，进到市场后却被伪装成名气响亮且价格更高的汉源贡椒卖。且大众使用率增加，市场扩大，椒农也能获利。

在走访、发掘之余，我也从使用者的角度，设计烹调与保存测试试验，试验结果除了证明许多经验中的道理外，与川菜专业厨师传承下来的花椒运用经验、工艺相结合后，提出对目前已知的菜品与更多的日常应用、烹调的可能性。

这本书以认识花椒香气、滋味与产地为重点，从面的角度介绍了花椒知识与日常应用，相信通过实地采风、亲身体验所得来的知识加上系统化归纳分析方法，能为专业人士与大众带来更实用且易理解的花椒烹饪知识。由于近七年（2014~2020）交通条件改善以及扶贫政策的落实，各花椒产区都有不同程度的变化，特别是增加了许多大型青花椒产区，于是兴起增修内容的书写工程，同时将先前因能力有限产生的疏漏补上、错误修正，让花椒风味体系及产区风貌更加清晰，并从中略见时代推动的轨迹。

当然，仅仅通过实践与单纯的热情并不足以做到完美，加上一个人的资源、能量有限，还望各界人士不吝回馈与指教。

蔡名雄

推荐序
01

深入而后能浅出

花椒，是川菜的特色香辛料。在台湾，说起花椒大家都知道，却又十分陌生，除了川菜餐厅外，其他类型的餐厅及一般大众使用花椒可以说少之又少，因此真正熟悉其芳香味或懂得其运用方式的人就更少了，加上花椒的特殊“麻感”更是让人感到奇异且摸不着头绪，说起对花椒陌生的主因，不熟悉花椒应该是关键，而想认识却发现找不到太多实用的资料。

今天，很高兴的是在多种香辛料图书中终于有一本介绍花椒的书出版，为大家揭开花椒的神秘面纱，让你我对花椒的应用不再感到陌生。本书作者本身是台湾美食圈知名的美食摄影师，因为对美食的喜爱与热情而投入出版业，更在热情的驱使下成为一个川菜饮食文化的研究者，在走遍成都、深入四川各地，体验四川文化、品尝川菜美食多年后发现“花椒”是人们认识川菜的一大障碍，为了让更多人可以因为认识花椒而更懂得品味川菜之美，作者开始了长达数年的花椒采风研究之路。

作者在书中介绍到花椒因为生长环境特殊，像常见的红花椒是分布在交通不便的海拔 2000 米高山上，而新兴的青花椒虽然主要种植在高度较低的丘陵地带，但多数都是偏远或交通不便的地方，想一睹真容十分困难。就因花椒种植区域的特殊性，让善于使用花椒的四川人及川菜厨师，在产地、品种的差异性上也是一知半解。这也是为何作者需要花这么多时间，旅行超过 24000 公里，实地“踩”访约 50 个产地，加上数百次的直接嚼食尝试后才能完成此书。

另外，四川、重庆地区的花椒使用历史有 2000 多年，却一直没有风味体系的建立，作者在写作过程中花了相当多的精力总结采访经验，建立了一套可以让一般大众也能轻松理解花椒风味的特色与好坏的风味体系。作者虽然不是食材调味方面的专家，但经过长时间的经验累积与勤奋收集、整理资料、钻研后建立的风味辨识体系，不论是对专业人士还是一般大众来说，都十分容易理解与应用。

提到应用，作者在书中也将花椒的各种形式的风味、料理技巧、保存方式以条理分明、容易理解的方式呈现，可以说是运用花椒极佳的参考图书，也可能是目前唯一的花椒使用指南，极力推荐给专业人士与美食爱好者。当然图文并茂的数十个花椒产地风情与少数民族风情介绍更是不能错过，让你从全新的角度认识四川和重庆。

前台湾美食展筹备委员会执行长

推荐序 02

用镜头揭开花椒的神秘面纱

我与来自台湾的蔡名雄先生相识，是在他 2012 年 11 月为考察体验羌族美食而来到我们北川县九皇山景区那一次。没过多久，一篇图文并茂的报道就发表在了《四川烹饪》杂志上。细看图片，美！品读文章，妙！此文从羌家菜、民族情的角度向外界推介了九皇山景区，对北川县“5・12”灾后重建、走向辉煌起到了较大的助推和促进作用。也由此，我对这位台湾美食影像创作家，多次集册出书推广川菜的美食出版构想家、发行人，产生了由衷的敬意。

《四川烹饪》杂志原总编王旭东推荐蔡名雄先生即将出版的《麻辣江湖．四川花椒》一书，并嘱托我为此书作序，我可以说是欣然应允。

这本书的部分书稿和图片，在细读品味后，感觉对我这个事厨一生的人不仅有启发，而且受教育。其一，此书从花椒的历史说到了川菜的当下，尽细尽详；其二，从花椒的产地阐述到花椒使用的剖析，妙不可言；其三，此书从花椒的特色论证了花椒与川菜的关系，相辅相成。一个台湾人，踏遍了巴山蜀水，历经了千辛万苦，查阅了浩瀚的资料，如此有图有文、有根有据地细说四川花椒，不仅不容易，而且很不简单，可以说他就是当今川渝两地全面详细介绍四川花椒成书出版的第一人。从崭新视角，以现代理念写就的《麻辣江湖．四川花椒》，对于广大厨师学习、了解、掌握、运用不同花椒种类、香型的继承创新，对于弘扬川菜文化，对于挖掘中华美食源泉，定能起到重要的指导、帮助和启迪的作用。

多少年来，亲民、实惠、可口的川菜红遍天下，根本原因还是八个字：“味多擅变，麻辣当头。”“麻辣鲜香”是川菜的风味，“一菜一格、百菜百味”是川菜的特色。“舌尖上的中国”，川菜站立潮头，“舌尖上的节俭”，川菜勇领风骚。

但川菜也不是放之四海而皆好，记得早年在美国表演川菜厨艺时，我做的一份“麻婆豆腐”，让一位美籍女士食后麻得闭不上嘴，被误以为是食物中毒而满堂惊恐。后来，我劝其喝下半杯冰水才缓解。事后，我改卤水豆腐为石膏豆腐，改海椒末为番茄酱，改花椒粉为少许花椒油重新烧制一份。客人们吃得有滋有味，连声赞叹。此事说明，花椒包括海椒的妙用，在于五味调和百味生香，多了伤，少了香，一定要依人、依地、依时而变。20 世纪 90 年代中期，我首次在青岛表演创新川菜“烧汁迷你肉”。大家品尝后给出评语：“微麻香辣，咸甜爽口，中外皆宜。”此菜成功流行，也是花椒、海椒巧立头功。我认为，不管是麻婆系列、水煮系列，还是椒香系列、火锅系列，都是以五味求平衡，以麻辣求柔和，现代版的川菜，正在演绎一场香飘四海的时尚花椒新风。

“小小花椒，大大学问，花椒川菜，香麻千年”。认识花椒的奇香美味，揭开花椒的神秘面纱，领略川菜名肴之美，弘扬中华烹饪的璀璨文化。愿以此为序，推荐给读者，献与海峡两岸的美食文化大使——蔡名雄先生。

原中国烹饪协会副会长 /
中国烹饪大师

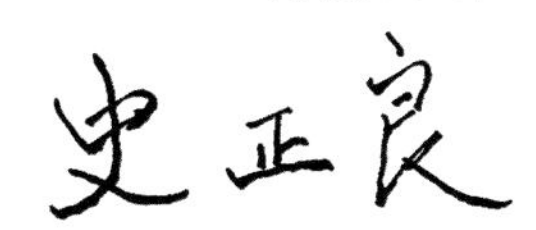

推荐序
03

走入川菜核心

食在中国，味在四川。作为烹饪王国，中国烹饪的一个重要特点是以味为核心，而川菜就集中地体现了这个特点。川菜味型丰富多样，清鲜与醇浓无所不包，更因其擅用麻辣而独具魅力与诱惑。麻辣、酸辣、煳，椒麻、椒盐、椒香，在川菜27种常用味型中，涉及到麻、辣的味型占一半左右。川菜独特的麻辣风味主要源于辣椒、花椒，其中，辣椒是国内外众多菜肴都采用的辣味调料，只有花椒才是在川菜中作为唯一的麻味调料使用，因此花椒成为川菜的一个核心调味料。法国名厨保罗·博库斯（Paul Bocuse）说：“好的农产品，好的料理。”菲利普·茹斯（Philippe Jousse）说：“食材的重要性，远超过厨师——永远的大自然学徒。”优质特色食材和调味料是菜肴风味成功的一个关键和核心。川菜厨师将四川优质特产的各种红花椒、青花椒、藤椒鲜品或直接使用，或加工成干花椒、花椒粉、刀口花椒、花椒油等组合使用，调制出麻味中带有清香、干香、酥香、油香、葱香的美味佳肴。随着川菜红遍大江南北、香飘海外，花椒成为关注的焦点，人们通过各种方式和视角欣赏它、研究它、解读它。

蔡名雄先生，宝岛台湾人，是一个热爱川菜、进而走进川菜核心，深入体味、研究和解读花椒的川菜爱好者与传播者。对于川菜，他经历了一个从陌生到熟悉、了解，再到热爱的过程。而在这个过程中，他发现“川菜的独特风味时常体现在花椒特立独行的香麻风味上”，并且认为“了解、体验不同产地花椒的风味才是提升川菜，让川菜的色、香、味、形更趋完美的关键”，但却缺乏一本这样的书籍。于是，他开始了有关四川花椒的漫漫求索之旅。5年，50个花椒产地，二万四千公里，一本书。这是一组让人敬佩的数字，体现出作者执着探索的精神，也使该书具有了多重特质。一是原创性。作者通过长时间的实地走访和亲身体验，描述了四川花椒50个产地的不同民俗风情，总结、分析了不同花椒品种的风味特征及细微差异的形成原因。二是融合性。作者从多角度出发，将关于花椒的已有科研成果与个人感受相结合，将花椒的化学成分、呈味机制与外在色形相结合，深入浅出地述说了四川花椒的生产、加工、鉴别方法和在川菜中的运用。三是国际性。作者身为台湾人，既受到中国传统文化的熏陶，又能够了解异域文化的特点及国际人士需求，因此在编撰过程中采取了国际化的思维和叙述方式，将花椒的各种香麻味归纳为国内外大多数人都可以想象或找到对比的19种香味或气味，如柚皮味、橘皮味、橙皮味、柠檬皮味等，努力将“只可意会不可言传”转换为“通过言传可以大致意会”，让更多人了解、认识花椒，认识川菜及其文化。

宋代大文豪苏东坡有诗言：“横看成岭侧成峰，远近高低各不同，不识庐山真面目，只缘身在此山中。”作为川菜文化爱好者和研究者，我有幸成为这本书公开出版前的首批读者，在认真研读之余，真切地感受到川菜的发展与创新离不开各界人士的执着追求和鼎力相助，而对于川菜文化以及中国文化的感知和传播，无论山中、山外之人，都可以换个角度去思考、去认识，定会收到更多意想不到的效果。

中国饮食文化突出贡献专家、
四川旅游学院 教授
四川省重点研究基地
川菜发展研究中心 主任

有花椒的地方
就有川菜江湖

——写在《麻辣江湖·四川花椒》出版发行之际

原《四川烹饪》杂志总编辑

我曾经听一位上了年纪的前辈说过："川菜本身就是一个带着巴蜀文化印记的江湖。"对于这个观点，我不仅赞同，而且还认为他把"江湖"二字用在这里，会让业内业外的人都联想丰富。

在川菜传统味型当中，用到了花椒的就有椒麻、麻辣、椒盐、煳辣、怪味等好多种，而在巴蜀民间，人们哪怕是在自己家里做泡菜、做腌腊制品，也都少不了会用到它。一直以来，省外人只要一提到川菜，多半会把它跟花椒的特殊麻香联系到一起。虽说四川人嗜食花椒，四川人做菜调味也相当地依赖花椒，但在时光已经进入 21 世纪的今天，我们巴蜀地区到现在也没出现过一本全面介绍原产地花椒历史沿革，全面介绍花椒的产区分布、品种特色，以及深层次探索花椒奇香妙麻之奥秘的专著。

我经常听到有人说——"好菜在民间，至味在江湖"；也多次听到一句从厨师嘴里传播出来的话——"人在江湖身不由己，菜在江湖味不由己"。在我看来，这些话都说得有道理，至少表明来自民间、来自江湖的饮食都能够呈现出自己的个性化特点。在我的记忆当中，大概是从 20 世纪 90 年代末开始吧，川菜业内就有了"江湖菜"一说，不过这种相对模糊的概念，最初还只是针对当时餐饮市场上流行的官府菜、公馆菜、精品菜提出来的一种说法，而那些"江湖菜"的推崇者，也无非是把某些滥觞于民间，尤其是不起眼小饭馆里的菜品，以及某些在烹制过程中不按常规和常理出牌的手法，统统都归入"江湖"，而这里所提到的打破常规的手法，当然也包括厨师做菜时大量地施放花椒。

对于花椒，我的朋友石光华先生曾经说过一句话："如果说辣椒呈现给我们的形象是劲道，那么花椒所展示出来的就是一种韵味，而世界上凡是有韵味的东西，都一定会让人迷恋。"当然，四川人对于花椒的迷恋是世界上任何一个地方的人都无法与之相比的。

花椒属于芸香科植物，其植株多生长在温暖湿润及土壤肥沃的中高海拔山区，而世界上最好的花椒，基本上都产于川渝地区（包括与四川相邻的陕南地区）。花椒作为一种土生土长的辛香料，比起三百多年前才经南洋引入中国内地的海椒（辣椒）来，其种植和使用的历史至少是要早出一千多年。要知道，中国人的饮食在辣椒引进来之前，所有的辛香味道都是由花椒、茱萸和姜葱等原生物种去呈现，而古代的四川人，也一直是以善于培植花椒并将其运用到日常饮食生活当中而著称。对此，已经有多位学者在研究、验证后得出了同样的结论：古代的蜀人，为"古川菜"味觉体系奠定基础的主要辛香料，应当是"花椒"而非"海椒"。

前面零零碎碎地说了那么多，其实我是要为读者朋友推荐一本新书，书名就叫《麻辣江湖：四川花椒》。这是一本在两岸同步出版发行的新书，还未面世就已经被誉为“全世界第一本有关四川花椒的实用指南”，而该书的作者，是来自台湾的著名美食摄影师和图书出版人——蔡名雄先生。我作为蔡先生的好朋友，既见证了他为这部图书所付出的巨大努力，同时也被他历时近五年的艰难探索经历所折服。蔡先生这些年对于四川花椒的深入研究，对于巴蜀各产区花椒品种所做的分类及其风味测试，以及怎么让花椒在“川菜江湖”中活用妙用等，都在这本书里做了系统的阐述。此外，更在书中详细介绍的几十道与花椒为伍的传统菜、江湖菜，以及代表性的火锅、干锅、汤锅等品种，都有助于读者从另一个层面去感受花椒的神奇和川菜江湖的梦幻。

为了编撰这本书，作者在这些年，先后十几次从台湾来到四川和重庆，他不仅千辛万苦地深入各花椒产区采访搜集相关的素材和数据，而且还向当地的农户和有关部门的专家虚心讨教。我曾经大致地帮他计算过，要是把他多次“上山下乡”的旅程加起来，那么他为探索花椒而在巴山蜀水走过的路程已经超过了两万四千公里。这个数字的确是有点让人吃惊，而这当中的酸、甜、苦、辣，也只有蔡先生自己心里最清楚。

虽说本书的作者以前不是川菜领域或经济领域的专家，但他在经历了多年的探寻、体验和整理后，还是完成了这部有着“开先河”之誉的花椒专著。我认为，《麻辣江湖：四川花椒》不仅是一本“开卷受益”的好书，而且是一本精美时尚的花椒宝典。不仅是因为其内容的丰富新颖，还因为书中同时穿插了大量精美图片与文字相配合，加之其在装帧设计方面所显现出的现代典雅风格，相信会让读者还没翻多少页就生出一种“阅读的饱感”。我估计，读者在阅读该书时，也会像我一样地期望——期望帮助自己在“知其然”后还要“知其所以然”。在这里我要告诉大家，这本实用图书完全能满足大家的阅读需求。同时我也相信，这本书出版发行后，不仅会大受餐饮从业者的欢迎——将其视为自己工作中的又一个指南，而且还会受到国内包括文史、经济、地理、农林、调味品生产等多个领域从业者的关注。

曾有川菜研究者感慨地说：花椒滋味几人知！然而在川菜江湖这个万花筒里边，花椒又的确是众多调辅料当中最让人难以琢磨的一种。虽说川菜的特点之一是麻辣鲜香，虽说花椒在实际运用中早已被分为红花椒、青花椒、藤椒（保鲜产品）、花椒粉、花椒油（包括藤椒油）等，但是在此之前，对于我们这里正在讲述的花椒龙门阵，对于花椒的分类及其风味类型，对于我们应该如何去识别、去妙用花椒，真的还缺少一些科学的认识和规范的标准。因此，在《麻辣江湖：四川花椒》一书与广大读者见面的时候，我才会写此推荐序，并且能够想象出这本书在“川菜江湖”中的价值及其“地位”。

中菜需要「烹饪基础科学」研究

川菜的多样风味来自其多样化的烹调工艺与多样化的调辅料，花椒只是川菜众多调辅料的一种，却是川菜风味迥异于其他菜系的关键，也是让四川、重庆地区以外的厨师与川菜爱好者最搞不清楚的一样辅料。

花椒是川菜的最佳配角，也造就了川菜的独特个性，相信是大家都认同的，因为花椒的香与麻是极具个性且无可替代的。

目前各菜系的烹饪研究多着重在历史文化的梳理，属于对既有成果与现象的研究整理，少了对烹饪的本质、原理作梳理、研究及尝试，也少了与现代生活作结合应用，也因此中菜的烹调总让人感到有如玄学一般，常用只可意会不可言传的语句描述着美味，但美味如何形成？似乎没有明确的解答或说明，最后人们还是无法了解这美味怎么来的，或理解这是怎样的美味。

烹饪的本质综合了食材、调料、辅料与其相关的生产知识，还有食材与调辅料间的交互作用机制和烹调过程的物理、化学知识等几大方面，以科学术语来说就是以食品科学为基础的分析与应用。但这里所说的“食品科学”并非一般人所熟知的，只适用于分析营养成分，建立食品工业的生产流程或设备的狭义“食品科学”。这里所说的“食品科学”，是指将那些难懂的科学分析和专有名词对应到我们生活中的烹调，让你明白烹调的每一个动作与程序是为了什么滋味的“知识”。我认为可以将这领域的研究称为“烹饪基础科学”，就如数学、物理、化学是现代所有可见的科技及其应用的“基础科学”。

科学界将数学、物理、化学等表面看来无实际用处的知识称为“基础科学”，而将能做出实际的设备、机器，如火箭、汽车、手机等的科学知识称为“应用科学”。对应到烹饪，“烹饪基础科学”就是指食材学（包含主食材、调料、辅料等各种知识）、刀工（物理）、调味（依情况不同，可能是物理，也可能是化学）、火候（化学）。“应用科学”是以“基础科学”为根本，所以一个国家的科技强弱是看他“基础科学”的研究发展能力，因为只有“基础科学”能论证“应用科学”的可行性与可复制性。换句话说，一个菜系或国家饮食的影响力要看“烹饪基础科学”的研究、梳理成果，因为只有“烹饪基础科学”能够用简单的语言说明每一道佳肴的美味如何产生。

我斗胆在这里指出，川菜以及全国烹饪，要再提升只有靠“烹饪基础科学”！就如风行全球的“分子料理”的源头就是“烹饪基础科学”，它在西方烹饪中创造了“见山不是山，见水不是水”的新饮食乐趣，然而这样的饮食乐趣却在中华烹饪中有着极长的历史，且视为理所当然，名菜“鸡豆花”就是一例。这里不是说孰优孰劣，这里要指出的是，为何我们既有的优良烹饪工艺与思路逻辑不能顺畅地传播到全球和影响西方，关键就在于我们说不出“为什么”，这“为什么”就是“烹饪基础科学”，一个举世皆能理解的烹饪知识。要将这些滋味与知识串在一起，靠的是物理、化学、食材学等举世皆同的“基础科学”力量。话说回来，“烹饪基础科学”在纯科学的领域，实际上是属于“应用科学”。

川菜使用的食材、调料庞杂，味型繁多，所以目前接触到的研究或探讨多将重心放在烹煮与调味的工艺操作上。对于烹煮与调味工艺的物理原理、化学变化，选择相对“更适合”的食材或调辅料的思路逻辑一直被忽视。对多数的厨师或消费者，甚至是美食家来说，都采取只要用上“著名”或“高贵”的食材、调辅料就是相对“好”菜品的思路，作为理解与品尝“创新美食”的方法。但这样的思路只是一种取巧，可以拿来即用，不需学习与教育消费者。当然，从地大物博、用料繁杂的角度来看，直接应用既有的烹煮工艺烹调“著名”和“高贵”的食材或调辅料的思路推出菜品，在经营的角度上“回收”快，“效果”明显。

而明辨烹煮与调味工艺的原理、变化及食材特性、搭配性来提升菜品滋味的完美度或是找出创新而美味的新组合，却常常吃力不讨好或叫好不叫座，付出与回收不成正比，但这却是厨师、餐饮业要做强、做得长久所必须具备的“基础”能力，即“烹饪基础科学”。因为将“烹饪基础科学”摸清楚后，要创新菜品或为经典菜品添加个性，要在竞争激烈的餐饮市场中建立特色风味与市场区别，都将变得有迹可循且相对容易，不再需要瞎整、乱搞、碰运气，充实“烹饪基础科学”是无可替代的终极秘诀。在餐饮市场中，做得出好菜又能说得出菜好在哪里或妙在哪里的厨师或餐馆酒楼，人们都愿意为菜品美味所附加的“知识”价值而多付钱，因为真正的美食不应该只满足食客的口腹之欲，更要满足食客精神层面的欲望。

作为钻研川菜饮食与文化的我来说，选择构成川菜独特个性的最佳配角“花椒”来尝试形塑出“川菜烹饪基础科学”研究的“砖”，是因为相信抛出这块“砖”可以引出丰富的“玉”一起完善川菜的基础研究，间接提升川菜的精致度与内涵，让使用平凡、家常食材为主的川菜不只是“大众”，更能在灌注“知识能量”后可以“高端”。

巴蜀地区常说：“真正的美味在民间！”但要体会与实现这句话的关键在于你对“烹饪基础科学”的知识了解多少！这些不需外求，只需回到川菜的根本，好好琢磨、研究，就能找出前人经验精髓之所在，让川菜发生“质”的提升。

↑南路花椒花的特写。

目录

一路下乡寻花椒

花椒食谱目录

花椒产地目录

南路花椒

西路花椒

青花椒

常用质量、面积单位换算

常用质量单位换算：

通用单位：千克

1 千克 =1000 克，1 吨 =1000 千克

0.5 千克 =1 斤 =10 两 =500 克，

1 两 =50 克

常用面积单位换算：

通用单位：平方米

1 平方千米 =1 平方公里 =100 公顷

1 公顷 =10000 平方米

1 公顷 =15 亩

1 亩 =666.67 平方米

书中为了阅读和理解方便，保留了公里、亩、斤等表述方式。

小小一粒，香麻两千年

是一种辛香料也是一味中药，

存在于你我生活中已有两千年以上的历史，

但多数人只闻其名却不知其味！

SICHUAN PEPPER

花椒？

她，是最具中国特色的原生香料，位列调料“十三香”之首，产于四川、陕西、甘肃、河南、河北、山西、云南等地，其中以四川一带品种最为多样、风味较佳，而河北、山西产量较高。

她，也是一味中药，存在于你我的生活中近三千年历史，食用历史也近两千年，却是最说不清的香料，多数人只闻其名而不知其味！

在我国的各大菜系里，花椒多是配角中的配角，唯在川菜中是第一配角，普遍运用花椒的香麻来满足那“尚滋味，好辛香”的味蕾，并在时间与经验的累积下形成川菜所独具又个性十足的麻辣风味。20世纪80年代起，因为改革开放，川菜借助其丰富的味型、工艺与开放而包容的烹饪传统，加上餐馆酒楼老板及厨师喜爱舞文弄墨的风气而拥有坚强的文化创意基础，短短十多年就跃上最具创造力的菜系之首，现在更是普及率最高的菜系，可以说有华人的地方就有川菜！

高速发展了30年至今日，川菜也遇到了发展瓶颈，作为川菜最具特色的辛香料——花椒，应该是最具潜力的未来之星，近几年川菜味型持续丰富化的过程中，最为人们所关注的莫过于突出花椒风味的各种味型，如传统的麻辣

味、椒麻味；源自地方的藤椒味；重用青花椒的青花椒味等，但在应用与形式上相对粗犷，多是高刺激性滋味的大众流行菜，难登大雅之堂。

虽然麻辣是川菜鲜明而独一的特色，但如何让更多人品尝麻辣滋味的美妙，特别是原本不吃麻辣的人们，所需要的是将产生麻、辣的源头——花椒、辣椒的滋味、风味做更精妙运用，辣椒使用的历史虽然短，却因全世界随处可种及广泛使用而被普遍认识，同时不存在应用的死角。然而，属于中国特有的花椒的使用历史有两千多年，认识却一直不完整，应用上就存在很多的不足与遗漏，因此可以说掌握花椒知识就是掌握了未来川菜，甚至是未来中华美食餐饮的创新、成长之钥！

花椒龙门阵

中菜烹调使用的香料种类极多，常用的有花椒、八角、小茴香、月桂皮、陈皮、甘草、月桂叶、姜等，其次是木香、砂仁、良姜、白芷、山柰、丁香、豆蔻和紫叩等，还有则是山楂、孜然、草果等。在唐朝之前，带辛辣、刺激味感的香辛料以花椒、食茱萸（植物学上同为芸香科花椒属）、姜、葱、蒜为主，其中花椒、食茱萸主要作为去腥除异的角色，甚至食茱萸的使用率高于花椒。两晋之后花椒的使用场合开始变多，其中晋·郭朴（公元 274~324 年）整理注释之《山海经图赞》开始提到人工种植，成书于北魏（公元 533~544 年）的《齐民要术》（贾思勰，生卒年不详）更具体介绍了花椒的种植方法，带动了人工栽培与规模化种植，可间接证明东汉之后花椒使用量快速增加。

然而食茱萸的使用却是随朝代更迭而一直减少，直到完全退出烹调的主流。根据今日对其风味的认识来推论，食茱萸的滋味相对来说野腥感浓郁、滋味偏粗糙，这应是影响其运用的主因。食茱萸现在多当作药用植物。有趣的是，台湾部分的原住民（高山族）却仍有食用食茱萸的传统，他们称为“塔奈”，多数人称其为“红刺葱”“鸟不踏”等，主要使用其叶子，除去叶子上的刺后切碎，用来煎蛋、煮鱼汤、炒肉类菜肴等。

↑食茱萸，多数人称其为“红刺葱”“鸟不踏”等。

《山海经·北山经》

又南三百里，曰景山，南望盐贩之泽，北望少泽，其上多草、藷藇，其草多秦椒，其阴多赭，其阳多玉。有鸟焉，其状如蛇，而四翼、六目、三足，名曰酸与，其鸣自詨，见则其邑有恐。

《齐民要术》中记载山东地区的种植缘起：

“《尔雅》曰：‘椴，大椒。’《广志》曰：‘胡椒出西域。’《范子计然》曰：‘蜀椒出武都，秦椒出天水。’按今青州有蜀椒种，本商人居椒为业，见椒中黑实，乃遂生意种之。凡种数千枚，止有一根生。数岁之后，便结子，实芬芳，香、形、色与蜀椒不殊，气势微弱耳。遂分布栽移，略遍州境也。”

《齐民要术》中记载的花椒种植法：

熟时收取黑子。四月初，畦种之。方三寸一子，筛土覆之，令厚寸许；复筛熟粪，以盖土上。旱辄浇之，常令润泽。生高数寸，夏连雨时，可移之。移法：先作小坑，圆深三寸；以刀子圆椒栽，合土移之于坑中，万不失一。若移大栽者，二月、三月中移之。先作熟蘘泥，掘出即封根合泥埋之。此物性不耐寒，阳中之树，冬须草裹。其生小阴中者，少禀寒气，则不用裹。候实口开，便速收之，天晴时摘下，薄布曝之，令一日即干，色赤椒好。其叶及青摘取，可以为菹；干而末之，亦足充事。”

↑颜色红亮、气味馨香、结果累累的大红袍花椒。

《诗经》·闵予小子之什—载芟

载芟载柞，其耕泽泽。
千耦其耘，徂隰徂畛。
侯主侯伯，侯亚侯旅，侯强侯以。
有嗿其馌，思媚其妇，有依其士。
有略其耜，俶载南亩。
播厥百谷，实函斯活。
驿驿其达，有厌其杰，万亿及秭。
为酒为醴，烝畀祖妣，以洽百礼。
有飶其香，邦家之光。
有椒其馨，胡考之宁。
匪且有且，匪今斯今，振古如兹。

《诗经》·唐风—椒聊

椒聊之实，蕃衍盈升。
彼其之子，硕大无朋。
椒聊且，远条且。
椒聊之实，蕃衍盈匊。
彼其之子，硕大且笃。
椒聊且，远条且。
◎花椒，又叫山椒。聊：同“莍”，亦作“朻”“梂”，泛指草木的果实结成一串串的样子。

《诗经》·陈风—东门之枌

东门之枌，宛丘之栩。子仲之子，婆娑其下。
谷旦于差，南方之原。不绩其麻，市也婆娑。
谷旦于逝，越以鬷迈。视尔如荍，贻我握椒。

花椒史实际是红花椒史

目前有历史记录的花椒，没有特别说明都是指红花椒，而青花椒历史则是一段被隐藏的历史，想一窥全貌，还需从记录较多的红花椒着手。

红花椒简称“椒”“花椒”，又名“蜀椒”“川椒”“巴椒”“山椒”“秦菽”“秦椒”“椒聊”“莍”“朻”“梂”等。花椒和食茱萸同属芸香科花椒属，算是远亲，两者有许多相近之处，形成文献中最常见的注解就是辨别原作者说的究竟是花椒还是食茱萸的有趣现象。

花椒的记录最早出现在《山海经》中，进入生活的最早记录是西周到春秋累积成书的《诗经》（公元前 1046 年至公元前 771 年）。但因《山海经》一书成书时间跨度太大，加上大多只有简略的描述，如《北山经》中：“景山，…… 其草多秦椒，……”这类的叙述，因此只能推断花椒在三千至五千年前已被先祖们认识，但当时是如何应用的却不清楚。

《诗经》收录的是西周到春秋之间的诗歌，其中花椒相关的记录虽不多，但因《诗经》中一大部分诗歌是描述民间生活的，以今日的概念可以说是反映社会现象的流行歌，因此可从《诗经》不算多的记录中推测出花椒在遥远的西周、春秋时期所扮演的社会角色。首先是人们觉得它具有象征美好的香气，可用于祭祀；其次是其结果累累象征多子多孙，用于祝福；最后是将前两个因素加上其如花一般，颜色红艳，可以当作定情之物。但就记录来说因其颜色红亮、气味馨香与结果累累的形象，只局限在祭祀和生活，同时代的文献还未发现食用花椒的相关记录和说法。

据现存并考证最迟成书于西汉（公元前 206 年至公元 9 年）、距今超过两千年、最古老的医书《神农本草经》之《木中品·秦菽》记载，花椒“味辛，温。主风邪气，温中，除寒痹，坚齿发、明目。久服，轻身、好颜色、耐老、增年、通神。生川谷。”虽没有直接指出把花椒当作香料或调味料做日常食用，但通过药性辨证与效用的确定及可以“久服”的结论，可以推测西汉时花椒的药用已相当成熟，而花椒入口的历史最少可从《神农本草经》成书的年代往前推两百至三百年，现今最大胆的推测是先祖们在两千六百年前就懂得运用花椒的药效，再往前就是花椒那沁人心脾的香气与魔法般除异味的效果似乎能“通神”而成为敬天祭祀的重要香料。

综合以上历史脉络，可以发现花椒进入我们的生活和饮食有三个阶段，先是东周到西周的阶段，主要当作祭祀用香料，其次作为礼仪民俗的象征；再是春秋、战国到西汉阶段，总结经验并确认花椒的药用价值；最后是东汉、魏晋之后，开始有花椒用于菜肴调味的记录，可以算是进入生活食用的阶段，如北魏贾思勰所著的《齐民要术》就记载了 16 种。即使如此，一直到明代和清代花椒的使用仍局限在祭祀与贵族的宴席饮食中，经过近千年，直到清朝中后期花椒才真正普及于寻常百姓的饮食生活中。

↑同属芸香科花椒属的“两面针”枝软如藤蔓，应是文献中记载的“蔓椒”或“地椒”。

↓青花椒在 1980 年以前是乡野人家无法取得红花椒时的替代品，登不上大雅之堂。图为四川洪雅县农村一景。

属于老百姓的青花椒史

话说最早对花椒有明确颜色描述的记录是北宋（公元977~984年）的《太平御览·木部七·椒》：“《尔雅》曰：椴，音毁。大椒也。……似茱萸而小，赤色。……”由此可知，北宋时期的“椒”是指红花椒。

北宋之前，在礼制上，中华文化基本一脉相承，独尊“红”色，即使朝代更迭也无变动，加上花椒的独特芳香常用于比喻美好的事物或品德，如《荀子》中：“好我芬若椒兰”，进而形成独尊红花椒的推测应是经得起检验的，这一礼制需求促使社会以红花椒为“正品”“上品”的饮食文化，也就是说北宋之前记载的“椒”都是指红花椒。

再对照近一百年来四川馆派川菜的烹饪传统及相关文献记载，能发现直到1980年青花椒开始经济规模种植之前，严格来说是直到1990年四川江湖菜盛行之前，酒楼、餐馆、筵席乃至小吃的官方记载都见不到青花椒的使用。由此可进一步确定直至1980年各种文献中提到的“椒”都是指红花椒！

中国历史文献都没有青花椒的记载吗？有，且能看出古人的严谨，不是红花椒时都明确载明为何不算是“椒”。如明·李时珍的《本草纲目》中除了记载“椒”之外，另有“崖椒”“蔓椒”“地椒”等，都附带详细的形态、气味说明。又如清·陈昊子所著园艺学专著《花镜》里提到：

关于“椒”字

文献资料中，“椒”字除了指花椒之外，另指孤立的土丘或指山顶。另也是地名、姓氏。详见康熙字典对“椒”字的解释：椒：“椒树似茱萸，有针刺，叶坚而滑泽，蜀人作茶，吴人作茗。今成皋山中有椒，谓之竹叶椒。东海诸岛亦有椒树，子长而不圆，味似橘皮，岛上獐、鹿食此，肉作椒橘香。
又【汉官仪】皇后以椒涂壁，称椒房，取其温也。
【桓子·新论】董贤女弟为昭仪，居舍号椒风。
又【荀子·礼论】椒兰芬苾，所以养鼻也。
又【荆楚岁时记】正月一日，长幼以次拜贺，进椒酒。
又土高四堕曰椒丘。【屈原·离骚】驰椒丘且焉止息。
又山顶亦曰椒。【谢庄·月赋】菊散芳于山椒。
又邑名。亦姓也。椒，春秋楚邑，椒举以邑为姓。”

“蔓椒，出上党（地名，今山西东南部）山野，处处亦有之，生林箐间，枝软，覆地延蔓，花作小朵、色紫白，子、叶皆似椒，形小而味微辛，……”这说明古人对于与红花椒相似或可能是“花椒”的植物都会详细说明差异。

青花椒，百姓的花椒

研究过程中发现许多文献的记录需详看前后文才更能发现隐藏在字面背后的重要资讯，如《本草纲目》中：“崖椒……此即俗名野椒也。不甚香，……野人用炒鸡、鸭食。”而《花镜》里则说：“（蔓椒）土人取以煮肉食，香美不减花椒”。其中“土人”“野人”指的是当地老百姓或少数民族，用白话来说就是“当地一般老百姓会用其（崖椒、蔓椒）入菜调味，滋味不输‘红花椒’”，间接证明野花椒的食用是普遍存在于民间的。

进一步分析就能发现古代社会里，多数老百姓应该知道花椒的调味作用，无法取得红花椒就只能用广泛分布于低海拔地区的“崖椒”“蔓椒”“地椒”等野花椒作为替代品，其中肯定包含现今大量种植的青花椒、藤椒，而产自海拔2000米以上的红花椒取得不易，应只有一定阶层以上的人才能享用到红花椒。

通过礼制、文化、产地、取得难易等多角度分析文献记载后可发现青花椒的食用、使用历史多被隐藏在各种文献的只言片语中，只因自古以来，老百姓的饮食生活都不是官方记

↑木姜为樟科木姜子属的常绿落叶乔木或灌木，又名山胡椒、山苍子，气味强烈，自古以来是长江以南乡野人家餐桌上常见的香料食材，2000 年以来餐饮求新求变的需求也让这上不了台面的野味登上大众及高档餐饮市场。

录历史的重点，想了解、贴近每个朝代老百姓的真实生活状态只能通过少量的记载！

那青花椒食用历史该有多长？

答案就是：红花椒的食用历史有多长，青花椒的食用历史就应该有多长！

今日，青花椒这一风味突出、个性鲜明的“野味”不仅是古代平民百姓的重要调味品，更是当代新派川菜的调味“椒”品，再次证明中华饮食的创造力始终来自民间。

开始烹香调麻

目前已知文献中汉代之前的记载以官方祭祀、饮宴相关之食物或浆酒为主，如战国时期《楚辞·离骚经》的“欲从灵氛之吉占兮，心犹豫而狐疑。巫咸将夕降兮，怀椒糈而要之。”《楚辞·九歌·东皇太一》的“瑶席兮玉瑱，盍将把兮琼芳。蕙肴蒸兮兰藉，奠桂酒兮椒浆。”

首见明确记载花椒入菜及调味方式则在公元二三世纪汉代刘熙所著的《释名·释饮食》中：“馅，衔也，衔炙细密肉和以姜椒盐豉已乃以肉衔裹其表而炙之也。”当中明确指出将花椒当作调味料加入肉末中再煎炙食用。之后，魏晋南北朝（公元 220~589 年）的《齐民要术》（贾思勰）、《饼说》（吴均）等著作中就出现大量用花椒调味的烹饪工艺与菜品。

探索四川地区使用花椒最早的记录，属唐代（公元 618~907 年）段成式的笔记式小说集《酉阳杂俎》，书中卷七的“酒食”篇记载有“蜀捣炙”的菜名，夹在一大串的菜名中，只能通过“蜀”这自古就是泛指四川地区的字，又提及“鸣姜动椒”应是形容取用姜、花椒等香料进行烹调的文字，加上蜀地一直以来就是优质花椒产地即可推测出“蜀捣炙”应是以花椒调味、具花椒风味的“烧烤”菜，这段记录也说明花椒食用应是蜀地的一大特色，应是最早普遍使用花椒入菜的地区。

接着从花椒种植与气味的记录验证，按记载于魏晋南北朝时期的梁朝陶弘景（公元 456~536 年）著述的《本草经集注》中“蜀椒”条目：“（蜀椒）出蜀郡北部，人家种之，皮肉浓，腹里白，气味浓。”可看出花椒在蜀地种植的普遍性，另相较于此书对秦椒只介绍药性，蜀椒的“气味浓”成了一大特点，药性虽不如秦椒，“气味浓”却似乎更适合入菜，再次间接说明今日四川地区为何拥有雅安汉源、凉山越西、甘孜九龙三个贡椒产地了。再以历史记录产生的过程：从尝试到习惯、传播后形成社会特点而后被记载来看，自记录的时间点回推，四川地区就是最早普遍将花椒入菜的地区，应该早在两晋（公元

220~589 年）之时，甚至更早就发展出这一饮食习惯。

据研究统计当前已知的文献中，古代中国各地约有 1/4 的菜肴都要加花椒，远高于今日各菜系菜品记录的花椒入菜比例。花椒入菜的普及始于唐朝，高达 2/5 的唐代菜肴加了花椒，或许是与唐朝皇帝来自北方游牧区，肉食比例较高，加上花椒的种植到唐朝也发展了数百年，贸易交流相对成熟有关。

从全面占据到退缩西南

整个中国普遍使用花椒的现象持续到明朝，之后各种记录都显示花椒使用的普遍性快速降低，有研究指出，可能原因是明朝中后期，高产量的高淀粉作物土豆、红薯、玉米陆续传入中国，加上农业技术的进步使得五谷杂粮全面普及食用，对肉食的需求大幅降低，能强力去腥除异的

↑ ↓ 蜀椒之美源自先天的优良环境。

花椒需求也就跟着降低，即使如此整个明朝仍维持 1/3 菜肴用花椒调味的比例。

16 世纪明朝后期辣椒的传入对花椒入菜的冲击是最关键的。初期辣椒只作为观赏植物，直到 18 世纪清朝中期开始有食用辣椒的记录，估计是发现辣感虽不舒服却可掩盖、转移食物中不佳的味感，加上辣椒种植容易、产量大，且没有劣质品种花椒的腥臭感，辣椒的食用风潮一下席卷中国，很快就占据了平民百姓的厨房，大幅降低花椒需求。辣椒势力到 18 世纪末 19 世纪初才登上四川人的餐桌，之后花椒逐渐被留存在环境封闭、湿热、阴冷却是优质花椒产区的四川地区，19 世纪末清朝后期基本形成今天所熟悉的吃麻吃辣的地理分布。

↑经民间收藏家复原保存的菜籽油榨油坊。摄于四川·洪雅“中国藤椒文化博物馆”。

《酉阳杂俎》卷七“酒食”篇节录

“……曲蒙钧拔，遂得超升绮席，忝预玉盘。远厕玳筵，猥颁象箸，泽覃紫篝，恩加黄腹。方当鸣姜动椒，纡苏佩傥。轻瓢才动，则枢盘如烟；浓汁暂停，则兰肴成列。……

……隔冒法、肚铜法、大？（原古文献缺字）百炙、蜀捣炙、路时腊、棋腊、……”

《华阳国志》－蜀志

（蜀地）其卦值坤，故多斑彩文章。其辰值未，故尚滋味。德在少昊，故好辛香。星应舆鬼，故君子精敏，小人鬼黠。与秦同分，故多悍勇。

花椒食用量除能直接从菜肴方面的记录看出减少趋势外，还有历代的林业记录间接佐证，分析历代地方志的记录后可发现明朝之前中国黄河流域中下游、长江流域上中下游到东部沿海各省都有大量的种植分布与食用的记录和变化，这些记录和变化恰好与汉朝至明朝记载的菜肴饮食品种的花椒使用变化、分布相互呼应。目前，除川菜涵盖的地区外，还保有吃麻味传统的地区都是零星分布，如山东、陕西、甘肃等省的部分地区，这些地区也多是历史上记载的优质花椒产地。

总结以上的分析后可以得出一个结论，就是清朝之前，几乎大江南北都会运用花椒入菜；清朝开始，花椒使用的地理范围开始萎缩，到 19 世纪末基本确立了今日各菜系中除了川菜外，已看不到普遍使用花椒的局势，再经过百余年的习惯养成，致使

现代华人几乎都是谈“麻”色变。

回头思考，在以牛、羊、猪等各种畜肉为主食的时代，去腥除异力强的花椒被普遍食用是可以理解的，但多数地区都在改以五谷杂粮为主食后渐渐抛弃吃花椒的习惯，只剩东晋·常璩《华阳国志》所描述“尚滋味，好辛香”的巴蜀地区对花椒不离不弃，最后被限缩在今日西南的川菜地区。

从环境及现今花椒的品种分布与品质来看，除四川地区相对封闭的环境因素外，四川花椒品种多样且品质优良、气味浓，从吃的角度来说，对菜肴滋味有明显提升效果，应是维持花椒入菜习惯的关键因素，其道理就如今日

■ 大师观点：史正良

读三年书也要行万里路，见多识广，游历就是你的阅历，你就知道别人喜欢什么东西，忌讳什么东西！所以我现在还是希望常常出去，这样对自己有好处，多接触不同地方的文化，那个（思路创新）刺激要更强烈一点。

《花椒胖达说历史》四川两千年的移民史

↑四川人最鲜明的移民特质就是排外性低，且乐于与外地人攀谈。

四川的移民史要从秦朝灭巴蜀说起，秦朝为加速巴蜀地区的发展，半强制性地移民，超过万户人家移居入巴蜀，估计有四五万人，这是四川有史以来第一次大移民。第二次是从西晋末年开始，位居北方的政局动荡，造成北方人口为避难而南迁，这段时间以邻近四川的陕西、甘肃移民人数最多。第三次在北宋初年，与第二次因北方动荡而大移民的情况相似。第四次是元末明初，移民以湖北省为主。第五次是清朝前期的移民入川，范围广及十多个省市自治区，以湖北、湖南、广西（当时的行政区叫“湖广行省”，管辖范围为湖北、湖南、广西及广东、贵州部分）移民最多，前后长达100多年，总移民人数达100多万人，今天大家熟知的“湖广填四川”，指的就是明末清初的这次大移民。第六次是抗日战争期间四川因地形优势成了抗战的指挥中心与后勤补给的大后方，因局势相对稳定，而吸引全国各地的百姓随着战争局势的变化而入居巴蜀。第七次是20世纪末到21世纪初，三峡大坝的兴建，因淹没区广泛而形成大移民，此次移民有许多人选择落户四川。

的餐饮市场，不够好的菜品就会被淘汰，能留在市场上肯定是质量经得起考验。

品花椒，巴蜀第一

今天说起川菜，应该没有人不知其麻辣味，但多数人只知道麻辣菜中有辣椒，却不知道麻辣菜中最迷人与诱人之处是那麻香味。花椒虽不起眼，却能为川菜添上最让人上瘾的成分。放眼八大菜系，能将花椒用得全面而让人垂涎的唯有川菜，其他菜系多只用于除腥去异，避免出味、出麻，未能充分运用花椒的香与麻来给菜肴增添风味与滋味。

四川盆地因天然屏障与优渥的气候、环境而形成好享乐、自成一格的社会氛围。然而，在动乱时，这样优渥的

↑四川麻辣中心在成都，2017 年结束近三十年历史任务的城北的五块石海椒花椒批发市场曾是成都的麻辣源头。

条件却成了兵家必争之地，因此两千多年的历史中四川历经七次大移民，每一次都对四川地区的饮食、生活、文化产生了巨大冲击。其中清朝初年的湖广填四川，虽是用血泪写成的历史，却是奠定今日川菜风格特色的关键。此次移民人数之多与范围之广空前绝后，加上当时入川的各省大小官员或商人多会带着家厨一起入川，几个因素加在一起为四川地区的饮食习惯、烹饪工艺与食材应用的多样化注入了全新的养分，成为今日川菜的基础。之后经过三百多年的融合塑造出川菜“味多味广”的鲜明特色。

在大历史背景下，川菜地区的烹调也就拥有了相对开放的态度，进而将传入中国只有四五百年的海椒香辣味与红亮色泽吸纳为川菜养分，还发现海椒的香辣味与花椒的香麻味是绝配，组成了川菜最鲜明的标志性风味——色泽红亮的麻辣味，形成中华唯一也是全世界唯一麻辣兼备的菜系。

在四川，花椒的使用虽然普遍，但东、南、西、北各区对花椒的偏好有着明显的差异，川菜市场的两大主要城市，川西平原的成都和位于四川东面的山城重庆就是鲜明的例子。成都无论麻或辣，多是走中庸路线，但突出香气，所以对省外的人来说，成都的川菜相对容易接受与适应。重庆人的山城性格鲜明而豪迈，在麻、辣的要求上就是大麻大辣，味味分明，非重庆人好恶两极。再以麻辣火锅来说，成都麻辣火锅滋味醇和而浓香，麻、辣滋味不强不弱，整体协调爽口，就少了点过瘾的感觉。重庆麻辣火锅滋味就不一样了，味浓味厚、大麻大辣，整体让人爽快而满足，吃得满头大汗，吃完后多数人的感觉是：过瘾！

川菜，集中华烹饪之大成

多次大移民是四川地区菜品口味多元化的关键原因，若是以餐饮酒楼的经营角度来看就是一种必然，一方面，在移民占多数的四川地区开门做生意，面对的是大江南北、各式各样口味偏好的人们；另一方面，四川地区地处内陆，可用食材的变化性与特殊性不如沿海地区，厨师的创新就选择在“味”上做文章，在滋味上求新求变来满足众口，事厨者之间同时进行着大量交流，工艺、滋味

■ 大师观点：兰桂均

没有花椒的话，川菜就与北方菜或广东菜没有太大差异；若是只加辣椒，就与湖南菜、贵州菜差不多。四川的味道灵魂是“复杂”的，如果以“味”作一个简单比喻的话，广东“味”若是复杂，山东“味”就是更复杂，而四川“味”是在这两个基础上再加一层让人看不清的“麻”，就是复杂到了极点。原因在于，清初的“湖广填四川”，为四川的“味”建立起一个基础。之后的数百年间，山东的巡抚和北方当官的，到四川来又带了其他东西来，但花椒是四川土生土长，就是始终有这个根在里面，让进到四川的“味”变得更多样而复杂，因此就有个说法：味在中国，四川是顶峰。

↑ 20 多年来，通过四川餐饮业人士与厨师们的努力，已扭转了川菜上不了台面的刻板印象。

■ **大师观点：史正良**

一个厨师若是调味品用的精而少，那这个厨师是高手；用得多而杂，就像画画一样，画的杂乱无章，就是水平欠佳。

↑川菜中最容易让人误解的菜肴恰好就是川菜的最大亮点——麻辣味菜肴，也让许多的省外吃货（美食爱好者）是又爱又怕受伤害。

椒盐普通话

川菜本身就是一个美食的大熔炉，如有“川菜之魂”称号的“郫县豆瓣”由福州人带进四川；四川名菜“宫保鸡丁”源自贵州人丁宫保的家厨；辣椒，四川人称为“海椒”，因为是从海外传进来的，这些外来的种种最后都与四川土生土长的花椒融在一起。因此四川厨师多半不讳言他的菜品创新源头是来自省外甚至海外，因为他们深知唯有大胆借用再嫁接在川菜之上才能为川菜创造出新养分和可能。

都在时间的推动、累积下逐渐丰富而完善，形成川菜“味多味广”的鲜明特色，以及今日川菜独特的味型体系。

川菜味型24种经典味型的口味分布在八大菜系中是最为均衡的，从大麻大辣、浓酱厚味、微辣咸鲜、咸鲜适口、清爽有味到几乎没有油盐的清鲜原味的菜品数量分布从少到多再到少，十分符合人们在味觉上求变的需求，如此多元的口味更是川菜宴席讲究菜品滋味起承转合的重要底气。因此鲜、香、麻、辣、甜、苦、酸、咸，不论你偏好何种口味，在川菜中都能找到足够多的菜品满足您的味蕾，也是烹饪行业中都说的“川菜是渗透力最强的菜系”的主因。

相较之下，沿海菜系除了陆地上跑的、江湖里游的，还有汪洋大海与世界贸易带来的极大量的意想不到的食材可用，如鱼翅、鲍鱼、燕窝等名贵食材。在物以稀为贵的社会价值认知下，稀有性更容易产生高档的印象，这一特点最明显的菜系就是粤菜，鱼翅、鲍鱼、燕窝几乎快与粤菜画上等号，加上广东是较早发展国际贸易的地区，与国际接轨的早，成菜的形式较为新颖或西餐化，更加深了人们对粤菜就是高档菜的印象。

基于上述背景因素，餐饮行业中就流传着半开玩笑的说法：凡五星级的高档饭店、酒店就一定会有粤菜餐厅，但只要有人的地方就有川菜馆！因为大众的印象中只有粤菜撑得起“高档”之名，有人就有川菜则是将川菜的大众、亲民特点一语道破，也点出川菜形象较市井，上不了台面。这30年来，通过四川餐饮业人士与厨师们的努力，已扭转了川菜上不了台面的刻板印象，也出现了许多突破和提升。

回到享受生活、享受美食的角度，四川这一在历史上或近百年都是大移民的省份，所孕育的川菜拥有将平凡食材变成诱人佳肴的烹饪工艺与调味功夫，可以化平凡为神奇。即使吸纳了大江南北的烹饪工艺与调味功夫，虽然环境不变的封闭、湿热、阴冷，但是巴蜀地区“尚滋味，好辛香”的偏好却始终没有被改变，反而改变了许许多多进入四川的人们。花椒两千多年不变的使用传统就是明证，维持这一花椒使用传统的根本还是四川花椒的质、量俱佳，除了味美入菜，还有芳香健胃、温中散寒、除湿止痛的食疗效果，让每个移民入川的人们不容易受环境湿热、阴冷所侵袭。

今日川菜滋味包含了鲜、香、麻、辣、甜、咸、酸、苦、冲，工艺涵盖了大江南北的煎、煮、炒、炸、烧、炖、焖、烫、烤、炕、烙、卤、熏、腌、渍、泡，变化出24个经典味型，可以说不论从味的广度还是工艺的丰富度来看，大移民所融合出的川菜百味确实将中华烹饪融汇于一地并集其大成，更成了适应性最强的菜系。

凡事有利必有弊！川菜因烹煮手法多、调味妙、创新力强、思路开阔，常化腐朽为神奇而让人惊叹，但也让现代人拿着放大镜检视经过川菜厨师烹煮过的“腐朽”之物，即平凡食材，是否被动了手脚，加了不该加的东西，而使得川菜一直难以晋升为让人尊敬的“高档”菜系。

该如何扭转，很简单，将川菜美味的知识普及化并将其中最独特、奇妙的花椒香、麻，或是说令有些人恐惧的椒麻味的神秘面纱揭开，让大家明白川菜之精髓在于一个“妙”字，综合工艺妙、用料妙、调味妙等进行转化，形成妙滋味，而其中最独特的“妙”滋味当是源自最奇妙的辛香料——花椒。相信只要掌握了花椒的运用知识，自然可以理解川菜的真正精髓：“美妙佳肴是拿来享受的，麻辣香则是让享受的层次更加丰富”。

←位于古蜀道上，广元剑门关有天下第一关之称，自古就是往来中原与川西盆地的必经之处。

花椒处处有，头香属四川

植物学上花椒属这一家族主要分布于亚洲、非洲，北纬23.5°至40°之间的亚热带上，以我国的分布最广、最多，可说除西北外几乎都可见到花椒属的植物，直到明朝都被普遍食用。今日花椒的食用范围缩小到西南川菜所涵盖的四川、重庆地区，而甘肃、陕西、河南、山西、山东都保留着少数突出花椒风味的特色美食，如甘肃的“臊子面”、河南的“胡辣汤”、山东的“炝腰花”等。但因比例极低反而成为这些省份主流风味中的特例。虽是如此，花椒在各菜系中的使用还是存在，只是都“隐形”了，用在带有明显腥异味的山珍海味上，只用于去腥除异。

虽说花椒的使用多在西南，但论及花椒的经济种植分布还是相当广，基本上全国都有分布，东北三省、河北、河南、山东、甘肃、陕西、江苏、江西、湖北、四川、云南、福建等地均有种植，花椒品种各有不同，有些地方以药用花椒为主，若是从纯供食用调味的花椒，并以具有普遍规模化种植的角度来看，红花椒部分主要产区集中在四川阿坝州、甘孜州、凉山州、雅安市等，甘肃陇南市的武都、文县，天水市的秦安，山东的莱芜市，陕西的宝鸡市凤县、渭南市韩城，山西运城市的芮城等地。

青花椒的规模化经济种植分布范围集中在四川、重

◆ 花椒龙门阵

历史上，汉朝、晋朝人认为的西南范围比今日的范围大，武都、汉中等地区在当时都属于西南地区，因此广义的“蜀地”范围包含今日的甘肃陇南武都与陕西汉中地区，所以历史意义上的“蜀椒”分布比今日熟悉的四川地理范围要广一些。另外，“秦椒”的分布范围也跨到上述的区域，或可推论“秦椒”“蜀椒”在隋唐之前应是属于同一花椒的两种说法或商品名。

↓凉山州金阳县的青花椒基地。

庆、云南，相对集中，主因是青花椒从 1990 年才开始被普遍使用，特别是四川、重庆地区，目前全国都有使用，主要市场为以川菜为主的餐馆酒楼或四川麻辣风味的加工食品，目前种植规模较大的有四川北部的绵阳市、巴中市，东部的达州市，南部的凉山州、自贡市、泸州市、眉山市、乐山市等，重庆市的江津、酉阳、璧山，云南的昭通市等。

四川、重庆地区对花椒风味有着强烈偏好，因此比其他省份更重视花椒风味的良莠与差异，加上多样化的气候、地理与土壤等因素及优良花椒品种原生地，形成四川、重庆地区花椒风味多样化的特色，孕育出了著名的茂县大红袍花椒、汉源青溪椒、冕宁南路椒、越西红花椒、金阳青花椒、江津九叶青花椒等各具风味特色的花椒，其中汉源青溪椒、越西红花椒、九龙红花椒更因在不同的朝代里成为贡椒而闻名天下。汉源青溪椒自唐代元和年间就被列为贡品，连续进贡一千多年到清朝后期，在清溪镇还留有“免贡碑”；凉山州越西红花椒则从宋朝开始，被管辖到就进贡，断断续续进贡而成为远近知名的贡品；更偏远的则是清朝时被纳入版图后多次进贡的甘孜九龙红花椒。

在时间的考验与市场的淘选下，四川、重庆地区的花椒在人们的心目中与味蕾上的地位已难以撼动，因具有其他产地花椒所没有的多样性与美妙滋味，加上川菜的多元应用，只要是产自四川的花椒都可以说是花椒市场中的高档花椒。

◆ 花椒龙门阵

2017 年 11 月 15 日在四川省首次发布由省林科院等单位多年调查绘制的《四川花椒适生区划》，明确指出从攀枝花市、凉山州到四川盆地的丘陵区，另从茂县延伸至汉源县一带的干旱河谷地为最适宜种植花椒的区域。

本书 2013 年版中依据多年采风考察后绘制的花椒种植区分布图（下图），与四川官方在 2017 年发表的“花椒适生区划”高度重合（见下方报道链接），再次验证本书在花椒研究中的价值。

←“花椒适生区划”参见 2017 年报道：《一图看懂四川哪里最适合种花椒？专业回答来了！》，网址：https://sichuan.scol.com.cn/ggxw/201711/56029

花椒的奇香妙味

如何描述花椒的奇香与独特的麻味?

关键在找出可以类比或描述花椒风味的各种常见、熟悉的

香气和滋味的词语，能描述才能传播、才能被认识！

本篇归纳、建立花椒风味模型，由多数人熟悉且可以想象、揣摩的

22 种香味和滋味及 15 种风格感觉与麻感描述组成，

认识花椒风味模型，遵循简单技巧，您也能掌握花椒的风味特点。

SICHUAN PEPPER

花椒的香味、麻感和滋味对许多人来说十分陌生!

花椒的香气可以说是一种奇香，能让人两颊生津、爽神开胃，又有一种似曾相识的感觉。在台湾，多数人没接触过花椒，在分享介绍花椒的过程中，香气的部分几乎得到九成以上人们的接受，甚至表示说这香气太美妙、惊为天人。这样的回馈让我发现花椒的推广，包含川菜地区，香气都应摆第一位，香气可以让不熟悉花椒的人产生好感，降低对麻感的恐惧。

相较之下，花椒的麻感就是需要时间熟悉和习惯的，目前已知的食材中只有花椒具备明显到强烈的麻感，分享的过程中我发现也有些人对这种独特麻感上瘾。虽说同属芸香科的柑橘类果皮也有相同的麻感，却十分轻微，即使入菜调味，也因用量少而尝不到麻感，长时间陈制而成的陈皮则完全没有麻感。

花椒还有一个独特滋味就是香气中夹着一股“野腥味”，特别是品种、产地都不佳的花椒，这“野腥味”类似于抓了一把野草或藤蔓后留在手上让人不舒服的味道，浓度较高，对有些人来说会产生恶心感。因此，好花椒的品种、产地的基本门槛就是花椒中的“野腥味”很低，多数人感觉不到，或只觉得有一股奇味。有趣的是少了这“野腥味”一些爱上花椒的人会觉得花椒没劲!

花椒麻感

让花椒具有个性的香、麻风味成分在一般情况下占花椒重量的 4% ~ 7%。其中花椒香气成分一般统称花椒精油（essential），为芳香油（aromatic）中的一类（化学和医学领域称挥发油 volatile oil），属于分子量小、易挥发的物质，主要成分包含萜类化合物和芳香族化合物，这两类化合物主要有芳樟醇、桧烯、β－月桂烯、α－蒎烯、柠檬烯、α－苎酮、α－苎烯、4－松油醇、β－蒎烯、香叶醇（牻牛儿醇）、α－异松油烯、α－松油醇、橙花椒醇、乙酸芳樟酯、胡椒醇、β－苎酮等，加上许多微量成分，不同花椒风味的差异就是所含化合物比例的不同。

构成花椒关键麻感的成分则统称花椒麻味素（属链状

不饱和脂肪酸酰胺），有花椒酰胺、崖椒酰胺两大类，细项成分为 α－山椒素、β－山椒素、γ－山椒素、α－山椒醯胺等多种醯胺类成分及具有挥发性的辣薄荷酮、棕榈酸等成分。

大师观点：史正良

创新菜品时，你要对这菜品的滋味及历史背景有一个深入的了解，在这个基础上，随你怎么变化菜品，变出来的那个菜品大家就会觉得你有道理，有道理他自然而然就会接受你创新的菜品。

什么是麻感？

麻感究竟是怎样的感觉？在生活中可类比而接近的感觉就是毛刷轻刷皮肤的感觉，不同粗细毛刷产生粗糙或细致的不同刷感，而花椒的麻感也有类似的对应，有粗糙的明显麻感，也有细致的温和麻感。

在目前已有的感官实验中，以低电压、频率每秒 50 赫兹的电刺激皮肤的刺麻感觉，多数人觉得与花椒造成的唇舌麻感相近，但一般人没有仪器来体会这种感觉。但对于有过拔牙打麻药经验的人来说就容易揣摩了，与退麻药时有点胀胀的加上绵密的颤动感或微刺感相似；另一个可揣摩的状态就是当手脚因为姿势关系造成血液循环不良短时间麻痹时的麻感，只是这麻感是在唇舌之上。

当前常说的花椒“很麻”实际上是混淆了麻感与麻度，把麻感明显与麻度强都称为“很麻”！按上述的电刺激实验来说，麻感相当于振动频率，是粗糙或细致的感觉差异，麻度则是电压高低，是一个强弱的概念。中、低麻度在唇舌间是种有趣的体验，高麻度就不一样了，多数人的喉咙、气管会产生痉挛感，是种不舒服的感受，因此高麻度花椒无法像高辣度辣椒一样带给人强烈的过瘾感，更多的是恐惧感。

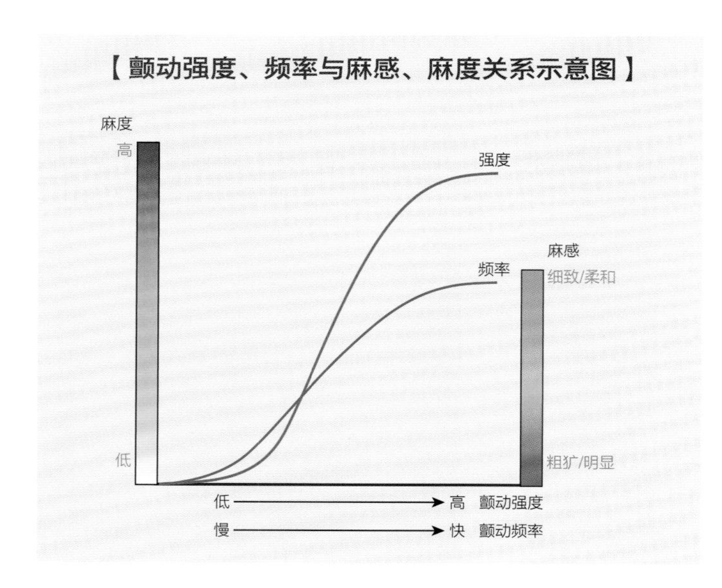

花椒的麻感不算是刺激性的感觉，与极轻微的辣感相似，但引起的成分及感觉有本质上的不同，辣椒素产生的辣感对人体来说是烧灼感，花椒麻味素引起的麻感却是真实的麻醉效果，与辣椒素恰好相反，花椒能镇痛的原因就在于此。所以用医疗的麻醉感描述花椒麻感会更接近吃花椒的真实感受。

虽说花椒麻感非纯粹刺激性感受，但对没尝过的人来说是一种十足的“怪异感”，强烈建议第一次尝花椒时，先极少量地食用。若是整颗入口，嚼个 5~7 下就要吐出，不管是否感受到花椒麻感，因花椒麻度是慢慢增加的，等有感觉才吐出来，1~2 分钟后的最终麻度对第一次尝试的多数人来说是十分难受的；粉状花椒则较好控制，一般来说食用量大约是牙签尖的量就足以体验，一般是入口后 5~15 秒才会出现麻感，若觉得可以接受再试着增量。

麻感使辣感变柔和

多数人对花椒的理解来自麻辣味型菜品并想当然地将花椒归到增加刺激感的这个位置上，加上花椒麻感也的确具有轻微刺激感，更让“花椒会强化刺激感”的“想当然”变为成见，形成出了川菜地区花椒就几乎成为川菜的代名词的现象。随便一道菜里出现花椒，肯定有八九成以上的人说这是川菜，更可惜的是花椒在省外真就只是“出现”在菜里，不太起调味作用，更多与在盘上写“我是川菜”是一样目的。

这样的结果来自对花椒的误解，经十多年花椒的研究与感官分析发现，除了普遍熟知的去腥除异、增香添麻外，花椒对辣椒进入四川后具有独特而绝对的关键作用是“和味”！

四川旅游学院（前四川烹饪专科学校）熊四智教授指出中菜最核心的烹饪哲学就是“和”，调和万物万味以适口，即适合送入口中并滋养人身，川菜也自然承袭这一烹饪哲学，也就得出川菜偏好花椒入菜的原因除花椒风味优异外就是调和辣味菜的辣感。“调和辣感、柔和辣度”让辣味菜更加“适口”，同时让川菜的辣感独具特色，我们可称为“川辣”——刺激过瘾而舒服的辣。

调和辣感、柔和辣度

从感官的角度来说，花椒的麻感确实与辣椒的辣感有相似之处，但对感觉神经的实际影响却是不同的，辣椒的辣椒素对痛觉神经的刺激会有叠加作用，也就是辣椒素越多，辣感（即痛感）越强烈且几乎无上限。这一强烈痛感会大大影响我们对滋味的感受力，同时对皮肤及整个消化系统都有刺激作用，这也是吃太辣造成肠胃不舒服的主要原因。

花椒的麻味素对感觉神经的刺激是有上限的，其上限约等于微辣感，在唇舌间呈现一种微刺感的低频颤动，据研究其频率是每秒50~60次，这感觉就是所谓的“麻感”。但麻味素的另一个作用也同时产生，即“阻断痛觉”，这种阻断效果不是非常大但足以让我们感受到因辣椒素造成的痛感降低，且麻味素阻断痛觉之余只会轻微影响味蕾对滋味的感受能力，因此所谓的麻到什么味道都吃不出来的

最常见的花椒属植物

鰆山椒，又名胡椒树，原产于日本小笠原群岛、琉球，植株低矮、枝叶密集、叶小带蜡质亮感、刺少易修剪而成为景观用树，也就常出现在都市的公园及街道绿化，春季开花，初秋果实成熟转红，果实带独特的花椒野香味，也会麻口。

主要原因是辣椒素。高辣度的菜其辣椒素影响力可占到九成以上，这时花椒几乎没太多影响力，主要作用在“调和”辣味菜肴、降低辣度，使菜肴更容易入口。

中医药理指出花椒具有“温中止痛”的效用，现代病理研究也证明这一效用，指出花椒麻味素的主要成分花椒醯胺具有麻醉、兴奋、抑菌和镇痛的效果，多种芳香烯成分具有抗发炎效果，因此花椒在辣味菜中除“和味”作用，更进一步抑制、中和了消化系统因辣椒素强烈刺激可能发生的疼痛或发炎反应，可以说加了花椒的辣味菜肴才具备不伤身的“适口”性。

【花椒对辣味影响图表】

辣度
高
低
高辣度辣味菜
中辣度辣味菜
低辣度辣味菜
不加花椒
加花椒
短 → 长 辣感在口中出现的时间

↑花椒对辣味影响示意图，可看出花椒可以将辣味感受延迟，也就是辣感较慢出现或变得柔和，这一辣感成就“川辣”的最大特点。红线为不加花椒，绿线为加了花椒。

有花椒味才是川辣

花椒烹调得宜可为辣味菜肴增香并展现出独特的香辣、麻辣、酸辣或鲜辣的味感，才是极具特色的“川辣”。体现川辣增香效果首选优质品种新花椒颗粒，越新的花椒香气越足，其次是入锅炒香的油温、时间，一般四到五成热（125~145℃）下花椒粒、辣椒炒至略转红褐色并出香后即可加入主料，成菜香味浓、辣感轻或无，十分可口，避免炒制时间过长让花椒释出苦味或造成焦黑败味。

想获得川辣独特麻辣感则应先选定品种以确定麻感风格，考量烹调工艺及煮制时间以选择使用原颗粒或粗细粉以确保有足够的麻味素缓和菜品入口瞬间的尖锐辣感，花椒粒的麻感、苦味释出慢，适合烹煮时间较长的菜品，花椒碎或粉越细麻感、苦味释出越快，适合烹煮时间较短的菜品，并且要精准掌控火力、时间以避免烧焦。使用花椒碎或细粉的菜品也可采用热油激出香麻味或起锅前后再撒入的方式调味。可以说川菜辣味菜品迷人之处就在经花椒调和后的川辣适口性，过瘾、舒服，控制好花椒香麻味的释出才是掌握川菜的川辣精髓。

此外川菜中咸鲜不辣、不需出现花椒味道的菜品也因

花椒独具特色，通常给人一种浓郁、干净、爽口而鲜的味感，原因就是这些菜品也普遍加入花椒，取其去腥除异的作用并利用微量的花椒本味、苦涩味改掉菜品的腻感，而后产生专属于川菜的咸鲜味感。实际烹调时，汤品类通常只需加入汤品总重量约 1/3000 的花椒粒即有去腥除异并改变味感的效果，如一般 4~6 人份的汤放 3~5 粒花椒即可；若是菜品，量就要多一些，0.5%～1%，因为菜品烹煮时间通常较短，花椒去腥除异的成分无法充分释出，要以花椒量弥补烹煮时间短、有效成分释出少的问题。

植物分类学源自生物分类学，遵循分类学原理和方法对植物的各种类群进行命名和划分，以便确定不同类群之间的亲缘关系和进化关系。生物学上的分类层级为界、门、纲、目、科、属、种等，如花椒为植物界被子植物门双子叶植物纲芸香目芸香科花椒属，柑橘类水果则是植物界被子植物门双子叶植物纲芸香目芸香科柑橘属。

花椒风味模型

建立风味模型

后面我们将会把花椒的风味归类出“柚皮味”“橘皮味”“橙皮味”“莱姆皮味”和“柠檬皮味”五大味型！为何都是用柑橘类水果类比？答案就在接下来要说明的风味模型概念与建立方式里。

风味模型的概念可以用一句话概括：用熟悉的味道类比、诠释、分析不熟悉的味道。

概念很简单，要建立就很难，必须累积足够多的植物学、种植技术、烹饪技术、历史文化等知识与足够多的花椒味觉经验，从树上到桌上各个环节的味觉经验，这样才能建立一个具有通用性价值的风味模型，这就是为何要花五年的时间才能得出这一看似简单的花椒风味模型。

以花椒来说，植物分类学定位为芸香科花椒属的植物，而柑橘属的植物也归在芸香科之下，植物学分类严谨，因此同科下就会具有相近的进化关系，若是同属则具有一定的亲缘关系。因同科而有相近的进化关系，其感官上的风味组成化学成分就有共性，差异性则在于比例的不同。

因此，基于人们对柑橘风味的熟悉度，再与五年来所累积的足够多的花椒味觉经验比对，才确定使用柑橘风味作为基础，建立可描述花椒风味的风味模型。

举例来说，花椒皮与柑橘皮所含的主要精油成分都有柠檬烯、α－蒎烯、β－蒎烯、月桂烯、α－松油烯、芳樟醇等，但闻起来却有明显的不同，关键在于组成的比例不同。以花椒皮与柑橘皮芳香味成分占比最多的成分来说，花椒以芳樟醇为主，柠檬烯的含量只有芳樟醇的 1/5 左右（依产地、品种而有不同）；柑橘皮以柠檬烯为主，芳樟醇只有柠檬烯的 1/8 左右（依产地、品种而有不同），精油成分组成比例完全相反，气味的主从关系颠倒，在感官上就有着明显不同的味感风格。而我们多数人的嗅觉敏感度都能在花椒的气味中找到属于柑橘皮的味道，这些理化分析知识就是风味模型的核心理论基础，“以熟悉的味道诠释不熟悉的味道”的概念就有了科学基础，而

◆ **花椒龙门阵**

花椒上的凸起就是油泡，又称油胞，一般来说油泡大、多且密集的味道较浓、较麻，浓的是好味道还是坏味道就看产地与品种。

花椒的颜色与味道好坏之间有关联但非绝对，产地与品种才是关键，花椒颜色与成菜后的视觉效果有关。基于色、香、味要俱全的选购心理，花椒最基本的分级方式就是颜色，颜色好的等级高，价格也相对高些。

不单纯是主观的感官认知。

因此，今天要认识不熟悉的风味，就要从不熟悉的风味中找出熟悉的味道来，并加以描述。当前饮食领域的各种风味品鉴，如茶、酒、咖啡甚至是菜品的品鉴都是运用相同的概念，然而，中菜最大的问题就是到今日都还未建立一套具普遍适用的风味模型体系，间接造成中菜在传播上的无形障碍，无法用普遍可以理解的形容词或为世人所普遍认识与熟悉的风味来描述中菜的风味特点，让不同饮食文化圈的人们可以简单、快速地初步理解中菜。

花椒风味模型

不同产地的同品种花椒的差异性，就和菜肴烹调一样，同样的三椒、三料、油盐酱醋（花椒需要的基本养分）到了每个人（不同产地）手里，做同样一道菜（同品种花椒），成菜基础味道相去不远，但细部的滋味就是有差异，风格就来自细微的差异！更何况是不同菜品（可类比为不同品种）。

认知到不同品种、产地的花椒有差异性后就是将可用于形容花椒的各种香气、滋味、特点的熟悉风味与形容词，并给出适当的定义，而后建立起一套可供分析、描述、辨别花椒香麻味的风味模型。经过近五年密集的游走在各花椒产地，累积上千次的味觉经验后，归纳出以下多数人可以想象或能找到对比的 22 种气味及 15 种风格感觉与麻感描述，通过组合就能简单地想象、揣摩不同品种、产地花椒风味大概的风格特点，特别是很少或未曾接触花椒的人们。

建立风味模型前必须先定义花椒的本味，或者叫花椒的基础味，主要在于本味是花椒所独有，是无法用其他单一味道来类比的混合性气味，而具有某种风味的花椒就是指在花椒的本味中，你所能闻到或感受到的额外且明显的气味！花椒本味按主要品种可分为西路椒、南路椒及青花椒三大类。

西路椒本味：是一种独特且混合着木香味、木腥味与挥发性感受的气味，入口后具有不同程度的麻感与苦涩味，多数西路椒的挥发性气味明显或突出（左图❶）。

南路椒本味：一种独特且混合着轻微木香味、干柴味与一定的凉香感及轻微的挥发性感受的风味，入口后具有不同程度的麻感与苦涩味，伴随明显的清甜香或熟香味（P042左图❷）。

青花椒本味：是独特且混合着草香味、薄荷味、藤腥味与挥发性感受的风味，入口后有不同程度的麻感与苦味及涩感（P042左图❸）。

干花椒果皮结构

外皮：外果皮即花椒最外层的果皮，具有独特气味和滋味。

油泡：学名疣状突起腺体，又称油胞，一般来说油泡大、多且密集的花椒味道较浓、较麻。

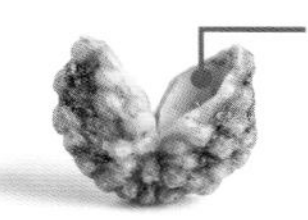

内皮：指外果皮里面内卷的一层白色皮，有韧性，花椒苦味与涩味主要来自内皮。

开口：花椒果干燥后会自然开裂以便将种子推出，开口大小受果实成熟度及干燥过程影响，通常开口大、不含花椒籽的花椒品质较佳。

花椒籽：又称椒目，圆形、黑色、有光泽。无明显风味，口感差，不适合食用，可药用即提取油脂，买到的花椒中花椒籽越少越好。

■ 大师秘诀：兰桂均

“味”分成“自然之味”“自然调和之味”“调和之味”，这是什么意思呢？“自然之味”就是原料自身的美好味道，这种味道不要去改变它，就像法国贝隆生蚝，滋味鲜明，就像经过海滩一样，具清新的味道。而“调和之味”与“自然之味”中间有一个过渡阶段，就是“自然调和之味”，例如，伊比利火腿（西班牙火腿 Jamon iberico）、金华火腿、豆瓣、豆腐乳等，是经过人工调和之后，再进行发酵，这个都是调和后的自然之味。而“调和之味”，则是指直接由调味料调和的好滋味，我国的厨师最强的是调和之味，又能在调和之味时尊重自然之味来进行烹调，以这个角度来看，中国人在调和之味和自然调和之味方面实属非常优秀的。

柑橘类果皮结构

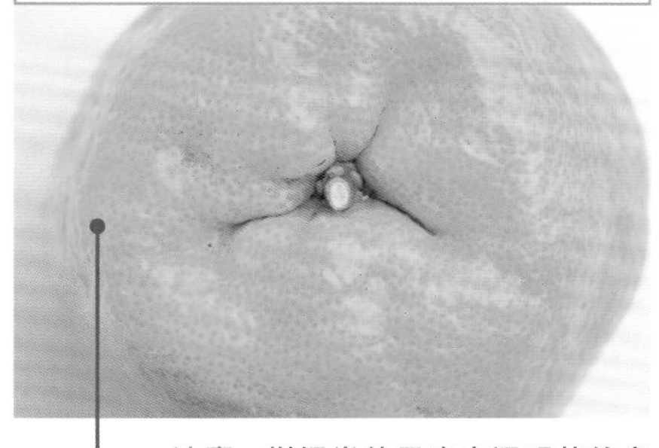

油囊：柑橘类外果皮中透明状的点称为“油囊”，多数挥发性的香气成分被储存在油囊中。一般来说油囊越饱满柑橘的气味越芬芳。这一特性也适用于花椒外皮的“油泡”，油泡越多越饱满，花椒风味、麻感越丰富。

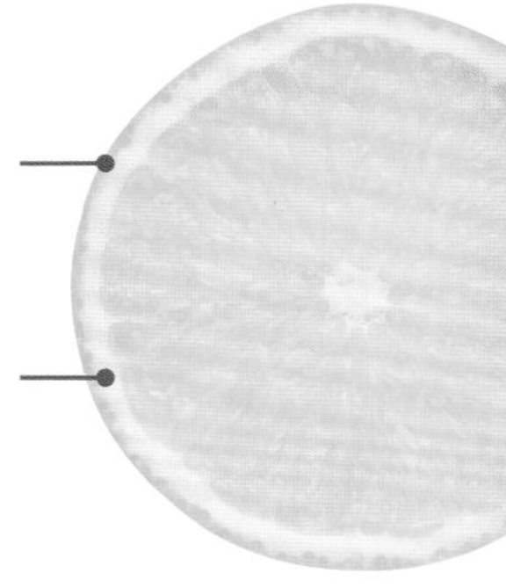

外果皮：外果皮即柑橘类最外层的果皮，具有独特气味。

中果皮：又称白皮，指外果皮里面的一层白色海绵层，因为品种不同，厚度差异很大，多数会有明显的苦香味与涩感。

/ 花椒风味的类比气味 /

包含 22 种香味或气味，15 种风格感觉与麻感描述，都是多数人可以想象或找到对比的。

橘皮味	指椪柑、橘子这类水果果皮的香气，及其果皮带有精油类的挥发性香味
橘子味	这里主要指青皮橘子和金黄皮橘子的橘皮所具有之纯正的清新风味，加上其果皮带有的精油类的挥发性香水味
橙皮味	指柳橙皮的清新甜香味或熟成的甜香味，加上其特有的精油类的挥发性香味
柚皮味	以青绿成熟前的青柚绿皮和白皮所具有的浓郁气味，及其果皮散发的挥发性精油类香味或是摘下后经陈放熟成，绿柚皮转为黄绿色时的熟成香气风味
莱姆皮味	主要指新鲜的青莱姆绿皮和白皮上具有浓郁浓缩感的综合性苦香气，及其果皮所带有的精油类浓缩挥发性香味
柠檬皮味	主要指新鲜、爽神的青柠檬绿皮的鲜香感或黄柠檬皮的花香感，带有浓缩的气味感及其精油类浓缩的挥发性香味
陈皮味	柑橘皮经晒干后就称为陈皮，因此陈皮就会呈现出像是陈酿、发酵过后的橘子香气，不同于新鲜橘皮的鲜香
花香味	泛指各种让人愉悦、可联想到花香的味道
果香味	泛指多种水果的综合性味道，如在水果摊所闻到让人舒服的水果味道
甜香味	指糖果、蔗糖、冰糖之类所散发出的、可明确感觉有甜感的气味
莓果味	泛指熟甜的草莓、黑莓等的芳香味道，一般具有类似酿制或发酵熟成的风味
薄荷味	指一般薄荷叶所呈现的鲜香感、凉爽感
草香味	泛指清晨草地散发的、令人感到舒适的气味
木香味	泛指令人感到舒适的干燥或刚锯开的木材气味
挥发感香味	就像闻香水、好酒时所感受到的那一股因芳香成分强烈挥发所带出的愉悦气味感，有种从鼻腔上冲到脑门的感觉
挥发感腥臭味	有如闻到纯酒精、煤油或具挥发性的化学药剂所散发的那一股刺鼻且让人感到厌恶或恶心的气味感，从鼻腔上冲到脑门的感觉强烈
干柴味	干燥，没有霉腐也不让人厌恶的木材味
干草味	枯死、干燥且没有霉腐的野草味
木耗味	陈腐老旧而让人厌恶的木材味道
木腥味	生鲜木本植物剥去外皮后让人不舒服的挥发精油的味道
藤腥味	野外攀藤植物捣碎后让人不舒服的味道
油耗味	食用油过度加热或放置过久变质氧化的味道，或是厨房油垢的味道

除了前面介绍的相对具体的味道外，还有一些带有主观性的风味感觉也是常常会用在比喻和描述花椒风味上，虽非具体味道，但对花椒风味的个性确立有一定的帮助，也有助于在烹调时快速掌握花椒的调味效果或成菜后的风格，当尝试对菜品做创新或完善时也可以减少试错的次数。

/ 风格感觉与麻感描述 /

一共有 15 种，如下所述。

凉香感	香气中带着薄荷的凉爽感，是让人舒服而凉爽的香味感
香水感	带有甜蜜感，让人舒服而愉悦且具有挥发感的香气感觉，就像闻香水一样
生津感	受花椒香气、滋味刺激而产生像美食在口中，大量分泌唾液的状态
回甜感	指在苦味或涩味之后，口腔中隐约产生的甜香感，多半产生于喉咙或鼻咽处，少数产生于舌根处
粗犷感	味道变化大或层次感强烈。麻感通常是鲜明的尖锐感，像粗毛刷刷皮肤的感觉。属个性强烈的感觉
利落感	味道变化明快或层次鲜明。麻感是明显的颤动感，像细中带粗的毛刷刷皮肤的感觉。为风格鲜明的感觉
典雅感	味道变化鲜明或层次感适中。麻感细密适中，像细毛刷刷皮肤的感觉。整体呈舒适的感觉
精致感	味道变化细腻或层次柔和而丰富。麻感绵密舒服，像软毛刷刷皮肤的感觉
清爽感	瞬间放松、清新舒服的感觉
爽神感	整个人觉得十分来劲与愉快的感觉
凉爽感	环境温度不变，却有凉快放松的味觉或感觉
爽香感	让人感到过瘾且愉快的香气感觉
野味感	一种身处原始大自然中，原始而怡人的感觉
浓缩感	指上述定义的各种香味、滋味，无论轻、重、浓、淡，能瞬间给人强烈、明确的味感，像是被浓缩过一般，但不等于浓郁感
浓郁感	指上述定义的各种香味、滋味有一定浓度，能给人厚实、化不开的味感

五种基本花椒风味味型

四川、重庆地区的花椒品种可以说是全国品种最多样化的，优质品种多，其源头为花椒属中的三个种，因地理、土壤、气候等因素在多个地区特化成所谓的品种。三个种分属红花椒与青花椒两大类，红花椒中有两个主要品种，一为西路椒，植物学上为花椒种（Zanthoxylum bungeanum），以茂县大红袍花椒为代表；二是南路椒，植物学上为花椒亚种（Zanthoxylum bungeanum var. bungeanum），以汉源清溪花椒为代表。当前经济种植的青花椒，无论是低海拔品种还是高海拔品种都属于植物分类学的竹叶花椒种（Zanthoxylum armatum DC.）下的多个品种，四川凉山州金阳青花椒及重庆江津九叶青花椒是代表性品种。

◆ 花椒龙门阵

采风过程中发现一个不为大家熟知的雷波青花椒品种，也属于食用的青花椒且只在凉山州雷波县广泛种植，但风味及树型特征和金阳青花椒、九叶青花椒都有明显不同，或许是独立的品种或是植物学上的亚种，品种归属需植物学家进一步确认。

↓贯穿汉源县境的雅安—西昌高速公路。

谜一般的花椒风味

当前花椒经济种植中可被确认、符合“美味”之植物分类学意义上的种主要有“花椒种、花椒亚种、竹叶花椒种”三个种，药用或极少数人使用的“种”不在本书中讨论，加上实际种植端因为欠缺系统性的调查、研究，导致当前的品种名没有严谨的定义与规范。市场中熟悉的花椒名实为商品名，部分在约定俗成下可视为品种名，但因近十多年的滥用逐渐失去意义，如大红袍花椒、贡椒、九叶青花椒、金阳青花椒、云南椒、凤椒、小红袍、油椒、狮子头、梅花椒、礼品椒等都是为了种植推广或销售需要而取的商品名。在市场中形成大量同名却不同花椒品种的现象极为普遍，加上花椒的长相差异小、同名不同品种，甚至不同“种”的问题现今成了常态，不仅认识有困难，研究更加困难。

花椒经每个产地长时间的种植，因地理、气候、土壤等因素独特化后，致使近亲之间也有明显的风味差异性，在市场上被取不同的名字销售或当成不同品种推广，名字混乱的历史问题，致使当前的各种研究都未对各个产地的品种、对应植物分类学上哪一个“种”做出明确梳理与认定。个人在植物学、林业学上虽无能为力，依旧试着利用有限的知识、资料与实地采集的样本及采风中做粗略的厘清与认定，才能让所架构的风味模型分类方式有足够的科学基础，即使有错误也应是可被修正的误差，可在持续的研究中完善。

风味模型分类方式是建立在将花椒拿来“食用”的基础上，迷人的花椒香气、如谜般的滋味、麻感就有了烹调与食用、生活应用及向新市场推广的可能。

↑传统的敞开式的花椒贩售模式方便了品质、风味的确认，但不利于风味的保持。

■ 大师秘诀：兰桂均

真正的鲜味是很淡妙的。说实在的，中菜的酸、甜、苦、辣、咸五味里面没有鲜味，因为味道里面最脆弱的就是鲜味。像“功夫鲫鱼汤”这道菜的鲜味是鱼自身的鲜味，很轻却让人回味无穷，它不是人工增鲜剂的鲜味。现在很多人吃到某个菜就叫说：“哇！好鲜啊！”我就要笑，他们吃的多半是增鲜剂。

气味保存难

每年农历五月到九月依次是青花椒、西路椒、南路椒的产季，部分因地理位置的不同会提早或延迟，刚收成的新花椒气味最丰富、差异性也大。花椒风味的鉴别与分类方式主要建立于气味上，然而近十余年密集接触花椒的经验或是花椒保存试验的结果都发现花椒气味随时间变化的速度相当快，若是完全敞开的状态，即使是阴凉干燥处也只要2~3个月，其气味的丰富度要比刚晒干的花椒少了一半以上。因此花椒风味类型的辨别对于陈放较久或储存条件不佳的花椒来说就有难度，麻感、滋味的变化较慢，通过口尝还是具有相当足够的辨识度。

花椒气味的快速衰减，加上自古偏好产于大山的红花椒，长途且长时间的运输致使到了城市中后花椒气味差异已经不大了，形成今日的川菜擅用花椒的滋味、麻感及少部分气味，未能掌握新采收花椒最具魅力的丰富香味，其他菜系更不用说了。花椒气味的消失从刚采收时的高挥发性鲜香气开始，即使充分干燥加抽真空后密闭也只需一个月左右就消失，可见鲜香气除了挥发之外还会裂解、降解；接着就是低挥发性的香味与腥异味消减，一般是3~6个月就能减少40%~60%，有些气味则是会转变成为熟酿的味感，实际要看保存状况。在今日保存技术十分多样加上运输时间极度缩短的条件下，应进一步开发花椒香气的运用。

虽然短短几个月的时间花椒的气味丰富度会大幅下降，但麻感与滋味依旧丰富饱满，用于烹调还是滋味满满，相较下各种花椒之间的风味差异性已经缩小，对多数人来说越来越不容易辨认不同产地间花椒的差异性。在四川地区古代贸易主要通道就是大家熟知的茶马古道及南丝路，也因此许多著名且历史悠久的花椒产区就是古道上的贸易节点，其中汉源就是经典代表。依早期交通只靠人背马驮推测，多数四川盆地的人们可买到的花椒大概是采摘晒干后3~5个月的时间点，因早期保存技术的局限性，此时的花椒已没了差异明显的香味，致使人们对于不同产地的花椒风味难以辨别，长时间累积下来造成人们对花椒没有产生多元而明确的选择标准，形成“相对错误”的经验，让花椒香味、滋味的运用相对单纯，只求麻而有香，不细求特定香味。

↑花椒的存放条件对品质有绝对的影响，储存时最怕阳光与高温，只要两个月，再好的花椒也只剩下苦味与木臭味、干草味。左边为新花椒，右边是同一花椒置于阳光曝晒的窗边两个月后的样貌。

滋味、麻感随时间飞逝

花椒一般干燥、密闭存放超过半年，陈放转化的熟酿气味达到巅峰，之后会明显减少，滋味丰富度也开始衰减，麻度还可维持一定水准。存放一年以上，熟酿的风味将变淡到不容易感知，此时干柴味、干草味、木耗味就会变得明显而突出。

通常陈放超过一年的花椒，麻度就会开始下降，且当气味部分只剩不舒服的木耗味、干草味时，麻味就处于相对低的状态（但对没尝过花椒的人来说可能还是很明显），而滋味也将很糟糕，只剩干柴味或木耗味，吃起来的感觉就像是嚼干树皮一般。

以上花椒风味的消逝过程是一般密闭、干燥的条件下，现今一般家庭也能做到真空保存加上冷藏或冷冻。当花椒抽真空后保存，常温下一般在一年后花椒气味会固定在一个明显的熟酿气味上，所有味道都搅在一起加上极轻的油耗味感，此时还可感受出部分该品种、产地的花椒特点，麻感则还是丰富；存放两年后在浓浊的气味中出现明显的油耗味及干柴味、木耗味等杂味，麻度明显下降；存放三年以上则是只剩浓浊气味加明显的油耗味及干柴味、木耗味，麻感则消失了。

若是真空后冷藏或冷冻，基本可将上述花椒风味衰败过程往后延1~2年，但不建议把花椒放这么久，一来是很难保证这么长时间保存都没有有害微生物滋生，二来是今日大环境已有条件让多数人享用每年新采花椒那丰富而美妙的香麻滋味。

因为花椒风味有着随时间快速变化的特性，让处于红花椒到青花椒产地分布过渡带的巴蜀地区，其花椒风味可以有相对多的选择，并促使川菜在花椒的使用上能持续推陈出新。在交通便利的今日，及时品尝当年新采花椒已经不再是难事，更有冷冻保鲜的鲜花椒产品，对多数人而言，当前的困难是人们不晓得新花椒的风味，无从辨别，食用好花椒只有模糊的经验加上运气。

掌握花椒风味的变化与差异除了辨别好坏，可以精用巧用花椒入菜外，也能大概推测出花椒的产地风貌与花椒培育的效果。通常花椒的风味若是浓度高、个性鲜明或某个风味特别明显，其产地通常地形环境的高低差较大，局部气候的变化较鲜明，或海拔高度相对较高，简单来说就是大山大水的环境，如阿坝州茂县的西路椒或凉山州金阳县的青花椒与海拔落差大的山地环境之间的关联性。相对的例子就是风味适中、个性相对柔和的花椒，通常产地地形环境的海拔落差较小，局部地区气候的变化较不鲜明或海拔高度相对较低，简单来说就是属于中海拔盆地或低海拔丘陵地的环境，如位于大山中却地形变化缓和的雅安市汉源县的南路椒或重庆江津青花椒与江津区的丘陵地形环境之间的关联。

这是巧合吗？不是，是一种必然。简单来说是环境的温差与水气分布所造成，大山大水的环境肯定比平缓丘陵地的温差大、水气分布差异性也大，植物为适应变化较大的环境，在营养转化后储存的量与强度上就会多而强，形成风味上倾向浓而个性强烈，反之就会倾向丰富而不强烈的个性。了解后就能建立风味与地理的连动认知，有助于形成产地印象、增加对产地的辨识度，这类风味浓淡及风格强弱与花椒的好坏并非正相关，有些情况是不好的味道过浓，以食用来说反而是质量差的。

◆ 花椒龙门阵

"狗屎椒"究竟是什么花椒？

对许多人来说，听到"狗屎椒"这名字，多数会联想到不好的味道才会称为"狗屎"。但在走访超过50个产地后得到一个经验，就是在青花椒产地听到"狗屎椒"时，可以明确的认定，大家100%讲的是腥臭味极浓的野花椒、臭花椒。但红花椒产地就不一定了，像在甘孜州、阿坝州一些西路椒、南路椒都有种的产地，"狗屎椒"一般是指带柑橘皮香味的南路椒，是当地人觉得相对好的花椒。若是到凉山州就更复杂了，可能一个产地青花椒、西路椒、南路椒都有，听到"狗屎椒"就要问清楚究竟是什么花椒。

↑部分产区南路花椒枝干上容易附生苔藓或地衣类植物，花白、花绿的长满枝干，你说像不像"狗屎"！

↑重庆江津青花椒产地。

↑凉山州金阳青花椒产地。

五大花椒味型简介

本书第一版出版前的五年通过实地采风积累了四川、重庆地区数十个主要产地、各种花椒近千次鼻闻口尝的味觉经验，2012 年亲到产地搜集近百份花椒样品并集中一一品测后，运用川菜味型的概念总结归纳出五大花椒味型，这属于四川、重庆地区的五大风味类型能明确对应特定花椒品种，让滋味与品种间有明确的连结，同时每一风味类型中不同的风格可对应不同的产地，为花椒的品种、产地、质量辨别提供了绝佳工具。

五大风味类型中红花椒分为柚皮味型、橘皮味型、橙皮味型三大类；青花椒分为柠檬皮味型和莱姆皮味型两大类，可以说是目前最有系统并适用于专业人士与大众的花椒品质和产地判断的人体感官风味模型。有一定的花椒风味及模型熟悉度后，面对未知的花椒也能推测出其花椒品种并判断质量高低，即使花椒会随不同产地、每年的气候、采收与干制的差异产生风味特质偏移的现象，但其该有的风味类型基础风格是不会有太大变化的。2013 年至今依旧每年进入产地一路鼻闻口尝，从花椒树上的鲜花椒、晒干的花椒、产地交易的花椒、城市市场的花椒到餐馆菜肴中的花椒，从产地到餐桌全流程地试一遍，五大花椒味型经多年验证其正确性的同时进一步得到完善。

柚皮味花椒

对应品种：西路花椒。
代表性产地：阿坝州的茂县、松潘，甘孜州的康定等。

准确来说柚皮味花椒主产地应是秦岭南北，南边阿坝州 2000~2500 米的山地及位于秦岭北边的甘肃陇南武都区、陕西宝鸡市凤县，这里主要讨论四川的产地。柚皮味花椒最为人们熟知的商品名就是“大红袍”，其颗粒是当前主要花椒品种中最大的，颜色为饱满的红色到红紫色，不愧“大红袍”之名。

柚皮味是西路花椒品种的标志性味道，类似青柚子青皮与白皮气味经浓缩后的浓郁气味加上明显的木质精油挥发感的综合气味，个性上较粗犷，滋味带野性，对有些人来说有些浓呛，用量过多会造成抢味或压味的情形，但回味时可以让你联想到青柚绿皮与白皮的综合性香味。味感强烈，麻感来得快而强，麻度高，容易出苦味。

柚皮味花椒干燥后颗粒大、结构蓬松且红亮，十分引人注意，随手抓起一把来就闻到挥发感明显的柚皮味、木香味时就可断定是西路花椒。

部分西路椒散发的是浓而呛的青柚皮苦香味、木腥味而让人不舒服，并欠缺让人愉悦的香气，通常麻感强烈、苦味重，这类花椒多只拿来做去腥除异之用或当药用，或是与其他花椒混合使用，以创造出具有个性化风格的花椒风味，切记，用量宁少勿多。

不同产地的柚皮味花椒（西路花椒）多少会夹带柑橘、陈皮或是青莱姆苦皮（白皮部分）的气味，这部分虽不是主要气味，却是构成不同产地柚皮味花椒（西路花椒）标志性气味的关键。依实地考察、品鉴，如带有青莱姆苦皮爽香感的就是主产于四川北边阿坝州山地的大红袍西路花椒，如茂县、松潘、九寨沟等。透着淡淡柑橘风味的西路花椒，产地多半是川南凉山州的高原地区，如昭觉、普格、美姑、雷波等。若是夹带一丝丝熟透柑橘味的多半是川西及川西南的山地，如甘孜康定、九龙，凉山的甘洛等地。

↑凉山州的会理对橘皮味浓的橘皮味南路花椒（小椒子）情有独钟。

橘皮味花椒

对应品种：南路花椒。
代表性产地：凉山州会理、会东等。

橘皮味花椒是在南路花椒本味中散发标志性的明显柑橘皮香味、熟果香与凉香味，木香味轻微而让人舒服，有些产地偏向清爽感明显的青柑橘皮香味。味感丰富且苦味较低或不明显，麻感缓和而舒适，麻度为中上到强，多数有回甜感，整体风味个性十分雅致利落。

橘皮味的南路花椒颗粒相对小而被称为小椒子，分布得较广，盛产于四川西部的阿坝州金川县、小金县，甘孜州的丹巴县、马尔康县，南部凉山州南端的会理、会东、普格、甘洛等。其中凉山州会理县的人们对小椒子有强烈偏好，当地产的橘皮味小椒子爽香、凉香滋味极鲜明，让人印象深刻。

橘皮味小椒子油泡多而密，干燥后果粒扎实，颜色主要是暗红褐色、暗褐色到黑褐色，因此在大城市的市场较吃亏，因卖相不好出了产地只能低价卖。在产地，不起眼的小椒子一般都卖得比西路花椒（大红袍）贵，一来是气味滋味更舒服，二来是产地的人们知道橘皮味小椒子的采收比柚皮味西路花椒（大红袍）费工。

橙皮味花椒

对应品种：南路花椒。
代表性产地：雅安汉源、凉山越西、甘孜九龙等。

↑雅安汉源县的花椒基地碑，后方山坡是著名的贡椒产地牛市坡。

橙皮味花椒本质上属于南路椒，但因产地环境不同，加上千年以上的人工育种后形成明显橙皮味特点的红花椒品种，所以橙皮味花椒就是橘皮味花椒经人工培育、选种所得到的品种。橙皮味花椒的产区多集中在四川西南的几个县，如雅安市的汉源县，甘孜藏族自治州的九龙县，凉山彝族自治州的冕宁县、越西县、喜德县等。

相较于橘皮味花椒，橙皮味花椒的气味浓度适中，较轻而舒服的南路花椒本味中有着明显的柳橙皮爽神清香味以及突出的清鲜甜香味与香水感，回味带明显的清新柳橙甜香滋味，木香气味相对轻微，杂味极低。对刚接触南路花椒的人来说，辨别橙皮味花椒最好的方式就是能否闻到极为鲜明的甜香感。

橙皮味南路花椒的颗粒中等，油泡中等大小、多而密，干燥后花椒颗粒结构扎实，麻度属于中上到强，但强度增加温和且麻感细致，让人有麻口却舒爽之感，即老四川人常说的麻感纯正。因橙皮味南路花椒的细腻精致、香气怡人而悠长的风格，目前历史上的贡椒多属于此类型的花椒，如汉源贡椒、越西贡椒、九龙贡椒等。

莱姆皮味花椒

对应品种：金阳青花椒。
代表性产地：凉山州金阳县。

莱姆皮味花椒的金阳青花椒是中海拔的花椒品种，因此主要分布在四川、重庆的少数民族自治州，其中以凉山州最多，经推广后普遍种植于阿坝州、甘孜州800~1800米之间的中低海拔山谷地，四川省以外种植规模最大的是云南昭通的永善和鲁甸。

莱姆皮味花椒的气味总是在饱满舒服的青花椒本味中透出明显的青莱姆皮爽香味与凉爽感，明显可感觉到的草香味，藤腥味轻微，形成鲜明爽朗的原野风格，麻感舒适，麻度相对高，苦味较低。莱姆皮味花椒颗粒匀称，油泡多而密，颜色上为亮而饱和的黄绿色，不像柠檬皮味花椒的颜色是偏深的浓郁绿色。

柠檬皮味花椒

对应品种：九叶青花椒，藤椒。
代表性产地：重庆市江津区、璧山区、酉阳县。

柠檬皮味花椒的九叶青花椒、藤椒属低海拔青花椒，细分的话，九叶青花椒为青柠檬皮味，藤椒为黄柠檬皮味。在青花椒本味属于浓而浊的感觉，并拥有明显花香感的青柠檬皮味或熟成的黄柠檬韵味，凉爽感气味轻或没有，本味浊的感觉来自明显的草腥味或藤腥味，带少许苦味，黄柠檬皮味的草腥味、藤腥味及苦味明显较轻，属于清新而爽的风格，麻感都是鲜明到粗糙，麻度则是中等。

柠檬皮味花椒的分布因重庆江津九叶青花椒产业模式加上藤椒油市场的成功，促使藤椒、九叶青花椒的大面积种植，至 2020 年基本覆盖了四川盆地中平地少丘陵地多的市县、地区，如绵阳、巴中、达州、资阳、遂宁、广安、自贡、泸州等，重庆市则是集中在相对高度较低区县发展，如永川、璧山、合川、酉阳等都大力发展九叶青花椒的种植。传统藤椒种植区在峨眉山周边的眉山洪雅县和乐山峨眉山市，现今在川北的绵阳三台县等多个市县也在发展。

◆ 花椒龙门阵

莱姆与柠檬如何分辨？

莱姆、柠檬对许多人来说常分不清楚，果实颜色在完全成熟前都是浓绿色，风味又十分相似，外观明显差异只有果实形状，以下是两者的特点、差异。

莱姆（Lime）：原产地是东南亚地区，现今全球各地都有种植。莱姆果实为球形或卵形，有点像柳橙的形状，成熟前果皮为浓绿色，成熟后的果皮是黄绿色，且皮薄并紧致平滑如细嫩皮肤。现今常见品种属于大果莱姆，其特点是果大而籽少，市场上为了便于销售而名其为“无籽柠檬”。

柠檬（Lemon）：原产印度喜马拉雅山东部山麓，现今也是遍布全球。果实中等，长椭圆形或橄榄形，两头尖圆，果皮未成熟时是浓绿色，成熟后呈均匀的黄色（颜色名“柠檬黄”即源于此），果皮较粗糙，像是毛细孔粗大的皮肤。

↑从上至下，莱姆、青柠檬、黄柠檬。

花椒味型与烹调

初步认识花椒风味之后，我们进一步利用风味模型来分析花椒香气、口感及鉴别，并说明应用与烹调的基本原则，建立选购、品尝与享用花椒奇香妙麻的基本能力。

柚皮味花椒

风味特点：

风味个性较粗犷，带野性滋味。除本身固有的独特味道外，有一股让人联想到常见的青柚皮香味，柚子绿皮与白皮的综合性气味。此种花椒粒大油重，特有西路花椒本味突出，柚皮味鲜明中带苦香味，挥发性香气浓郁并伴有明显的挥发感木腥味。

明显的标志性滋味是木香味的野味感加上西路花椒特有的本味，具有可感觉至感觉明显的苦味、涩味；麻感为粗犷感且来得快，麻度中上到极高。

鉴别重点：

好的柚皮味干花椒颗粒应该是外皮颜色呈饱满的红色到红紫色，内皮呈乳白色到淡黄色，抓在手中是一种干燥的蓬松感，气味是浓郁的西路花椒本味中透出明显的柚皮香味，挥发感木腥味一定都有，原则上少比多的好，多而浓就变成挥发感腥臭味；若出现干柴味则表示陈放时间较长或是存放条件较差。若颜色变得褐红或褐黄、柚皮味淡并有木耗味就是品质极差或陈放过久的。

滋味方面，柚皮味花椒的苦味、涩味中带挥发感木腥味是所有红花椒中最鲜明、浓郁的，其苦味浓度与麻度高低成正比，因此成为让人印象深刻且最容易辨识的标志性滋味。

有些产地的柚皮味花椒会在青柚皮香中混有淡橘香味，此时可用标志性的挥发感木腥味辨别，因橘皮味花椒、橙皮味花椒几乎感觉不到挥发感木腥味。

烹调原则：

一般来说柚皮味花椒的麻感强度偏高，怕麻的人要注意用量或避免过度烹煮。柚皮味花椒的本味有较强的去腥能力，特别是腥臭味明显的，这类花椒入菜容易破坏菜品的滋味，但适量巧用时去腥能力绝佳，还隐约有种奇香。

柚皮味花椒的麻感能让辣感变得缓和，但在烹调时要避免因用量过多或烹煮过久使菜品滋味中西路花椒本味过浓、麻度过高，反客为主，影响菜品该有的味型层次，同时避免释出大量的苦味破坏整道菜的滋味。

橘皮味花椒

风味特点：

风味个性雅致利落，带爽香滋味。除南路花椒本味上有一股会让人联想到极为普遍的橘皮香味外，主要是偏过熟橘子皮或青橘子皮的综合性香味，带有可感觉到的木香味、陈皮味，和一定程度的陈酿感。

标志性滋味是在南路花椒本味中有柑橘皮般的滋味，之后出现柠檬苦香味或柑橘甜香味，有苦味，涩味低，多数会出现回甜感；具有凉麻感且典雅，强度上升适度，麻度中到高。

鉴别重点：

优质的橘皮味干花椒颗粒应该粒小而紧实，抓在手中是一种干燥、扎实的酥感，外皮颜色呈深红色到棕红色，内皮呈米白色到淡黄色，气味应是浓郁的南路花椒本味中透出明显的橘皮清香味，轻微的木香气味。若干柴味明显、颜色变得褐黄为主且橘皮味不明显，多半属于品质差或陈放过久的。

有些产地的橘皮味花椒有突出的过熟橘皮气味而偏向陈皮味，相较之下，橙皮味花椒基本感觉不到陈皮味或味道极轻。

◆ 花椒龙门阵

据火锅名厨周福祥说，在四川曾有麻辣火锅店因为生意火爆，极欲推陈出新，于是就针对花椒具有提香、生津、开胃的效果和具刺激感的麻味，推出“超麻”辣火锅，并广为宣传，结果连最能吃麻的好吃嘴们都受不了那让人不舒服的“超麻”感，这新推出的“超麻”辣火锅也就很快消失在市场上。由此可以看出川人好吃麻辣，同时要求麻辣要有一个“度”，也就是要适当。所有具刺激性的麻、辣、辛都应该带给人愉悦的“痛快”，而不是虐待般的“痛苦”，因此大麻大辣的菜品在川人的“辛香”生活中只是点缀性地出现，微麻微辣而香的菜品才是餐桌上的滋味亮点，是让一顿饭的滋味浓淡交错的关键。那咸鲜而香的菜品呢？是每日三餐的重点，是吃饱一顿饭的关键。

川菜菜品据不完全统计，呈现出符合现代统计学所说的合理分布，可以用以下示意图做一个呈现。可以发现川菜中极浓而辣与极清淡的菜品数量相对少，而微麻微辣、咸鲜有味的菜品占多数。同时加上湘菜系、鲁菜系、江浙菜系和闽粤菜系的滋味分布示意曲线后，相信大家对每一菜系的风味特点就有概念了。

【菜品滋味分布示意图】

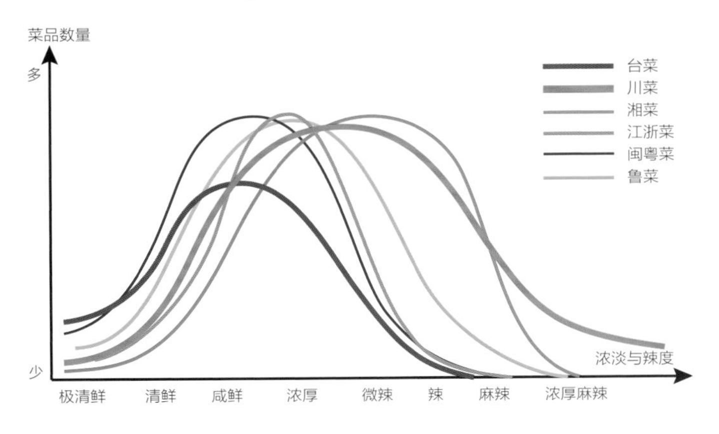

烹调原则：

在使用上，橘皮味花椒可去腥除异、增香提味，适度的麻感还能让辣感变得缓和，加上相对温和舒服的气味，不容易因用量稍微过多就造成抢味或压味的情形，苦味有但不明显，除非过量。麻度与用量及烹煮时间成正比，因此用量与烹煮时间是控制麻度的重点。当麻度过强时并不会过度影响滋味，但会影响滋味的感受及舒适感，目前并没有效果明显的方法可以抑制麻度，对刚接触的朋友来说，慢慢增加用量是最安全的运用方式。

橙皮味花椒

风味特点：

气味风格属于细腻精致，其香气宜人而悠长，有着明显的甜香味。除南路花椒本味外，拥有一股普遍让人联想到橙皮味的综合性气味，属于清新的甜橙皮味或金橘皮味，气味清鲜而浓、甜香突出、清新爽神，木香味轻微，并带有香水感。

橙皮味花椒滋味清爽且无明显杂味或杂味极少，带有可感受的甜味与明显甜香，具有往脑门冲且舒服的香水感。麻感细致柔和却有劲，凉麻感轻，麻度中上到极高，整体苦味、涩感较低，木香味轻而舒适。

鉴别重点：

好的橙皮味干花椒的颗粒大小介于柚皮味花椒与橘皮味花椒之间，抓在手中是整体扎实的酥感，其外皮颜色呈略深的红色到红棕色，内皮呈米白色到淡黄色，气味必须是浓郁的南路花椒本味中透出明显的柳橙皮清新甜香味，木香味轻微。若出现干柴味明显或有木耗味，颜色变得褐黄、黑褐，橙皮味少的情况，该花椒就属于品质差或陈放过久的。

有些产地的橙皮味花椒除明显甜香味外，也可能带有明显的橘皮香或青橘皮的鲜香味。相较

◆ 花椒龙门阵

实际烹调中我们只利用花椒果实的皮，取其香、麻与刺激唾液分泌的成分。那花椒中的黑籽，即椒目，是如何取出？不难但费工，即花椒晒干、裂出开口后，里面的黑籽就有部分自己掉下来，再加上人工或半人工的方式以搓加筛的方式去除，只留下晒干后开口的果皮。一般来说开口越大，花椒的成熟度越高，风味层次也较多而浓，也容易去除黑籽。而青花椒要确保均匀而浓郁的青绿，必须在成熟度八九成就采收并晒干，红花椒则多半是九成熟或更高，因此筛选后的干红花椒中的花椒籽正常比青花椒更少，此外青花椒更容易出现闭目椒（没开口的花椒）的原因也在此。

实际上青花椒够成熟就会转红，但颜色极不均匀且不讨喜，却风味独特，市场上也可以买到，大多被称为“转红青花椒”，但少见。那红花椒何时转红？基本从幼果就转红，一路红到可采收的熟果。因此市场上青花椒熟了就是红花椒的说法是完全错误的，青、红花椒不仅是不同品种，更是不同“种”。

↑青花椒幼果（上）及红花椒幼果（下）的对比。

之下橘皮味花椒基本感觉不到甜香味或极轻。

烹调原则：

一般来说橙皮味花椒虽然滋味最舒服，绝大多数人都可接受，但外观不如又大又红亮的柚皮味花椒讨喜，使得价格出了产地就普遍性低于柚皮味花椒，因此当市场上出现色香味俱全的橙皮味花椒时，其价格都是超乎想象的高，除外观及风味因素外，色香味俱全的橙皮味花椒产量极少。

细致的香气与麻感让橙皮味花椒应用在味型层次要求精致的菜肴时，总能产生极佳的增香、除异与多层次的口感与香气，滋味清新不腻人，特别是适度的麻感还能让带辣的菜品辣感变得缓和。柔和的花椒滋味不容易因用量过多就出现抢味或压味的情形。麻感虽然给人精致柔和感受且出现得慢而缓，麻度却是高到强的程度，因麻感来得慢，常出现烹调中觉得麻度不够而多加花椒，上桌时食用时才发现太麻了，因此使用橙皮味花椒烹煮时，用量控制要特别注意，宁少勿多。

莱姆皮味花椒

风味特点：

风味个性具有爽朗明快的特质，带凉爽香麻滋味。其芳香味在青花椒本味外还有让人联想到常见的青莱姆皮清爽、纯正的气味，是带浓缩感的青莱姆外层绿皮与内层白皮的混和性爽朗清香味，具有明显凉爽感及舒适的草香味，少量的藤蔓味。

滋味上偏浓郁的青花椒本味，苦涩味相对明显但其他杂味较少，滋味显得较纯正，加上浓郁纯正的香气，使得青莱姆皮花椒的韵味较为绵长；利落的麻感持续性佳并带明显的凉爽感，麻度从中上到高。

鉴别重点：

优质莱姆皮味干青花椒应该是外皮呈饱和的黄绿色到绿色，内皮呈米黄色到淡淡的粉黄绿色，颗粒大小适中，油泡多而密，抓在手中是干燥且结构扎实的酥感，气味应具备杂味低而纯正的青花椒本味，加上鲜明的青莱姆皮味与适当的草香味；如出现藤蔓腥味和野草味等杂味浓就是品种或种植有问题的劣质花椒；若带有干柴味且颜色往褐色转变、青莱姆皮味淡的多属于品质较差或储存不良的莱姆皮味花椒。

有些产地的青莱姆皮味花椒会出现明显的青橘皮的鲜香味，相较之下柠檬皮味花椒的气味较沉，多数杂味明显。

烹调原则：

莱姆皮味花椒一般来说颜色不是那么浓绿、厚重，多数人会凭直觉联想成滋味也相对轻，实际上刚好相反，其莱姆皮的清爽、纯正气味浓郁，麻度更是比柠檬皮青花椒高一些，也更持久。在调味上莱姆皮味花椒的爽香感可强化鲜味的感觉，滋味、麻感又能解腻除异味，且青花椒的香气不容易散，用在不辣的菜品中也有点睛之妙，适度的麻感还能让带辣菜品的辣感变得缓和。但所有青花椒都容易因用量稍多就造成抢味或压味的情形，莱姆皮味花椒也不例外，虽有苦味但不闷人，除非过量；麻度与用量成正比，但会抢味或压味的特性，使得用量不能多，常出现香气、滋味足够但麻度不足的情况，可加入适量红花椒来提高麻度，因所有红花椒的抢味或压味问题远小于青花椒。

柠檬皮味花椒

风味特点：

此类青花椒的风味个性为厚实鲜爽中带清爽花香。除青花椒本味外加上近闻像是经过浓缩的柠檬皮气味，拉开一点闻则有明显的花香韵味的综合性香味，还有凉爽感及可感觉到的藤蔓腥味和野草味等杂味。

滋味上相对容易出苦味，咬到时也会有一股说不清楚的杂味感，但其花香般的尾韵十分迷人；麻感为感受明显的粗犷凉爽感，麻度中到中上。

鉴别重点：

优质柠檬皮味干青花椒颗粒应该是外皮呈厚重的绿色到墨绿色，内皮呈淡淡的粉黄绿色到粉绿色，果粒大小适中，油泡多，抓在手中是一种干燥而扎实的感觉。气味应是浓缩的柠檬皮味中带花香韵味，适当的凉爽感及较少的藤蔓腥味和野草味等杂味。若是花椒中藤蔓腥味和野草味等杂味浓就是品种或种植有问题的花椒；若出现干柴味且颜色往褐色转变，柠檬皮味转淡就是品质较差或储存不良的青花椒。

柠檬皮味花椒除青柠檬皮味及熟成的黄柠檬皮味外，部分产地会带有明显的绿金橘气味，相较之下莱姆皮味花椒完全没有花香味感，杂味则是明显较低。

烹调原则：

柠檬皮味花椒除了与其他花椒一样可增香除异外，还能为菜品带入麻感，适度的麻感能令辣味菜品辣感变得缓和。实际使用上要避免使用过量而发苦，过热油的火候应避免过大而焦煳使得香气、麻感被破坏殆尽。

青花椒的鲜爽气味在新鲜青花椒上最为鲜明突出，因此在干青花椒外还有冷冻保鲜的青花椒商品，保鲜青花椒为了保有其独特鲜香味与色泽，烹调时都是在起锅前下入或起锅后才置于菜品上，以热油激出香味后就上桌，而菜品里的麻、香就要靠干青花椒粒或是青花椒油、藤椒油，来个里应外合，才有碧绿花椒诱人食欲，闻起来鲜椒味香浓，吃起来又香又麻。

青花椒在正式场合使用的历史只有短短 40 多年，传统正式饮宴中是禁止用青花椒调味的，青花椒从早期用在江湖菜及河鲜菜肴到如今几乎什么菜都能加，就因其清新的柠檬香麻味可以增香、增鲜并抑制腥异味，通过厨师的创意，目前多采用与红花椒搭配调味的手法，让成菜的花椒香麻味拥有更多的层次。

花椒储存实验

花椒的奇妙不仅是香气奇妙、口感麻人奇妙，连保存都存在着奇妙的现象，敞开放气味很快就散了，真空封闭储存气味就不鲜活、部分香气会凭空消失，有种死气沉沉的感觉，封紧但保留适当通气小孔可让花椒气味的浓度与鲜活感保存得久一些，所谓的久是 4~8 个月，还要看环境是否阴凉干燥，气味之强烈一般塑料袋还封不住，需特殊的加厚高密度塑料袋才行，若气味窜出则可让周边的物品都沾染其气味，一时间还去不掉，种种特殊性远超过去对香料保存的经验。

在花椒寻味过程中，请教过许多椒农、专业花椒公司及花椒销售商，可归纳出三种目前常用的储存方法：一是干燥后将空气抽掉再完全密封，送入冰箱冷藏或是冷冻；二是干燥后密封、放阴凉处；三是不能密封，要留可以呼吸的小孔洞，但要保持阴凉、干燥。其共通之处是都要放在阴凉、干燥处，避免高温与阳光，避免与其他香料食材混和储存，但这三种方法各有利弊，风味鲜活度是方法三优于二优于一，滋味、麻感与气味浓度是方法一优于二优于三。

下面设计了一个实验方法，尝试找出最佳的日常储存方式，并试着找出上述经验方法背后的科学原因。实验方法里设定了三个最贴近生活的储存方式做测试，取同一批花椒，装入三种容器，分别是可以完全密闭封死，有盖但不能密闭封死的与无盖敞开，分别放在会晒到太阳的地方、阴凉处与冰箱的冷冻库。

【保存测试图表】

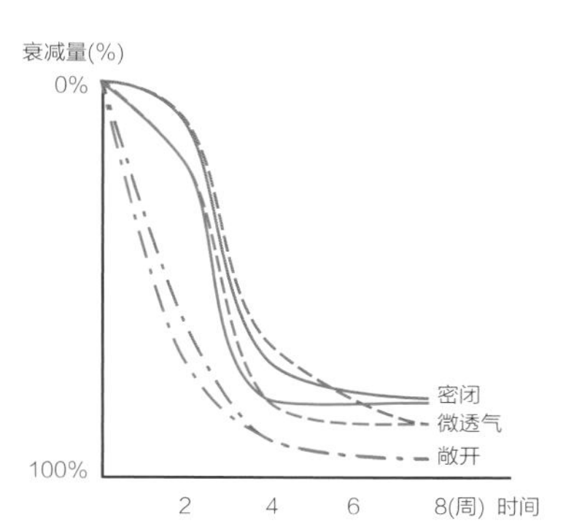

窗边组：青花椒、红花椒香气变化示意图

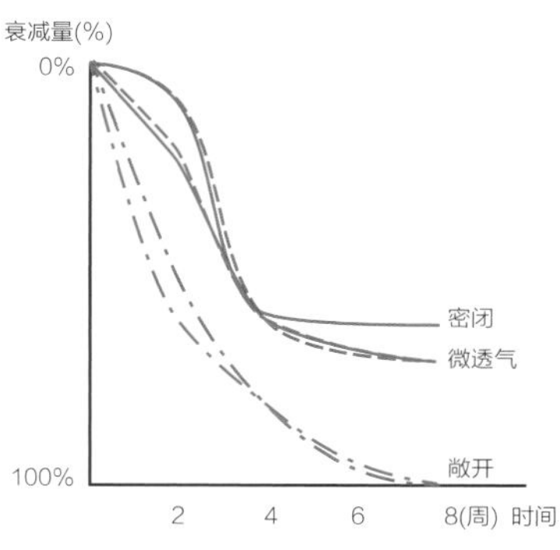

阴凉组：青花椒、红花椒香气变化示意图

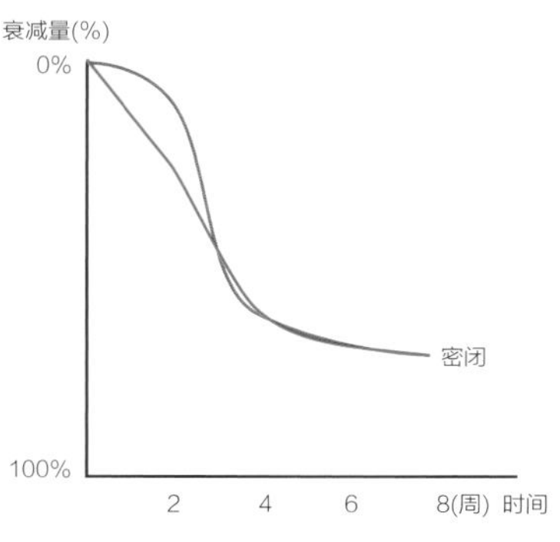

冷冻组：青花椒、红花椒香气变化示意图

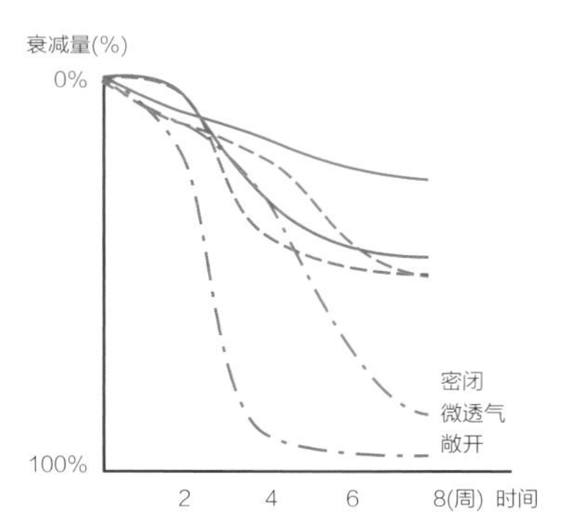

窗边组：青花椒、红花椒滋味变化示意图

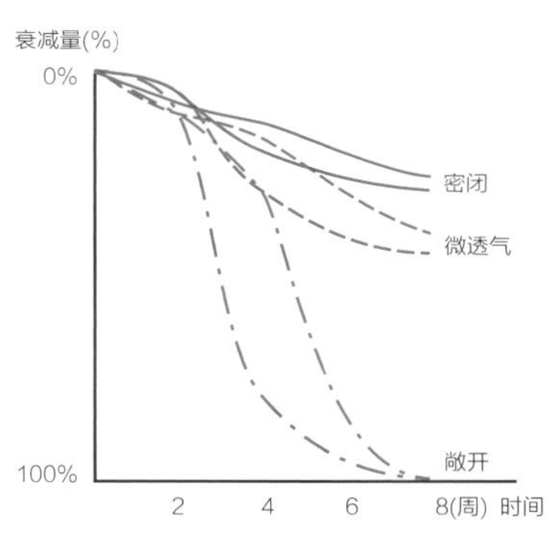

阴凉组：青花椒、红花椒滋味变化示意图

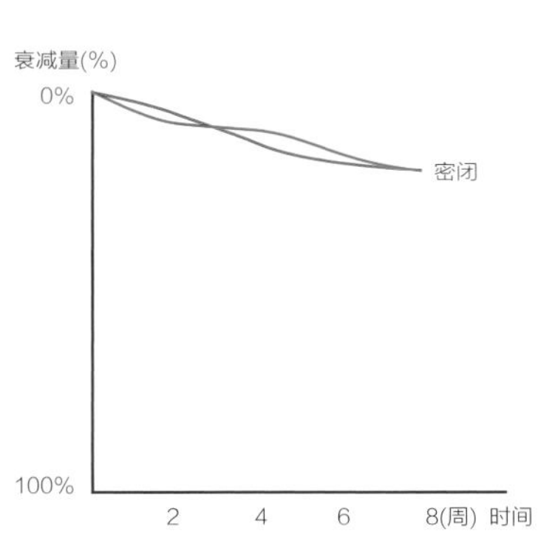

冷冻组：青花椒、红花椒滋味变化示意图

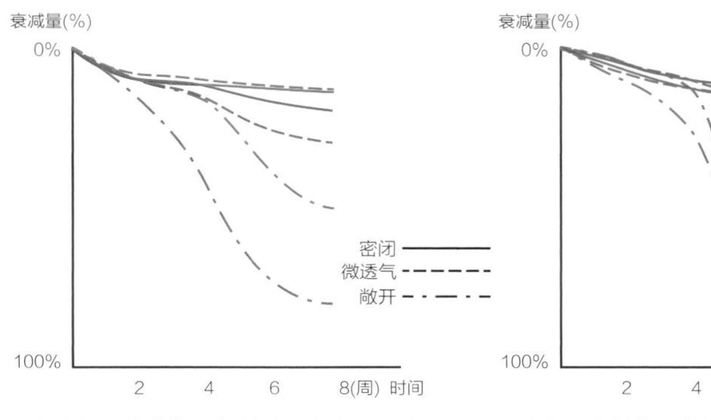

窗边组：青花椒、红花椒颜色变化示意图

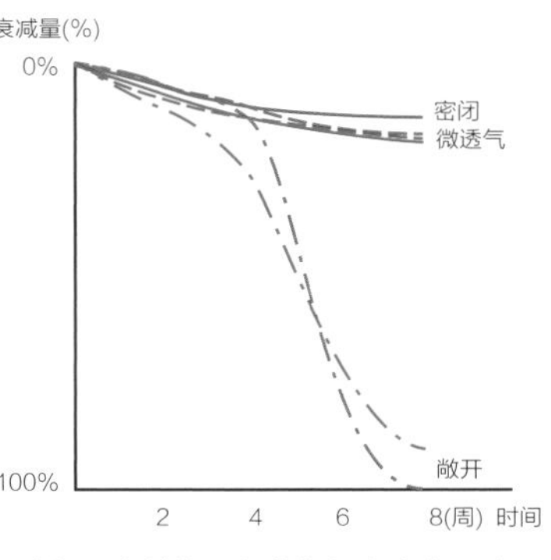

阴凉组：青花椒、红花椒颜色变化示意图

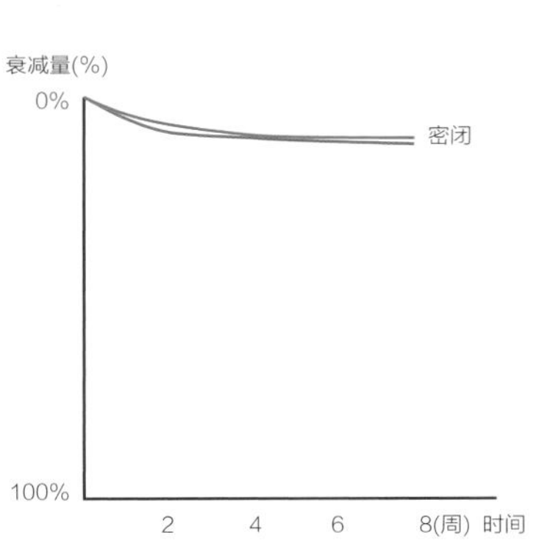

冷冻组：青花椒、红花椒颜色变化示意图

储存实验方法

选用2012年份的颜色鲜浓的茂县大红袍红花椒、重庆江津青花椒作为实验材料，分别装在可完全“密闭”的玻璃瓶中，每份20克，各三份；而不能密闭，可“微透气”的玻璃瓶及完全没盖的“敞开”容器，一样每份20克，青、红花椒各两份。分别放在会晒到阳光的通风处、阴凉通风处与家用冰箱冷冻库中，其中家用冰箱冷冻库中则不放置敞开组及微透气组的样本，因家用冰箱是密闭空间，且充满杂味，会让试验结果没有参考价值。另外，考虑到一般生活中难有恒湿的环境，实验环境单纯选择相对干燥、无异味的地方，因此实验结果无法呈现不同湿度对花椒气味、滋味的影响。

↑花椒保存最重要的是保持干燥及避光、避日晒。

↑长时间的保存，建议将花椒放入密闭容器后，置于冷冻库。

依初始放置时看其色、闻其香、尝其味来当作风味100%，当完全看不出花椒该有的色泽，没有芳香味只有干柴味或干草味，滋味单调没有麻味与花椒味时当作风味0。分别放置于设定好的位置后，第一次评定是放置两周后，一样看其色、闻其香、尝其味，再依感官判定芳香风味的衰变百分比，把衰变百分比做记录。之后就是四周、八周再各评定一次。其中从冷冻库取出的密封花椒，是在密闭状态下回复到室温时再做评鉴。以此方式比较出色、香、味受光线、温度与密闭与否的变化程度，按记录的数据画成曲线图如前页所示。采感官评鉴本就存在有许多不可控变数，但结果仍具有绝佳的实用价值与研究价值。

花椒储存实验分析

利用实际生活环境做的测试最大好处就是得到的成果可直接应用在生活中。实验一开始基本就可发现花椒的储存与阳光、湿度、温度间有着密切的关系，实验开始后第一次做风味品鉴就发现置放于相对高温、强光的窗边组花椒色香味明显衰退，特别是完全敞开的，一下少了大部分的气味，一个月后窗边组的完全密闭容器与留呼吸缝容器中的花椒气味、滋味相较于阴凉组与冷冻组来说衰减程度相当明显，其中青花椒衰减速度明显大于红花椒。

两个月后窗边组敞开中的花椒颜色及各种气味、滋味都已经衰减到接近不适合烹调的状态，而完全密闭容器与留呼吸缝容器花椒的香气衰减超过一半，滋味的衰减倒是比想象中少，只减少大约1/3。其中两个月后阴凉组完全敞开的青、红花椒都长出霉菌，无法食用。

窗边组与阴凉组不同密闭程度容器中的花椒，在对应时间点品鉴的结果显示，密闭程度会让花椒的气味产生转变。完全密闭容器相较于留呼吸缝容器的花椒气味来说，明显变得沉闷、不舒爽，不像留呼吸缝容器的花椒气味能保有舒爽鲜活感。在第二周及第四周的品鉴发现，两个环境中完全密闭容器内的花椒气味衰减速度大约相等，甚至略快于留呼吸缝容器，四周之后留呼吸缝容器内的花椒气味衰减才快过完全密闭容器内的花椒。

【花椒储存环境、时间颜色变化图】

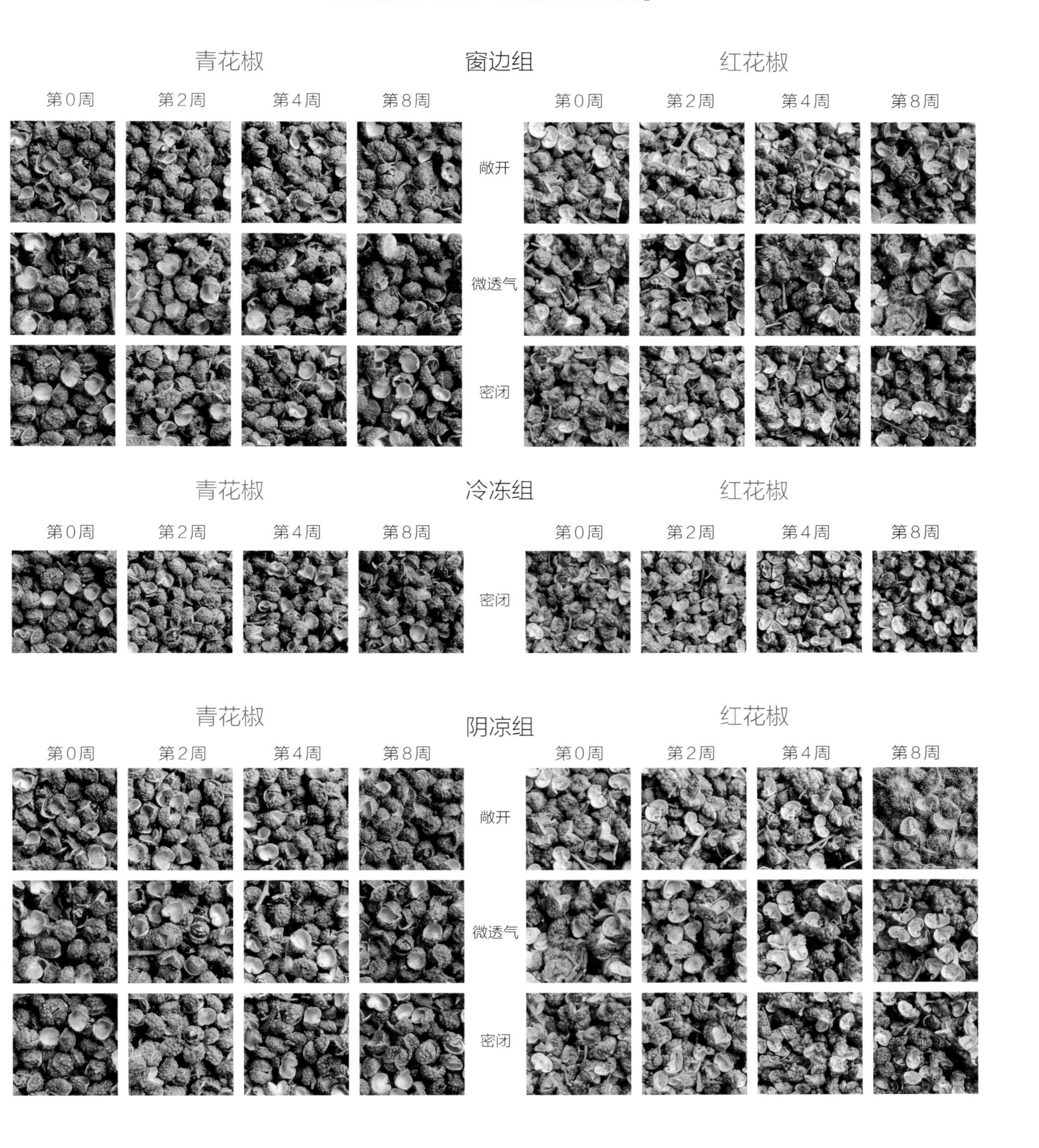

在滋味部分，窗边组中完全密闭容器与留呼吸缝容器的花椒，大约在两周后就开始出现差异，一个月后留呼吸缝容器内的花椒滋味衰减开始明显多过完全密闭容器内的花椒，其差异已大到会影响调味效果。阴凉组则是一个月后两者才开始出现差异，但还没有大到影响调味，在超过两个月后留呼吸缝容器的花椒衰减幅度大到会影响调味效果。

冷冻组主要与窗边组、阴凉组比较完全密闭容器保存花椒的效果。在气味部分，两周时窗边组可感觉到较明显的衰减，阴凉组与冷冻组可感觉到有衰减，但两者之间若没有并列细闻时感觉不出明显差异，其次是前面提到，密闭容器中的花椒气味变得沉闷、不舒爽，冷冻组的花椒气味有同样问题。当放置四周后，气味开始有差异，窗边组气味衰减明显，阴凉组的气味衰减其次，冷冻组则是基本持平。两个月时窗边组气味衰减幅度大，阴凉组的气味衰减开始持平，冷冻组则是维持缓慢的衰减，三者的气味还是一贯的沉闷。

滋味上，冷冻组与窗边组、阴凉组在两周时感觉不出明显差异，一个月时窗边组滋味丰富度明显减低，还不足以影响调味效果，阴凉组的滋味丰富度与冷冻组相较已有差异但不大；到第八周时窗边组滋味丰富度失去超过一半，已会影响调味效果，阴凉组的滋味丰富度与冷冻组的差异开始拉大，但还不至于明显影响烹调效果。

依使用频率决定储存方式

由以上的实验与分析可以明确得知高温、强光是花椒气味、滋味衰变的主要因素，并可得到一个明确的变化关系，就是储存容器密闭程度越高、温度越低，气味、滋味衰减越慢，但风味会短时间略减，却得到较长时间的稳定风味；反之，密闭程度越低、温度偏高，风味虽相对较佳，但维持时间偏短，超过2~4周后气味、滋味大幅衰减；同时有一现象就是青花椒的气味、滋味衰减速度在三个环境条件下都比红花椒快一些。

因此分析实验结果就可以发现花椒保存方式应按照使用频率来决定，大概可按照以下原则来选择保存方式。

原则一：使用频率高且可在一个月以内用完，除了避免完全敞开的方式外，只需密闭或加盖后放在阴凉、干燥处即可。

原则二：使用频率低或是存放时间一个月以上三个月以内，建议完全密闭后置于阴凉干燥处，也可放入冷藏库或冷冻库。但使用前务必先取出令其完全回温到室温再打开使用，以避免低温干花椒吸附水气后快速劣化。

原则三：需保存三个月以上时，建议完全密闭封死放入冷冻库。使用前务必先取出令其完全回温到室温再打开使用，以避免没用完的低温干花椒吸附水气后快速劣化。

↑ 凉山州金阳县，着彝族传统服饰的妇女。

巴蜀花椒品种与分布

初探花椒品种，掌握花椒产地与品种、风味的关系

轻松地辨别花椒特性、巧用花椒

享受花椒的奇香、妙味就在一念间

Sichuan Pepper

“花椒”为中华烹饪中使用历史近两千年的香料，但在认识上却一直处于相当模糊的状态，当今林业专业领域没有明确定义品种，餐饮行业或专业市场只有因地、因产业而异的俗名，此现象非常不利于花椒产量和种植规模的扩大，大陆花椒总产量从 2009 年的全年 20 多万吨暴增至 2020 年的 50 万吨左右，2020 年四川范围内花椒总产量也已超过 10 万吨。

从植物学的角度来看，主要食用的红花椒不是“花椒种”就是“花椒变种”，而调味用青花椒只有一个“竹叶花椒种”，看起来似乎很单纯，实际上植物学的分类方式仅能呈现遗传与血缘远近的关系，无法呈现商业市场所需的香气、风味、滋味等差异关联性，在商业市场中无法作为商品差异化的依据。

花椒市场从 2000 年后逐步进入

↓ **千年贡椒产区全景，位于雅安市汉源县的清溪镇，其中以牛市坡的风味品质最佳。图中央偏左的三角台地上为清溪古镇。**

高速扩张期且竞争激烈，加上花椒颗粒小、外观上不易分辨导致不同品种、产地的花椒相混合或是任意套用品种名，只求好卖的销售心态，将品种、产地与风味差异给全部搅混了，可以说是花椒市场良性发展的一大弊病。

时至2020年花椒产业发展已逐渐饱和，市场交易模式依旧传统，没有形成能应付如此大规模市场交易的相应花椒知识与研究，即使产地或是专业批发商都能分辨花椒品质高低，却无法明确说明花椒品种、产地与风味之间的关系。当前有共识且与风味有明确关联的品种只有红花椒中的西路椒与南路椒（正路椒）以及青花椒、藤椒，但这不算是严谨的品种划分，只能表达花椒有几大类，当前零售市场上多数的品种说法属于商品名的概念，依托于销售需要，跟品种、产地和风味的关联性并不明确。

品种——花椒市场困境

在物流发达及保存技术日新月异的今日，早已具备为市场提供不同品种或产地的不同风味特点花椒的条件，进而在餐饮、食品创造出更多样的香麻层次、个性滋味，甚至可应用花椒的药理开辟食疗保健市场，但很可惜的是当前花椒知识普及度严重不足，难以支撑前述的精致、多样化滋味与市场创新的需求。

这里举个例子，橘子风味与品种、产地大家都熟悉，也了解同一品种在不同的环境、产地种出来的橘子风味会有不同，甚至差异明显，因此买橘子时会确认品种、询问产地、确认风味再决定要不要买，并据此判断价格是否合理。这样简单而合理的交易过程却不存在于花椒市场，所谓的优劣就是价格高低，其次是关注颗粒的颜色、大小，关系花椒品质的气味、滋味只有少数人会考虑，与之直接相关的产地与品种则几乎没有人关心，只有少数懂行的人注意到品种、产地与风味之间的关联性，却苦于市场标示不规范，花椒商品名或品种名及产地大多是销售者依照市场偏好标示，品种、产地与质量的对应十分混乱，甚至与该花椒实际的品种、产地一点关系也没有。

↑当前大城市的花椒交易市场硬体设施已近趋完备。图为成都海霸王物流园区一景。

此现象不仅存在于花椒市场，在花椒产地的农民们也无法掌握自己所种花椒品种及风味特性，传统种植区的农民只知道种的特定俗名花椒树是对的、是好卖的，没有品种意识，新兴种植区则是领头人说种什么就种什么，品种意识更薄弱。

花椒名的杂与乱

以当前餐饮行业来说，“花椒”一名可以是大红袍、西路椒、正路椒、南路椒、南椒，也可以是贡椒、黎椒、清溪椒、秦椒、凤椒、狗椒，更可以是蜀椒、巴椒、汉椒、川椒，甚至是青花椒、麻椒、香椒子，以上花椒名中有多个花椒名是同一品种或产地的花椒，也有一个花椒名涵盖了多个品种或产地。如其中的大红袍可以是六月红（茂县）、六月香（甘肃陇南武都）、双耳椒（喜德）、红椒、蜀椒、家花椒（农村对可食用花椒的泛称）。又如南路椒也可以叫贡椒、汉源椒、清溪椒、母子椒、正路椒、南椒、红椒、蜀椒、狗屎椒（阿坝州金川县、甘孜州九龙县）、家花椒、迟椒（甘孜州康定、泸定）、宜椒等等，花椒名字与品种、产地间没有准确对应，越是消费者端越混乱。

再如1900年起才被川菜厨师大量采用的青花椒，又名九叶青、香椒子、麻椒，品种不复杂，经二三十年的育种，目前风味相对稳定的品种就三四种：有乐山市峨眉山周边县市种

↓阿坝州松潘城关的老南城门。

◆ **花椒龙门阵**

《何谓“城关”？》

因古代的城镇基本上是基于军事区域来划分的，而每个县城重要的军事设施叫作镇，每个城镇都设有关卡，于是城镇的关卡名为“城关”。基本上只要是县级城市，就会有一个镇名为城关镇，且城关镇都是一县之都，也就是全县政治、经济、文化中心，因此它的经济实力往往是全县各乡镇中龙头老大，也让城关镇总是成为全县第一镇。

现今的行政区划分还是部分沿用这一概念，但在称呼上，发展较快的县城多半抛弃了“城关”这一传统说法。较传统的地方县多保留了这一称呼，因此到城里，当地人多习惯说进城关。像我是台湾人，从没接触过这说法，第一次接触时是要从农村打车进城，客运车师傅远远就看我一副要进城的样子，将车停在我面前问道：到城关，坐不？我满脸问号、愣头愣脑地回说：不是，我要进城。开车师傅一脸好气又好笑的表情，再次强调说：这就是到城关的，坐不？我还是满脸问号地回说：不，我要进城。两三个来回后客运车师傅才意会到我不懂“到城关”就是“进城”的意思，赶紧说：对对，就是进城。我还是傻愣愣地说：我是要进城，但不是到城关。这时车上的人都笑翻了！

植的藤椒，凉山州金阳县的金阳青花椒，重庆市江津区培育的九叶青花椒、云南青花椒等。

短时间形成规模或出名的青花椒产地也多，如凉山州金阳县、眉山市洪雅县、乐山峨眉山市、凉山州盐源县、攀枝花市盐边县；新兴的产地有重庆市璧山县，重庆市酉阳县，自贡市沿摊区，泸州市龙马潭区，泸州市合江县，资阳市乐至县，绵阳市盐亭县、三台县，广安市岳池县，

常用香料

花椒，八角，桂皮，月桂叶，香菜籽，草果，茴香，丁香，甘松，陈皮，五加皮，千里香，砂仁，香茅草，藿香，白芷，木香，良姜，山柰，枳壳，豆蔻，红蔻，白蔻，草蔻，山楂

↑四川某菜市场中售卖花椒、香料及各种干货、调料的典型商铺。

巴中市平昌县，达州市达川区，还有重庆市的江津区、璧山区、酉阳县等，同时 2010 年后云南省青花椒产量也大幅度扩张，这么多产地的青花椒在市场上却只有一个笼统的名字——“青花椒”！

从产地到市场

花椒从产地到消费者手中的旅程，一般是椒农将晒好并初步筛选过的花椒拉到集市（镇或县），由当地收购商收购后转手给市州较大的盘商，或发给有能力销售到全四川或全国的大型盘商，大型盘商再依价格和市场特性将品种相近、质量（单指香气浓度）差不多的花椒混合后出货给中小型销售商，之后才进入市场销售。食品加工业之类大用户除了跟批发商购买，部分委托专业产地的收购商直接在产地收购。

到目前为止，因品种研究不足、知识欠缺与模糊导致多数收购商不在乎收到的花椒是什么品种，只凭经验判断花椒颗粒、颜色与气味是否为想要的花椒，是否符合期待的收购价格，销售商也仅凭经验判定质量与价格是否对应来进货，品种、产地只是作为评估价格的参考，与品质的关联性低，同时为了取得稳定且符合市场定价的成本，常将不同产地、有高低价差的花椒进行混合，这类花椒借用咖啡业的行话就是所谓“调合（Blend）”花椒，是目前花椒市场的主流产品。

这类经过多次混合的市售花椒难以讨论品种、产地与花椒风味滋味之间的关联性，烹饪应用就无法做到真正的精用、巧用及可复制性，进而严重限制花椒市场升级及产业附加价值提升的可能性，这就是花椒市场的现况。可喜的是自本书第一版于 2013 年发行至今日，有系统的花椒知识广为传播后，促进了消费意识升级、市场自我调整，最明显的例子就是超市中的花椒销售状态，从以前的所有品牌厂家只卖一种“红花椒”转变成“大红袍”“贡椒”“红花椒”的初步细化的市场销售模式，青花椒市场也有相似的改变。

话说回来，当前市场处于细分市场、建立产地、品种区隔的摸索混沌期，要买到特定产地加特定品种的花椒产品依旧很难，绝大多数销售店家在无心或无奈的引导或误导下，消费者也只能跟着傻傻分不清，花椒市场自然一直处于价格敏感状态，价格的重要性大于品质，花椒产业各环节也

【花椒产地到餐桌流程图】

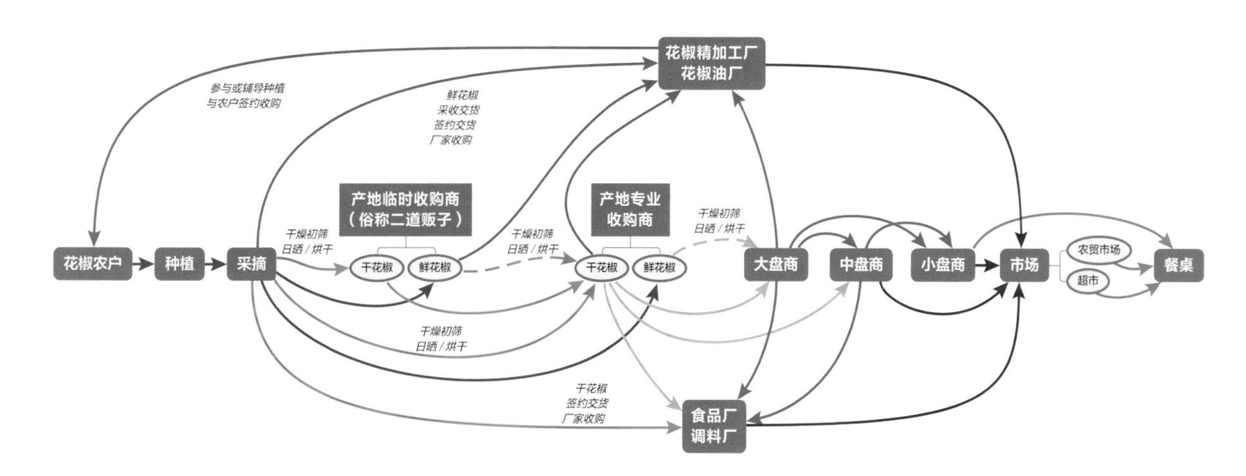

只能继续徘徊在低利环境中。

产生这样的结果很正常，试想有人会为一个说不清楚的商品付出高价吗？所以厘清花椒品种、产地、风味与滋味的关系，并形成系统化的知识加以推广、教育是花椒产业升级换代的重要基础工作，才能让原本不用花椒的人用上花椒，让原本就用花椒的人们热衷于尝试不同品种、品质、产地的花椒所带来的多样味觉体验。

食用花椒的英文名

在西方大众市场中使用最广泛的花椒英文名是“Sichuan pepper”，源自“四川菜特色香料，像胡椒”或“四川菜用最多，像胡椒”的概念称呼花椒，再加上来自英国，曾定居成都多年，热爱川菜、研究川菜，更在四川烹饪专科学校学习过正宗川菜的欧美川菜畅销食谱书作家扶霞·邓洛普（Fuchsia Dunlop）在其著作中统一使用“Sichuan pepper”指称花椒，此英文名的普及对花椒的认识有极大的推广作用，是西方翻译“花椒”一词的共识为“Sichuan pepper”的主要因素。

其中，红花椒就是Red Sichuan pepper，青花椒就是Green Sichuan pepper。另外还有一些花椒英文名如Chinese pepper, Prickly ash peel, Zanthoxylum, Sichuan pepper fruit 等，但使用的普及度较低。

花椒在中药领域及指称药用植物时名为Sichuan peppercon, Pericarpium Zanthoxyli 或 Sichuan peppercon (Zanthoxyli Pericarpium)。

植物学中，红花椒的学名为Zanthoxylum bungeanum（花椒），青花椒学名为Zathoxylum armatum（竹叶椒），都是属于芸香科（Family Rutaceae）花椒属（Zanthoxylum）。

↓近10年新兴的青花椒产地已开始重视品种问题，但聚焦在产量，对风味没有特别的要求，风味作为品质高低要素则还未形成共识。图为巴中市平昌区的青花椒基地。

再谈花椒种、变种与品种

花椒为芸香科（Rutaceae）花椒属（Zanthoxylum）植物，依种的不同而可能是乔木（有明显主干的多年生木本植物，高度多在6米以上）或灌木（无明显主干的多年生木本植物，高度多在6米以下），因为和柑橘类树种同属芸香科，虽是远亲，但其果皮风味成分的组成有一定程度的相似。现今在市场上或中药店看到的颗粒状花椒都是经过长时间选种、育种的良种花椒干燥果皮，花椒树本身全株都可作药用，花椒树叶也可以食用，但其精华及烹调食用主要还是集中在花椒的果实。

目前在市场上依颜色可分为红花椒与青花椒两大类，品种的定义、规范不完善，但属于什么种或变种则是可以通过严谨的植物学来确认并重新认识当下的花椒种问题。

花椒属（Zanthoxylum）植物就目前所知，主要分布在亚洲、非洲、大洋洲、北美洲的热带和亚热带地区，温带较少，在全世界约有250个品种。依《中国经济植物志》所收录数十个花椒种中，食用与药用价值的主要花椒种分别是花椒（俗名：西路椒、大红袍、南路椒，Zanthoxylum bungeanum）、竹叶花椒（俗名：青花椒、藤椒、野花椒，Zanthoxylum armatum）、樗叶花椒（俗名：红刺葱、椿叶花椒、塔奈、鸟不踏，Zanthoxylum ailanthoides）、两面针（Zanthoxylum nitidum），别称蔓椒、山椒、双面刺、鹞婆笋、鲎壳刺、红椒簕、入地金牛、叶下穿针、大叶猫爪簕、毛刺花椒（Zanthoxylum acanthopodium）、勒欓（狗花椒，Zanthoxylum avicennae）、刺异叶花椒（刺叶花椒、散血飞，Zanthoxylum dimorphophyllum）、朵花椒（树椒，Zanthoxylum molleRehd）等，另在“中国数字植物标本馆”网站则收录了当前两岸已知的54个花椒种（含变种）。

↑九叶青花椒是竹叶椒种中的一个品种。

↑食用花椒的近亲“樗叶花椒”，又名“红刺葱”“鸟不踏”。

其中主要用于烹调、食用的花椒种仅有“花椒”与“竹叶花椒”这两大种及通过育种、嫁接改良的品种。如西路椒的代表“大红袍”

或南路椒的代表“清溪椒”都是属于花椒种（Zanthoxylum bungeanum）被不同自然环境驯化的不同品种；当前的青花椒或藤椒几乎都是竹叶花椒种（Zanthoxylum armatum）经过自然驯化或人为培育的品种。以这两个花椒种为基础，每个产地的日照、土壤、温差、海拔都有不同，加上对花椒树不同程度的育种、嫁接、修剪和种植技术改良，不同产地产出的花椒也就具有不同风味特色。

植物学上的分类纯粹但不具备商业与日常实用价值，当前的种与品种之间关系的研究不足，产生究竟是自然原生的“种”“变种”或只是种植环境、技术造成差异的“品种”认知混乱，是花椒植物学研究上的极大空白，至少在本书完成前，未有各产地对品种做出明确的认定、研究与色、香、味、麻的定性描述。在实地探访过程发现这样的缺憾形成农民栽种花椒只有依靠经验来选苗、栽种，是否选对种苗，要等三四年后，花椒树开始挂果才知道，完全不利于花椒品种的优化、产品品质与价值的提升，对农民或推广种植的企业或政府单位都是极大的风险。

花椒种、变种与品种间关系的模糊，使得本书讨论重点着重在已知品种和产地的关联与差异性，并以品种在不同产地之间的花椒风味差异作为归纳分析的对象，提供能直接应用在选择、使用与分辨花椒的直观、简易且具有系统性的知识。

目前有研究单位将四川、重庆常见的花椒栽种品种做初步辨别与统计，但并没有研究、界定风味与品种的关联性，因此风味与品种的关系仍旧模糊，想要全面地将花椒风味与品种做出明确归属界定需要有正确的样本收集、花椒成分分析并横向比较，加上植物学、种植与育种技术等专业知识，牵涉的广度深度已不是一个“川菜与文化研究者”就能做出成果的，需要花椒产业发力支持相关研究。

↑左为西路花椒，右为南路花椒，植物学上都属于花椒种。

四川人说

在西路椒与南路椒都有种植的产地，与椒农闲聊时，问说：买花椒苗时如何分辨西路椒与南路椒？椒农回答说：要准确分辨有困难，特别是买上几百上千株时，一般都是卖花椒苗的商人说是什么就是什么。不过椒农们补充说花椒苗商人都是自己育苗，生意要做得长不会乱说，偶尔会发现夹有不对的花椒品种，但比例很低。买的品种没有问题但是否适合自己土地种植的品种，多半要等种下两三年挂果后才知道。

花椒龙门阵

目前已知，经辨别与统计后分辨出的四川、重庆地区花椒栽种品种

品种名	学名	植物学分类等级
花椒	Zanthoxylum bungeanum Maxim	种
油叶花椒	Zanthoxylum bungeanum var. punctatum Huang	变种
毛叶花椒	Zanthoxylum bungeanum var. pubescens Huang	变种
大木椒	Zanthoxylum bungeanum Maxim	品种
大红袍花椒	Zanthoxylum bungeanum Maxim	品种
清（溪）椒	Zanthoxylum bungeanum Maxim	品种
高脚黄花椒	Zanthoxylum bungeanum Maxim	品种
六月红花椒	Zanthoxylum bungeanum Maxim	品种
七月红花椒	Zanthoxylum bungeanum Maxim	品种
八月红花椒	Zanthoxylum bungeanum Maxim	品种
竹叶花椒	Zanthoxylum armatum DC.	种
九叶青椒	Zanthoxylum armatum DC. Var. novemfolius	变种
狗屎椒	Zanthoxylum armatum DC.	品种
青椒	Zanthoxylum armatum DC.	品种
藤椒	Zanthoxylum armatum DC.	品种
川陕花椒	Zanthoxylum piasezkii Maxim	种
微柔毛花椒	Zanthoxylum pilosum Rehd. et Wils.	种
毛刺花椒	Zanthoxylum a. var. timbor Hook. f.	变种
刺蚬壳花椒	Zanthoxylum d. var. hispidum (F. et C.) Huang	变种
贵州花椒	Zanthoxylum esquiroolii Lévl	种
狭叶花椒	Zanthoxylum stenophyllum Hemsl	种

注 1：本表格资料节录自《四川林业科技》2011 年 12 月第 32 卷第 6 期“四川花椒种质资源调查与资源圃的建立”一文，作者吴银明，李佩洪，杨琳，曾攀（四川省植物工程研究院）。

注 2：植物学分类等级中“种”“变种”“品种”的定义。

种 (Species)：是植物分类的基本单位。种是具有一定的自然分布区和一定的形态特征和生理特性的生物类群。在同一种中的各个个体具有相同的遗传，彼此交配可以产出能生育的后代。种是生物进化和选择的产物。

变种：是一个种在形态上多少有变异，而变异比较稳定，它的分布范围（或地区）比亚种小得多，并与种内其他变种有共同的分布区。

品种：只用于人工栽培植物的分类上，野生植物不使用品种这一名词。品种是人类在生产中培养出来的产物，具有经济价值较大的差异或变异，如色、香、味，形状、大小、植株高矮和产量等，因此品种可理解为“商品化的物种”。在中药材领域中所指的品种，多为分类学上的种，但有时又指栽培的药用植物的品种。

四川、重庆主力花椒品种

四川、重庆地区当前明确的花椒分类是以外观颜色区分，分别是“红花椒”与“青花椒”，这两大类中的已知品种分别是红花椒的西路椒与南路椒，西路椒又分大红袍花椒、小红袍花椒；南路椒则是清溪椒、小椒子等；青花椒则有金阳青花椒、九叶青花椒和藤椒等。

“品种”一词不具备植物学上的严格定义，而是市场运作或产地种植需要约定俗成的“名字”，其定义是“为商品化、差异化的需要而区分的种类”。

花椒果实的生物特点属于植物学中的“蓇葖果”类型，常见的八角也是属于蓇葖果的类型，这类果实生长成型的过程会沿心皮愈合处形成腹缝线，其对侧会形成背缝线，果实成熟后只会沿腹缝线或背缝线开裂并弹出种子，不会两条缝线同时开裂，因此“蓇葖果”类果实成熟后永远只沿一条缝线开裂，市场上俗称为“开口”，而开口与成熟度有关，所以开口率及大小是花椒品质的重点指标之一。

【花椒品种树状图】

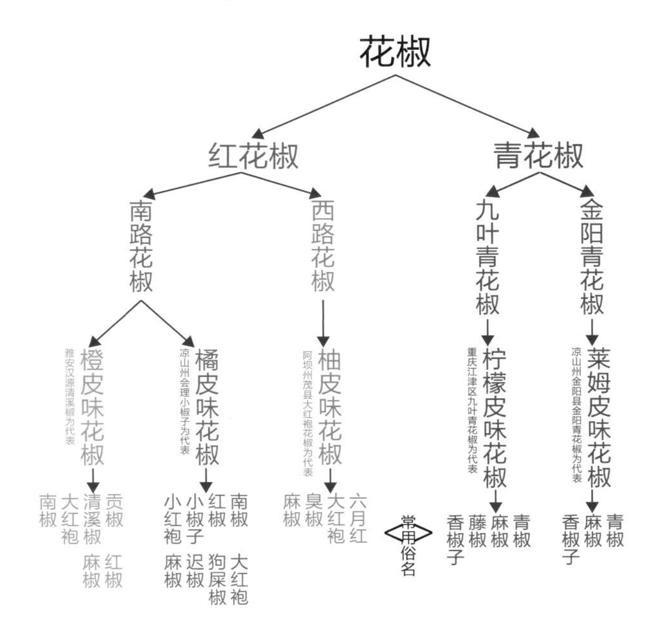

汉源椒

学名：花椒种（Zanthoxylum bungeanum）

常用品种名：南路椒、正路椒、南椒、红椒、红花椒等。

名特产常用名：贡椒（汉源）、越西贡椒、清溪椒、黎椒、母子椒、大红袍等。

产地常用名：狗屎椒（阿坝州金川县、甘孜州九龙县）、家花椒、迟椒（甘孜州康定、泸定）、宜椒等。

文献可见品种名：椒、蜀椒、川椒、椒红、山椒等。

分布状况：主要分布在雅安市汉源县，凉山州喜德县、越西县、冕宁县。主要生长、种植在海拔 1200~2500 米的山地缓坡。

花椒树的分辨

1. 汉源椒为落叶灌木或小乔木，高 2~5 米，茎干通常有增大皮刺；喜阳光充足的地方，适合温暖湿润及土层深厚、肥沃的壤土、沙壤土，耐寒，耐旱，抗病能力强，不耐积水，短期积水就会导致死亡。2. 枝灰色或褐灰色，有细小的皮孔及略斜向上生的皮刺；当年生小枝会有短柔毛。3. 奇数羽状复叶，叶轴边缘有狭翅；小叶 5~11 个，纸质，卵形或卵状长圆形，无柄或近无柄，长 1.5~7 厘米，宽 1~3 厘米。叶片先端尖或微凹，基部近圆形，边缘有细锯齿，表面中脉基部两侧常有一簇褐色长柔毛，无针刺。4. 果实为球形，通常 1~3 个，成熟果球颜色以浓郁红色为主，部分偏浓紫红色，密生疣状凸起的油点。花期 2 月中至 4 月中，果实成熟期 8~9 月。

南路花椒

学名：花椒亚种（Zanthoxylum bungeanum）

常用品种名：正路椒、南路椒、南椒、红椒、红花椒等。

名特产常用名：贡椒、母子椒、双耳椒（喜德）、灵山正路椒、大红袍等。

产地常用名：狗屎椒（阿坝州金川县、甘孜州九龙县）、家花椒、迟椒（甘孜州康定、泸定）、宜椒等。

文献可见品种名：椒、蜀椒、川椒、椒红等。

分布状况：主要分布在凉山州越西县、冕宁县、喜德县、盐源县、木里县、甘洛县，阿坝州金川县、小金县，甘孜州康定县、泸定县、丹巴县、九龙县。主要生长、种植在海拔 1300~2500 米的山地缓坡。

花椒树的分辨

1. 南路椒为落叶灌木或小乔木，高 2~5 米，茎干通常有增大硬皮刺；喜阳光，适合温暖湿润及土层深厚的壤土、沙壤土，耐寒，耐旱，抗病能力强，耐强修剪。不耐积水，短期积水会致使死亡。2. 枝呈灰色或褐灰色，有细小的皮孔及略斜向上生的皮刺；当年生小枝条会有短柔毛。3. 奇数羽状复叶，叶轴边缘有狭翅；小叶 5~11 个，纸质，卵形或卵状长圆形，无柄或近无柄，长 1.5~7 厘米，宽 1~3 厘米。叶片先端尖或微凹，基部近圆形，边缘有细锯齿，表面中脉基部两侧常有一簇褐色长柔毛，无针刺。4. 果实为球形，通常 2~3 个，成熟果实颜色以浓郁红色为主，部分紫红色，密生疣状凸起的油点。花期 2 月中至 4 月中，果实成熟期 8~10 月。

◆ 花椒龙门阵

《红花椒的生长循环》

丰产期红花椒树的生长阶段依品种、产地、纬度高低与海拔高低而有先后变化，不同品种、产地的花椒成熟采收期时间差最多可达三个月以上。

南路红花椒树一般2月初就开始萌新芽，西路红花椒树要推迟半个月左右，3月中旬出现花蕾苞，4月就全面盛开，5月中下旬开始挂果，刚挂果的嫩果一晒到阳光外皮就会转红并一路红到成熟，花椒可采收的成熟期则是西路椒比南路椒早一个月左右，一般7月初到8月中旬，南路椒则是8月初起到9月中旬，采收后会最短时间内晒成干花椒。若是要育种就需让花椒持续成熟，一般是采摘期后2~3周种子才完全成熟。接着进行适当修枝，花椒树叶随冬天的靠近而落光进入冬眠期，待隔年春天再发新芽，开始新的一个循环。

一年生的红花椒苗栽种2年后即能开花挂果，3~4年后开始大量结果进入丰产期，红花椒的丰产与寿命时间和品种关系密切，一般可持续丰产10~20年，花椒树寿命也可达30~40年，也有特别短的。

过早采摘的花椒果实通常色泽偏暗淡且香味、麻味、滋味都较弱；过晚采则容易出现落果和裂嘴，此时遇上雨水更会让花椒果发霉。适期采收的花椒果皮颜色红艳均匀，皮上的油泡凸起、饱满而呈半透明状。采摘花椒的最佳时间是在晴天且椒树上的露水干之后，一般是上午九十点钟过后，用手指甲或剪刀将穗柄剪断，一穗一穗地摘下。最忌讳用手紧抓椒粒、扯拉式采摘，这样会压破油泡，造成花椒干燥后色泽发黑，同时香味、麻味也大减。

好天气上午采摘的无露水红花椒应尽快在午后的阳光下晾晒干燥，采摘到阳光下晒干的干花椒果品质最佳，若遇连续阴天、水气重或下小雨后采摘的花椒则应摊开在阴凉、通风处晾1~2天，当天气放晴、出太阳时摊在阳光下晒干。晾晒时，忌讳直接将红花椒摊晒在大晴天的热烫的水泥地面或石板上，因为会导致颜色发黑影响品质，此时应摊晒在草席或竹筐上。

↓汉源花椒产地（左图）及采收风情（右图）。

西路花椒

学名：花椒种（Zanthoxylum bungeanum）

常用品种名：西路椒、大红袍、红椒、红花椒、大花椒等。

名特产常用名：六月红（茂县）、六月香（甘肃陇南武都）、大红袍、梅花椒等。

产地常用名：香椒、家花椒、椒红、秦椒、山椒、狗椒、红椒、红花椒。

文献可见品种名：椒、秦椒、蜀椒、川椒、花椒等。

分布状况：阿坝州茂县、松潘县、马尔康、理县、九寨沟县、黑水县，甘孜州泸定县、康定、丹巴县、九龙县，凉山州西昌市、昭觉县、美姑县、雷波县、金阳县、布拖县、德昌县、甘洛县、喜德县、冕宁县、木里县。主要生长、种植在海拔1500~3000米的山地缓坡。

花椒树的分辨

1. 西路椒属落叶灌木或小乔木，高3~7米，茎干通常有增大硬皮刺，整体的长势较大；适宜阳光充足，湿润及土层深厚肥沃的壤土、沙壤土，耐寒，耐旱，抗病能力强，耐强修剪。怕积水，短期积水就会死亡。2. 枝灰色或褐灰色，有细小的皮孔及略斜向上生的皮刺；当年生小枝会有短柔毛。奇数羽状复叶，叶轴边缘有狭翅；小叶5~11个，纸质，卵形或卵状长圆形，无柄或近无柄，长2~9厘米，宽1~4.5厘米 3. 叶片先端尖且较为舒展，基部近圆形，边缘有细锯齿，且多为波浪状，表面中脉基部两侧常有一簇褐色长柔毛，无针刺。4. 果实为球形，通常2~4个，果实颜色以艳红色为主，少数紫红色或紫黑色，密生疣状凸起的油点。花期3~5月，果实成熟期7~9月。

小红袍花椒

学名： 花椒种（Zanthoxylum bungeanum）

常用品种名： 小红袍花椒、小椒子、南路椒、红椒、红花椒、米椒等。

名特产常用名： 香椒子（凉山州会理、会东）。

产地常用名： 家花椒、椒红、山椒、红椒、红花椒等。

文献可见品种名： 椒、蜀椒、川椒、椒红、山椒等。。

分布状况： 凉山州会理县、会东县、德昌县、甘洛县、盐源县、木里县等。主要生长、种植在海拔 1200~2200 米的山地缓坡。

花椒树的分辨

1. 小红袍花椒为落叶灌木或小乔木，高 3~6 米，茎干通常有增大硬皮刺；喜阳光充足、温暖湿润且土层深厚的肥沃壤土、沙壤土环境，耐寒，耐旱，抗病能力强，短期积水可致死亡。2. 枝灰色或褐灰色，有细小的皮孔及略斜向上生的皮刺；当年生小枝会有短柔毛。奇数羽状复叶，叶轴边缘有狭翅；小叶 5~11 个，纸质，卵形或卵状长圆形，无柄或近无柄，长 1.5~6 厘米，宽 1~2.5 厘米。3. 叶片先端圆尖或微凹，基部为略尖椭圆形，边缘细锯齿不明显，表面中脉基部两侧常有一簇褐色长柔毛，无针刺。4. 果实为球形，通常 2~3 个，成熟果球颜色大多为艳红色，少数紫红色或者紫黑色，密生疣状凸起的油点。花期 2~4 月，果期 8~10 月。

金阳青花椒

学名：竹叶椒种（Zanthoxylum armatum）

常用品种名：青花椒、香椒子、麻椒等。

名特产常用名：金阳青花椒。

产地常用名：青椒、青花椒、竹叶椒等。

文献可见品种名：蔓椒、山椒等。

分布状况：凉山州金阳县、雷波县、西昌市、德昌县、甘洛县，攀枝花市盐边县。主要生长、种植在海拔650~1800米的山地缓坡。

花椒树的分辨

1.半落叶小乔木，高2~6米，树皮绿色到褐色，上有许多皮刺与瘤状突起，分枝角度开张，树冠伞形。金阳青花椒树在开花和挂果期怕较大的风，因为会造成大量的落花落果，因此山顶和风口不宜种植。2.金阳青花椒为喜温树种，冬季气温在零度以下会进入冬眠状态；耐干旱，不耐涝，短期内积水树就会死亡；枝一年生为紫色，二年生为麻褐色，三年生色泽逐渐加深；一年生枝条上的刺1~2厘米，呈红色之后随时间硬化并转成褐色。3.奇数羽状复叶，叶子为长卵形，叶柄两侧具皮刺，叶厚，颜色绿到浓绿，对土壤适应性较强，喜光照，可承受大幅度修剪，须根发达，具有保持水土的作用。4.金阳青花椒果实挂果后呈绿色一直到成熟，而当种子成熟时呈转为暗紫红色，果皮上有疣状的油泡突起，一个果实中含1~2粒圆形种子，种子有浓黑色光泽。

◆ 花椒龙门阵

《青花椒的生长循环》

进入盛产或3年以上青花椒树的生长阶段依品种、产地、纬度高低与海拔高低而有先后变化，不同品种、产地的花椒成熟采收期时间差最多可达两个月。低海拔的藤椒、青花椒冬季不会落叶冬眠，持续生长，没有绝对的发新芽时间点，中海拔的金阳青花椒于冬季会落叶并冬眠，因此一般是2月底至3月初才发新芽，发新芽后1~2周内开始长花苞，再过2~3周开始盛开，3月中下旬挂果后开始发育果实，挂果后嫩果将保持青绿直到熟透才会不均匀的转红，5月初到5月底的青花椒果实适合采收做成保鲜青花椒。

制作干花椒的话，低海拔的藤椒、青花椒需要6月初到7月上旬的成熟度，大约是端午前后；中海拔的金阳青花椒就到8~9月才能采收干制。若要留做育种的就需让花椒持续成熟，一般是采收期后2~3周种子才完全成熟。接着进行修枝，目前低海拔青花椒没有冬眠问题，主要采取全修枝的技术，中海拔金阳青花椒会落叶并冬眠因此只能适度修剪，确保来年有足够的枝条开花结果，隔年2月再发新芽并开始新的一个循环。

通常青花椒一年生苗高可达1米以上，一年苗移植到花椒地后1~2年可开花结果，3~4年进入盛产期，并可持续10~15年，生产寿命最多可达20~25年。

青花椒主要集中在7~8月采摘，这时采摘加工的干青花椒的色泽好，风味品质佳。

青花椒的采摘方法与红花椒相同，以手工采摘最佳，目前低海拔的藤椒、规模种植区多发展出结合修剪枝条的方式进行采摘，效率高、节省人力；中海拔地区金阳青花椒则因不能过度修枝，依旧保留着纯人工采摘的技术。采收青花椒应选晴朗天气并等树上花椒的水气干的时候才开始采，一般是上午9点之后。摘下的花椒应当天铺在石板、水泥地或席子上曝晒，当天上午采当天下午晒干的品质最好，色泽、气味、开口度都相对好，凉山州椒农称之为“一个太阳的花椒”。现在规模产区则是以机器烘干为主，颜色多半较佳，但开口及气味略差。

↑江津九叶青花椒产地及风情。

九叶青花椒

学名：竹叶椒种（Zanthoxylum armatum）

常用品种名：青花椒、香椒子等。

名特产常用名：江津青花椒等。

产地常用名：蔓椒、山椒等。

文献可见品种名：蔓椒、山椒等。

分布状况：重庆市江津区、璧山县，酉阳土家族苗族自治县。四川省的自贡市沿摊区，泸州市龙马潭区、合江县、泸县，广安市岳池县、华蓥县，绵阳市盐亭县，巴中市平昌县，南充市营山县，资阳市乐至县，达州市渠县、达川区。主要生长、种植在海拔 450~800 米的丘陵地或坡地。

1. 半落叶小乔木，高 2~7 米，规模化种植均经人为矮化在 2~3 米高；树皮绿色到褐色，上有许多瘤状皮刺突起，分枝角度开张，树冠呈伞形。避免种植在风口处，九叶青花椒开花和挂果期若遇到较大的风会造成大量的落花落果。2. 九叶青花椒为喜温树种，冬季温度在 0℃以下时容易有冻害；耐干旱，不耐积水，短期积水树就会死亡；树枝由一年生的紫色到两年的麻褐色，色泽逐渐加深；一年生枝条上均匀长有 1~2 厘米的深红色皮刺，之后随时间转成褐色并硬化。九叶青花椒对土壤适应性较强，需充足的日照，可承受高强度修剪，须根发达，具有保持水土的作用。3. 树叶属奇数羽状复叶，叶数 3~7 叶，树龄 3 年以下的枝条叶数则较多 7~9 叶，叶柄两侧具皮刺，叶形相对偏细长，叶厚而绿。4. 青花椒果实挂果后呈绿色一直到成熟，当种子成熟时果皮转为紫红或暗红色，果皮布满突起油泡，通常一个果实中含 1~2 粒圆形种子，种子颜色浓黑，有光泽。

花椒树的分辨

藤椒

学名：竹叶椒种（Zanthoxylum armatum）

常用品种名：藤椒。

名特产常用名：藤椒。

产地常用名：藤椒、香椒子、油椒、坨坨椒等。

文献可见品种名：蔓椒、山椒等。

分布状况：眉山市洪雅县、丹棱县，乐山市峨眉山市、夹江县、马边县，即峨眉山周边丘陵地区。主要生长、种植在海拔 450~1000 米丘陵坡地上，目前四川有多地发展大面积种植，如绵阳市三台县、乐山市井研县、广安市岳池县。

1. 半落叶小乔木，高 2~7 米，规模化种植会利用矮化技术将树高控制在 2~3 米高，树皮绿色到褐色，主干上有许多瘤状的皮刺突起，分枝角度特别开张且枝条相对较长。避免在风口种植，因为较大的风会造成大量的落花落果。2. 藤椒为喜温树种，气温过低容易受冻害；耐干旱，不耐积水，短期积水树就会死亡；成熟树枝从麻褐色色泽逐渐加深；一年生枝条上均匀长有 1~2 厘米的深红色皮刺，之后随时间转成褐色并硬化。3. 树叶属奇数羽状复叶，叶尾较钝圆，叶长稍短，叶厚而浓绿。藤椒对土壤适应性较强，充分的光照可获得较佳的风味，能耐高强度修剪，须根发达，具有保持水土的作用。4. 藤椒果实挂果后呈绿色一直到成熟，当种子成熟时果皮转为紫红或暗红色，果皮布满突起油泡，每颗果实中含 1~2 粒圆形种子，种子颜色为浓黑，有光泽。

巴蜀花椒产区特点

花椒的分布极广，北起辽东半岛，南至海南岛，西起青藏高原东缘的青海省、甘孜藏族自治州，东到台湾，从热带到温带分布着不同花椒种。红花椒的主要规模产区在四川、重庆、甘肃、陕西、河南、河北、山东、山西等地，青花椒则在四川、重庆、云南、贵州等地，其中巴蜀及周边地区的花椒品种、风味多样且质量俱佳，秦岭以北产区总产量大，超过全大陆总产量的八成。

秦岭以北因纬度较高、气候相对干燥、年均温较低，不利于青花椒生长，近年的品种改良也开始种起青花椒。但秦岭以北的自然条件却十分适合红花椒，特别是西路椒的大红袍及小红袍的种植，著名的产地如甘肃的陇南市，陕西的韩城市、凤县，山东的莱芜等。云贵高原水气够加上平均温度因海拔高度而异，一般在海拔 800~1800 米的缓坡、平坝处十分适合中海拔青花椒品种的种植，且有质量俱佳的产地如云南昭通市、曲靖市。云南海拔 2000~3000 米的高原气候环境则适合红花椒，但早期山地交通不便加上不是红花椒的原生产区而限制了红花椒产业的发展，直到近 30 年交通改善、花椒需求骤增才开始大规模发展。

地理气候复杂，品种多样

巴蜀是重庆、四川的古名，位于秦岭以南，云贵高原以北，是红花椒与青花椒分布的过渡带且地形变化大，自然形成花椒品种多样且质量优异的特点。红花椒品种主要有南路花椒（又名正路花椒）、西路花椒、小椒子等；青花椒品种则有金阳青花椒、九叶青花椒、藤椒等。

红花椒种植主要分布在四川盆地周边海拔 1800~2800 米的缓坡或高原上，最低种植海拔约 1500 米，最高海拔可到 3200 米，属于花椒的传统种植区，有文字记录可查的莫过于种植历史 2200 年以上的雅安市汉源县，具经济规模种植的产地主要分布在雅安市、凉山彝族自治州多数县治、甘孜藏族自治州的特定县治和阿坝藏族羌族自治州多数县治。

青花椒分布在四川盆地的丘陵地区及重庆市郊县的丘陵及部分山区，主要分布在海拔高度为 400~1200 米，种植的最高海拔约 2000 米，拥有种植传统的地区分别是眉山市的洪雅、丹棱，乐山的峨眉山市，凉山彝族自治州的金阳县、雷波县等。20 世纪 90 年代后兴起的大规模产区则不能不提重庆市的江津区，不仅带起了青花椒产业，更让川菜新增了青花椒味、藤椒味，在此之前的馆派川菜（指餐馆酒楼所烹制，有一定礼制规范的宴席菜）中青花椒属于野调料，是上不了台面的，只能见于穷困百姓或穷困地区的日常三餐或是泡腌渍菜中，是物资匮乏、物流不畅之时代里红花椒的替代品，让人意想不到的是青花椒风味随着经济起飞、川菜兴起，短短 30 年就成为“青”透半边天的当红香料食材。

↑重庆青花椒产地，酉阳县。

↓四川南路红花椒产地多为地形较缓和的中高山或高原。图为阿坝州金川县。

红花椒以川西、川南高原为主

想具体认识四川花椒产地的具体地理分布建议准备一张四川地图对照。现在让我们从四川成都的西面开始依逆时针方向介绍，首先是阿坝藏族羌族自治州，以西路椒的大红袍花椒为大宗，部分南路椒，具规模种植的有小金、金川、马尔康、理县、汶川、茂县、松潘、黑水、九寨沟等县之海拔 1800~3000 米的缓坡或河谷地。

接着转向西偏南的甘孜藏族自治州，甘孜州北边西路大红袍花椒多，以康定、泸定、丹巴等地为主，甘孜州南边则是南路椒多，以九龙县海拔 1800~3000 米的缓坡或河谷地为主。

目前，阿坝州与甘孜州少数海拔较低的区域已成功发展青花椒种植，然地广人稀因此规模扩展慢，初具产量且品质参差不齐，最大优点就是种植环境优异，适合发展绿色种植。

西南方的雅安市为高原到盆地平原的过渡带，花椒品种以南路椒为主，其中的汉源县就是著名的千年贡椒产地，主要种植在海拔高度 1200~2400 米的山区缓坡，低海拔则少量发展青花椒种植。

四川正南方是凉山彝族自治州和攀枝花市，属于云贵高原到青藏高原的过渡带，地形复杂且偏南（纬度低），虽是高原却阳光、水气充足且少有酷寒，全境都适合花椒种植，青、红花椒皆有，呈垂直分布，海拔 800~1800 米种青花椒，1600~2200 米种南路红花椒，2200~3400 米种西路红花椒，可说是品种最多元的区域，几乎每个县都有其主力品种，如金阳、雷波的青花椒，越西、喜德、冕宁、盐源的南路椒，会理、会东的小椒子，昭觉、美姑的大红袍，属攀枝花市的盐边县也以青花椒出名。其他县多少都有青花椒、红花椒种植，品种较杂，西路椒、南路椒、小椒子、青花椒都有，产量不少却分散，并没有形成集中而规模化的种植。

↓ 四川红花椒产地，凉山州盐源县。

青花椒始于重庆，今日遍地开花

花椒市场自古到1980年为止只认红花椒，只有红花椒才是符合饮食礼制的香料，这之前只有红花椒具有经济价值，又因四川地区红花椒都要种在海拔1200米以上的山上，四川盆地、丘陵及重庆主要农林业地区集中于海拔400~800米且群山环绕，因此不是传统的花椒经济产区。

重庆市地理环境几乎满布丘陵及最高近2800米的连绵山脉，嘉陵江在此汇入长江后一路东流，全年水气充足、年均气温偏高，是青花椒原生地也是现代经济种植的创始地区。

据历史记载，重庆地区自14世纪的元朝起就有各种花椒使用与种植的记录，但不是所谓花椒产区，直到1990年江津区把上不了台面的低海拔野花椒（即青花椒）通过育种改良加上市场推广，一战成名，那青绿、爽麻、鲜香迥异于红花椒的赤红、醇麻、熟香，让四川餐饮市场及好吃嘴们（川人对特别爱好美食的人们的昵称）惊艳，成为餐馆酒楼的创新利器，更让江津区发展为数一数二的青花椒产地并培育出经典品种——九叶青。目前重庆全境都有种植，具规模的种植区有江津区、璧山县、酉阳土家族苗族自治县等。

20多年来青花椒的成功模式带动了全四川、重庆的青花椒产业，风靡全大陆餐饮市场，成了最佳的农村经济转型与脱贫的重点林木品种，让无数依靠发展青花椒种植的农民提高了收入。

四川盆地及丘陵地区的人们在早期没有红花椒可用时同样只能寻求野花椒，即生长于低海拔的青花椒替代红花椒的习惯与风俗，这种现象最为突出的就属峨眉山周边地区的洪雅县与峨眉山市等。因为邻近峨眉山，野花椒（即藤椒）风味有特点因而产生在自家院坝、田地里栽种几棵野花椒以便日常或应急使用，且产生将采摘下来的青花椒果实经閟制成藤椒油的

↓ 四川绵阳市盐亭县开发的青花椒种植区。

【四川、重庆地区青、红花椒种植分布示意图】

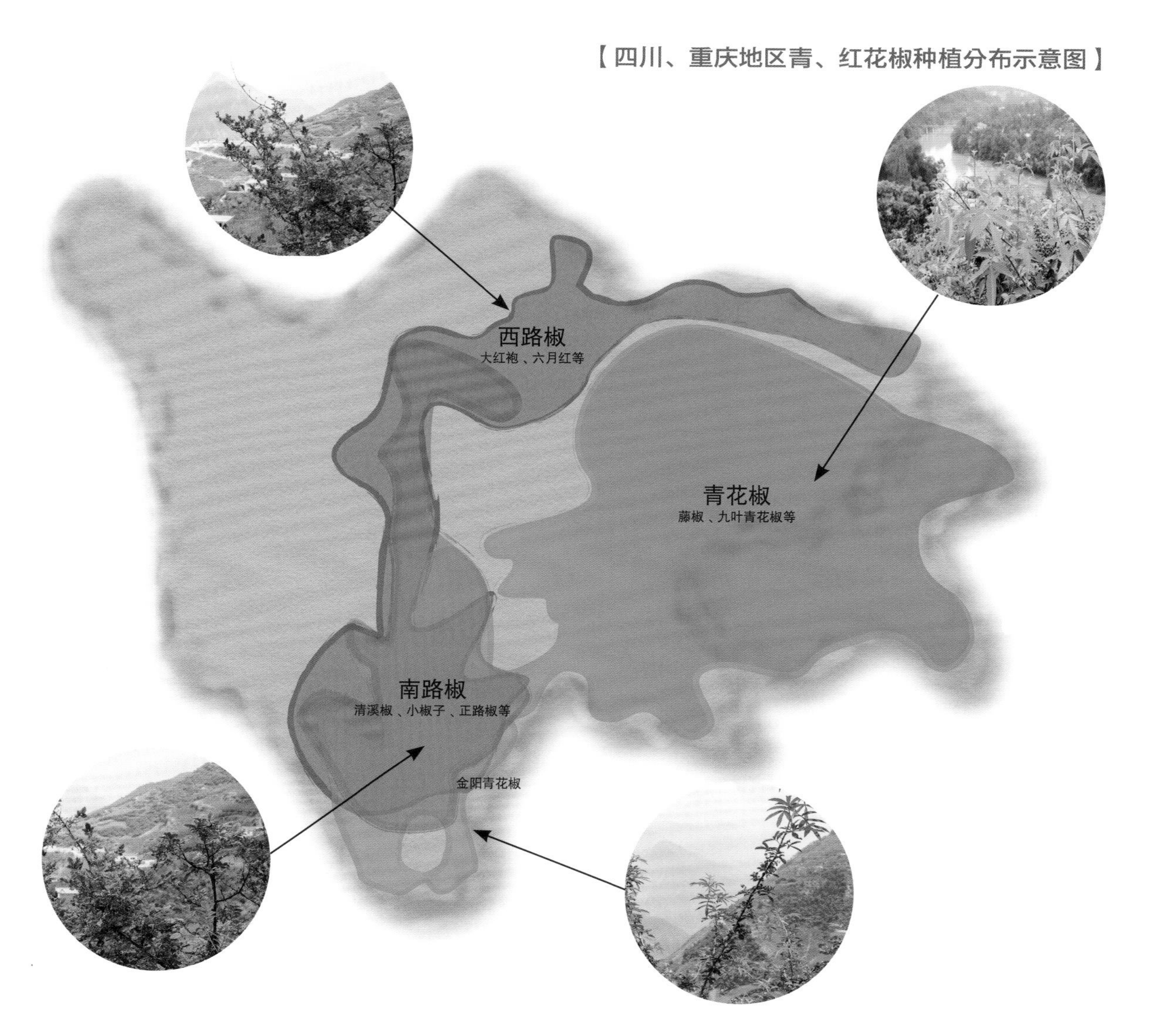

习惯，是十分具有地方特色的调料，1990年后，在规模化种植与闼制工艺改良下进一步将藤椒油的清香麻推广到全国。目前四川省具规模的青花椒、藤椒产地有绵阳市三台县，广元市朝天区，巴中市平昌县，达州市渠县、达川区，广安市岳池县，南充市营山县，资阳市乐至县，乐山市井研县，自贡的沿摊，泸州的合川县、泸县，凉山州金阳县、雷波县等。

■ 大师秘诀：周福祥

花椒在麻辣火锅底料中主要起一个麻的作用，同时在里面增香，另一个作用是和辣椒作为一个风味上的互补。此外，以我多年的经验来说，使用这个花椒的时候一定要把它过水润湿，很多人都没有过水润湿就直接下锅，会出现口味不佳的问题，因为花椒本身很干，而油的温度又很高，一下去就焦煳了，整个味就要变糟，使得麻味无法很好地释放出来。将花椒过水润湿一下，再进行炒制的过程，就能避免上述问题。

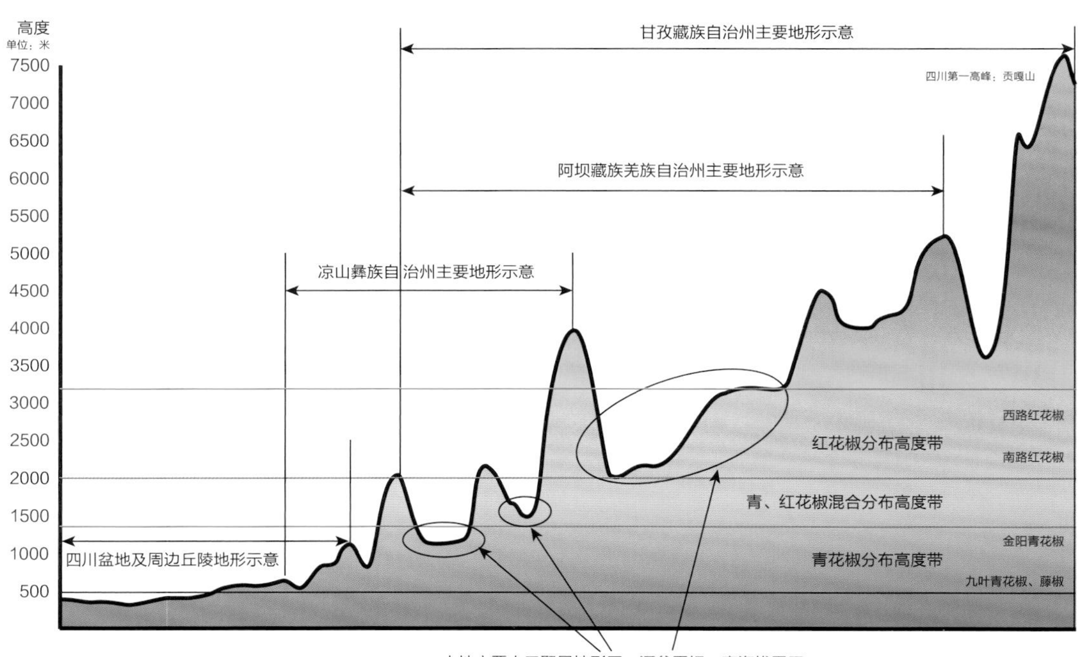

独特的花椒交易风情

花椒盛产的季节每一个产地因地理环境、民俗习惯或民族风情与小地区气候的差异性而产生多样化的集市或交易形态，如有只交易晒好的花椒的集市，有只收新鲜花椒的集市，有些是收购商到农户家收，也有需要椒农自行背到收购商指定地方卖给收购商的；还有定点集市，也有在交通要道设立的临时集市，各集市的交易时间会通过各种方式传递到椒农耳中。

四川、重庆的大小菜市场中都有干杂店卖干的青、红花椒粒，花椒油，藤椒油或冷冻保鲜的青花椒等，离产地不远的城市市场在产季时还会卖新鲜花椒。青花椒产地就卖新鲜青花椒，红花椒产地就卖新鲜红花椒，位于产地的农贸市场中卖新鲜花椒的多半是椒农自己种、自己采、自己卖，凉山州多数县城都可见这种纯朴风情。若是产地周边的城市就多半是市场中的菜贩在卖从产地收购来的新鲜花椒，如成都市、攀枝花市就是如此。

↑攀枝花市城区的菜市场中，普遍会在青花椒产季时卖新鲜的青花椒。

红花椒种植地都在山上，一般山里城关街上的新鲜红花椒都是来自城关周边或乡镇小量种植花椒的农民，他们多半将前一天采收的一大篓新鲜花椒，10~20千克背着走上半小时甚至2小时才能到城关，为何不坐车？因为花2~5元人民币坐农村客运车对农民们来说负担依旧是沉重的，此情况在多数的红花椒产地都有，如甘孜泸定、九龙，阿坝州金川、小金，凉山州的越西、喜德。

对于多数生活在产地以外的人们来说，极少接触过新鲜花椒，一般会想新鲜花椒是拿来做菜吗？对也不对，因只有极少量新鲜花椒直接用于做菜以享受产季限定的鲜花椒风味，大多数新鲜花椒的目的有两个，其一是买回家自己晒成干花椒，虽然4~5千克鲜花椒只能晒成1千克干花椒，但是4~5千克鲜花椒相对于1千克干花椒是便宜的，且自己晒制、拣选可以做得更踏实、吃得安心，这样的民情习惯普遍存在红花椒产地的县城，青花椒产地较少，更多的是买新鲜青花椒自己炼制花椒油。

自己炼制花椒油就是买新鲜花椒的第二个目的，也是主要目的，花椒油也可以用干花椒来炼制，但效果较差，因花椒晒干后会损失相当多的挥发性芳香味，且存放时会继续损失芳香味，而小量炼制新鲜花椒油的技术简单、风味较市售的更佳，还可按喜好调整新鲜花椒与油的比例、选择油的品种，如选用地方上小作坊榨的浓香菜籽油来炼制的花椒油风味更加浓而醇，因此买新鲜花椒回家炼制花椒油几乎成了产地周边的人们在产季期间的重要工作。市售产地在四川、重庆地区的青、红花椒油也以新鲜花椒炼制，但从规模化生产与成本考量，成品风味对产地的人们来说还是差了些，许多位于产地的特色餐馆就是以自制花椒油的鲜香麻风味来吸引并留住客人的。

↑凉山州盐源县城的收购商除了下乡收红花椒之外，离县城近的椒农也会主动送过来。

◆ 花椒龙门阵

《花椒选购技巧》

选购花椒的技巧很简单，只要熟记五大花椒基本风味，再加上所有优质花椒都适用的外观、干燥度、香气三大感官原则即可避开劣质花椒。

1. 看：花椒的色泽应具饱和感，颗粒大小、颜色均匀，果实都应开口，且开口较大的通常成熟度较高，香气浓郁、麻味足。不含或只含极少量黑色花椒籽、枝杆及花椒叶，不应该出现不属于花椒树的沙、石等各式杂质，没有明显的破碎或受其他香辛料味道窜味的情形。
2. 抓：一把抓起花椒，手感应该糙硬并有扎手的干爽感，轻捏就碎，拨弄花椒时有清脆“沙沙”声，表示花椒干燥度较好并且储存条件好，这样的花椒不容易走味或变质，一般来说质量都不会太差。
3. 闻：闻一下抓在手中的花椒，花椒气味鲜明，气味中不应有油耗味或受潮、沉闷的不舒服气味，应是干净的花椒气味，符合这个条件基本就是品质合格的花椒。

再将手中花椒适度地搓一下再闻，若是散发出的气味明显变得十分浓郁丰富且舒服，恭喜！这是好花椒。

※ 关于假花椒：

在川菜地区以外的市场常出现所谓的假花椒，这是不良商贩利用人们对花椒的不熟悉的欺骗。实际上假花椒十分好辨识，因假花椒多是用淀粉做出形后染色，外观是绝对没有开口、呈不规则的圆粒状且颜色相当一致但不自然，同时一捏就粉碎，气味有但不自然或有油耗味，少数能做到开口但不会是只有内外两层皮的中空模样。假花椒多是用淀粉做的，因此流传着一个玩笑段子：买到假花椒不必太紧张，整把下锅煮一煮就能当面疙瘩吃！

江津青花椒场

江津地区属于大规模的种植，干花椒交易集中在江津区花椒综合交易市场（位于先锋镇的杨家店），鲜青花椒则受益于公路交通发达，都是农民与厂家交易好后安排卡车直接到户收货。在杨家店只要天气好，交易是从早上天未亮到太阳下山都不间断的，每天交易量超过50吨（100万斤）。

金阳青花椒场

金阳因为山高、路险的关系，鲜花椒的交易量较少，多到乡镇直接收购，因此交易上以干花椒为主。集市除县城的固定集市外，主要分布在金沙江边县道上的芦稿镇、春江乡与对坪镇。金阳山高深谷多，因此平坝极少，椒农多利用屋顶来晒制青花椒。

越西红花椒场

越西的花椒交易以晒好的花椒为主，较大的交易集市是位于距离城关约 10 公里处的新民镇，虽说干花椒的交易没有时间上的限制，但基本集中在中午之前，大约早上 7 点多，椒农就人背马驮地带着花椒陆续聚集到新民镇的街上，收购商则开着货车过来，在 9 点多到 11 点之间达到交易的巅峰，可说是人头攒动，议价声此起彼落。

喜德红花椒场

喜德地区因红花椒都种在山上，欠缺平坝晒制花椒，因此农民都是将采好的新鲜花椒一篓篓地从山上背下来，聚集在交通要道金河大桥的桥头做交易。产季时每天早上五点半到八点半，这桥头就成了热闹的新鲜花椒集市，也吸引一些卖早点与日用杂货的摊贩聚集。

喜德的收购商因为是收新鲜花椒，因此负责晒制与拣选，晒花椒多集中在城关周边的平坝地区与部分较宽敞的公路路段。而开放椒农、椒商在公路上晒花椒是喜德县政府因应喜德地理环境欠缺平坝而特许的。

花椒，川菜之妙

花椒拥有诱人食欲及香水般的柑橘类香气，

有些还带讨喜的甜香味，让多数不熟悉花椒的人，

在经过有如面对天堂（香）与地狱（麻）的抉择后，

愿意在恐惧中追寻那味蕾的天堂！

SICHUAN PEPPER

↑四川“泡”菜的最大特色是它那混合了椒香味的乳酸香味，其次是活乳酸菌含量很高。

花椒作为调味辛香料来说具有除异味（腥、膻、臊等）、增香、解腻、添麻（不是添麻烦哟）这四大特点，然而，川菜地区以外的多数人想到“麻”就对花椒投降，不知道该如何应用在日常菜肴的烹煮调味，此时就要展现花椒的奇妙了，简单地通过“量”的控制就能运用花椒除异、增香、解腻、添麻的四大特点。

简单来说，就是加极少量花椒入菜可以除异、解腻而无香麻味，或码味时加入少量花椒一起码匀腌渍以除去腥异味；量多些就有一定的增香效果而不带麻感；烹调时使用一定量以上的花椒，透过煎、煮、炸、炝、淋、烧、烤等工艺就可以得到不同层次的麻味与香味。四川特色“泡菜”调制泡菜水时多数都要加点花椒进去，一是去除食材生异味，泡制出来的泡菜吃起来奇香飘飘，让人两颊生津！

体验花椒风味最最简单的方式，就是取花椒粉或花椒油搭配其他调料做成蘸碟蘸食各种菜品，多、少、浓、淡随心所欲，轻松体验花椒之奇妙、生津的香麻味。

大师秘诀：伊敏

从全球华人市场的角度来谈川菜，只能说川菜的辣可以被普遍接受，但麻就不能被普遍接受。但这只是一个过程，只要我们把花椒的麻，依当地习惯调节到适当的程度，同时将更多重点放在凸显花椒的香及花椒功能性的运用，特别是去腥异味，相信川菜市场的扩大可以是跳跃式的。

揭秘花椒滋味，享受绝妙风味

香气、滋味、麻感独特的花椒总让人有未知的恐惧！现在将前面篇章详细介绍的花椒品种与风味与菜品、烹调进行联系，揭秘花椒滋味、破除对花椒之未知的恐惧，建立精用、巧用花椒的基础。

妙用花椒的六种滋味

花椒的基本味有香味、麻味、甜味、苦味、涩味、腥异味六种，要灵活运用花椒就必须认识花椒这六种滋味在菜肴中的作用，这些作用对多数有经验的川菜厨师来说应该是心领神会，却无法用言语文字说清楚的存在，经过梳理与分析大量的烹调经验与味觉体验，将明确说明花椒六个基本味在菜品中的作用，相信喜爱川菜、花椒的入门者可以更快掌握花椒特性，餐饮专业与前辈大厨能触类旁通、发现花椒应用的新可能。

↑川菜煳辣荔枝味的绝妙处就是花椒与辣椒混和产生的煳香味。图为煳辣荔枝味代表菜品“宫保鳕鱼”。菜品制作：蜀粹典藏。

奇香搭对风味菜加分：香味

青、红花椒香气的最大差异点有二，一是花椒基本味的差异，青花椒的基本味属于草藤类的气味，而红花椒是木质类的气味；二是香气部分，青花椒是柠檬皮味或莱姆皮味，红花椒则是柚皮味或带甜香的橘皮味，由此就能依照成菜味型或类型在烹调前选择适当的风味类型花椒，减少气味相克抵消或味感怪异的情况发生，缩短菜品研发的时间成本，如清鲜类的味型适合青花椒入菜，酱香、甜香类味型适合红花椒入菜，麻辣味型则可按偏好选择，又如素菜类与水产类运用青花椒调味多半都会相契合。而禽、畜等陆地上的荤类食材多半适合用红花椒；花椒香气需要热量使其挥发出来，但过多的热量会造成香气的散失，因此火候会影响花椒香味的丰寡。

这只是一个基本原则，是当你不确定该用何种花椒为菜品增香调味时的一个尝试原则，熟悉后建议可以尝试更巧妙地应用或是更大胆地进行创造性地运用。

是感觉不是味道：麻味

“麻味”更准确地说应该是“麻感”，因为它是一种感觉，不是味道，因此很难用有美感的形容词描述，一般最常见的比喻是像看牙医打过麻药后，麻药刚退时的胀麻感，虽然容易想象但让人觉得很恐怖，且会误导人们觉得花椒会让味蕾失去作用。经过体验分析，花椒麻感应更像是手脚因姿势不当压迫而产生的轻微胀麻或麻刺感，发麻的位置除了痛觉减少，其他感觉都基本正常，只不过这感觉是发生在口中。

又或许可以将“麻感”形容成像是无数只蚂蚁在唇上跳舞或踩小碎步；也有点像是微电流经过的颤动感；又有如吃跳跳糖般的新奇感，并非跳跳糖会麻，而是那种绵刺感就像彼此的亲密接触，一种又惊又喜的新奇感。这些比喻或许还不准确，却是具体而有“美味感”的形容或比喻。

花椒产生的麻感是十分多样的，在烹调应用时要注意几个问题，一是麻感的差异性，二是麻感出现的时间点，三是麻感的强度。不同产地、品种的花椒其麻感是不同的，那差异性可想象成不同粗细、软硬度的毛刷刷皮肤的感觉差异。一般来说柚皮味西路椒的大红袍花椒的麻感是属于密刺感的麻感（细硬毛刷），而橙皮味南路椒中的汉源椒是属于绵密的麻感（细软毛刷），橘皮味南路椒中的小椒子的麻感则是微刺感的麻感（粗软毛刷）。

青花椒的麻感原则上都是属于粗糙而偏深的刺麻感，若细分的话莱姆皮味的金阳青花椒是细密略深的刺麻感（粗软毛刷），而柠檬皮味花椒的江津青花椒是鲜明而略深的刺麻感（粗硬毛刷）。

↑在四川、重庆地区，想体验多种麻辣滋味的最佳选择就是凉菜、卤货店，除了五香味以外，就属麻辣味的品项多。

麻感具有实质的“止痛”效果，因此可确实为菜肴减少或延缓“刺激感”而增加“口感层次”，因为是花椒素成分渗入表皮下细胞影响痛觉神经作用所产生的效果，可算是深层的口感。麻感的产生与各种滋味一样是经由渗入表皮下细胞作用形成的一种感觉，但麻感更复杂，是从里到外的综合感觉。

此外红花椒的香气与麻味比起青花椒来说具有相对强的生津感，也就是红花椒的香味与气味会刺激唾液腺，而产生像美食在口中，大量分泌唾液的现象，因此单单花椒的香与味就能让人生津开胃，精确妙用这奇妙的特质可让许多的佳肴更加滋润、诱人。

这也是为什么麻感又常被称为“麻味”。

其次是不同品种、产地的花椒麻感出现快慢也有差异，如柚皮味大红袍花椒一入口麻感就出现，一般适合味道强烈、粗犷的菜品；橘皮味越西花椒的麻感则相对慢一些，一般适合味道精致的菜品，因此在烹调时可以考量麻感出现时间的差异性。因此针对不同的菜肴滋味浓度与口感，可以选择不同麻感出现时间的花椒，加上善用麻感与麻度的差异，相信可以让菜肴滋味的完美度更上一层楼，让一道道经典菜产生超越经典的滋味。

那么，红花椒、青花椒哪一个更麻?

这是刚接触花椒的朋友们最常问的问题，也是四川、重庆的人们一直无法明确回答的问题。喜欢青花椒的说青花椒麻，喜欢红花椒的说红花椒麻，各说各话。经过我仔细品尝辨别近 50 个产地，超过 80 份的样本后得到一个结论，麻度是红花椒强，麻感明显度是青花椒明显。青花椒的麻感有如粗硬毛刷刷皮肤，因此其麻感带有一点吃到辣椒才会有的刺痛感，实际麻度却不高，一次吃 3~4 颗也不会让人有麻到气哽或口齿不清的感觉；而好的红花椒，其麻感是一种细密的胀麻感，有如细软毛刷刷皮肤，一样 3~4 颗的量就会让人麻到气哽且有舌头不听话、口齿不清的感觉，有些人可能吃一颗红花椒就会麻到不舒服。

因此，青花椒较麻的印象实际上是一种错觉，因为青花椒的麻感带有明显刺感，让人很容易感觉到并印象深刻，而红花椒的细密麻感相较起来就只是涨麻，胀与刺这两种感觉对多数人来说肯定是刺感让人印象深刻，也就是多数人将麻感粗细差异与麻度强弱搞混了。

↑在南路花椒产地偶尔可见的“团状油椒”，麻度、腥异味都极高，强到让人发晕，只需要一点点就能强力去除牛羊肉那极重的腥膻味，但只有产地人群掌握使用技巧并恰当使用。

■ 大师秘诀：兰桂均

四川歇后语：“一斤花椒炒二两肉，你就麻嘎嘎（四川方言，‘肉’的地方说法）。”这是什么意思呢?早期物资缺乏时，肉比花椒贵，这菜本来是以肉为主料，但端上来却都是花椒，意指忽悠人、骗人的意思。这歇后语反映出一个时代现象，今天的花椒快比肉贵，餐馆也不可能会一斤花椒炒二两肉，因此这句歇后语现在用得少了。换句话说，厨师的思路一定要跟着环境作调整，不然就像歇后语一样也是会被遗忘或淘汰的。

闻来发甜尝过回甘：甜味

花椒的滋味中存在回甜感与甜香味，其中回甜感是指在苦味或涩味之后，口腔中隐约感觉到的甜味感，类似喝茶后的回甘感，这样的感觉多半产生于舌根或鼻咽处，少数出现在舌下；甜香味则像是深闻糖果、蔗糖、冰糖等给人一种发甜的气味感，一种可明确感觉有甜感的气味。

↑一般来说好的花椒杂味少，相对的甜感与甜香味就会明显。图为刚采收下来的汉源花椒。

花椒的甜味轻，在菜品中不具备突出风味的效果，但能够在味感层次与滋味和谐感上起辅助性作用，让菜品滋味更饱满有味、甘鲜感更丰富。花椒甜香味对滋味较轻、爽而醇的味型影响较明显，如宫保鸡丁，是煳辣小荔枝味，微酸而甜香，若使用甜香味较轻的花椒，此菜的滋味就要打折扣了。

善加妙用能解腻：苦味、涩味

花椒所具有的苦味、涩味成分其实不少且必定存在，区别在于多寡与适口性，同时苦涩味与麻度有一定的关联，多数的青、红花椒入口苦味明显或重的其麻感或麻度通常较强，虽非绝对，但适用于多数花椒，可作为选花椒的一个参考。

花椒在烹煮过程中会随时间而持续释出苦涩味，释出量与时间成正比。对许多的川菜大厨来说，苦味、涩味的出现通常会败味，意即破坏滋

↑制作花椒粗粉时，可将花椒的内层白皮筛除以减少苦、涩味并减少颗粒感，可得到较纯粹的香麻味，但厚重感较弱。

味的好感度，都采用欲去之而后快的态度，不愿正面面对苦涩味！闪躲不如正面面对，充分了解花椒苦涩味的特性与出现规律自然就能避开缺点。

所有带有苦味、涩味的食材、调辅料在调味中有一个关键的作用，就是苦味、涩味能解腻！只要控制得当、善加妙用就可让许多容易腻口的菜肴风味更爽口，花椒的苦味、涩味同样具备这种作用。这道理就和吃完腻口的美食后想要来一杯气味清香、滋味却略带“苦涩”的茶汤，利用苦、涩感刮去口腹中腻人腴脂的味感一样。

因此，烹调使用到花椒时，为了萃香取麻怎么整都没关系，只要掌握一个简单原则：控制花椒入锅的时间以控制苦涩味的释出量，做到成菜不会吃到苦涩味就对了。养成做菜前拿颗花椒入口感受一下那苦味来的快慢，就能更好地掌握花椒用量与入锅烹煮时间，或许可以因此有创新妙用。

“以毒攻毒”之妙：腥异味

红花椒的独特性除了“麻”以外，就属其独特的本味加腥异味让人印象深刻，花椒腥异味主要有挥发性腥臭味、干柴味、木耗味、木腥味、油耗味5种，任一味道太突出都会败味，但巧妙的组合与用量可让人有粗犷的美味感。

↑腥异味本身并非绝对不好，善加利用就是一种特色，像松潘的牛肉干就在香气、滋味浓郁之余，还有明显的大红袍独特味道，让人印象深刻。

红花椒的腥异味虽让人不舒服，但这些成分却是腥、膻、臊的大克星，可说是“以毒攻毒”的最佳范例，为食材去腥除异大部分是靠花椒的腥异味。如何在烹调时控制或避免这些腥异味冒出头？一是以短炝锅的高温破坏腥异味成分的方式控制保留量。二是依据菜肴主食材的腥、膻、臊厚薄加上味型的厚薄浓淡，选择适当风味类型的花椒是最根本的方式，一般来说柚皮味花椒腥异味较浓，去腥、膻、臊效果强，必须精准控制用量及入锅时间；橙皮味花椒腥异味极轻；橘皮味花椒则是去腥、膻、臊效果适中，避免量大及长时间烹煮即可。

青花椒也有腥异味，但其特性对除腥异来说效果较不明显，压味特点倒是明显，主要有挥发性腥臭味、干草味、藤腥味3种腥异味，当某一腥异味太强就会变成川人口中的“臭椒”，像是野外攀藤植物捣碎后让人不舒服的藤腥味，一浓就从腥变臭。青花椒最大的特点就是会压味，虽没能将食材的腥、膻、臊去除，却可将其压盖住，然有一利就有一弊，青花椒味几乎能压一切味道，因此使用量的控制是十分重要的，量过多整道菜就只会有青花椒味，主料、香辛料、调料气味几乎都会被压住。至于选用莱姆皮味还是柠檬皮味花椒，要考量的就只有最后成菜滋味的需要，相较于红花椒要单纯一些，但挑战也在于此，如何让青花椒的应用范围更广、产生更多样的味感经验是大家可以努力的方向。

花椒粒、碎、粉、油的风味差异

花椒的使用有四种基本形态，分别为粒状、碎粒状（刀口花椒）、粉末状（花椒粉）、油状（花椒油），不同形态的花椒在烹调中会产生不同的香、麻、苦、涩等风味成分释出量的组合，善加利用就能让菜品滋味的特色更鲜明、层次更丰富，应用不当就会产生成菜只见花椒而没有花椒味，或是花椒香麻味过重破坏成菜滋味的协调性，或麻度过高让人吃不下去等问题。

一般的情况下，花椒形态决定了成菜滋味中花椒味的风格与强度，决定香为主或麻为主，或香麻并重，搭配不同的烹饪工艺则影响花椒风味的呈现效果，可以只是去腥除异，也可以是先香后麻、先麻后香、增香解腻或香麻交替等效果。

不同花椒形态产生的滋味风格有明显的差异性，若一道菜中花椒粒、碎、粉、油都用上了，滋味才能绝佳，又不破坏菜品形象，为何不用呢？所以实际应用时不应拘泥于只能用一种或两种花椒形态，应以最后的滋味效果作为决定使用几种形态花椒的标准。

花椒粒

花椒粒就是成熟花椒采下后晒干，去除椒籽、杂质后的空壳状颗粒，即一般市场上可见的花椒，有红花椒与青花椒之分，两者外观颜色差异明显因此一般不会搞错，烹调运用方式的差异还是在于对成菜滋味的需求。

花椒粒是花椒用于调味的基本形态，可以通过烹饪工艺与火候的控制达到只取香或香麻并重，或是吃不到花椒滋味的去腥除异效果，如汆烫荤食材、炖汤时丢几颗花椒进去。再进一步是让花椒的香融入菜肴的整体滋味中，起到增香、生津开胃的效果，如炝炒鲜蔬、泡菜制作等，用量少，从几颗到二三十颗不等，这类应用以感觉不到麻感为原则。

当菜肴需要浓香轻麻的滋味时，花椒的用量要多但入锅的时间要短，一般用热油激出香气同时制熟主辅料，通常在香气大量溢出就要出锅，时间一久、出锅晚了麻味也会大量释出，这类菜品多半是煳辣味型的，煳香味浓、麻辣感轻是其特色，如辣子鸡、煳辣肉片、宫保鸡丁等。

↑保鲜青花椒都是利用冷冻技术将鲜青花椒的鲜香麻味保存下来，因此要避免买到已解冻或解冻后再冻起来的，已出水的就是解冻了，颜色明显发黑多半是解冻过后再次冷冻的或是本身品质不佳。

花椒让人印象深刻的另一亮点就是与辣椒搭配后的麻辣味，麻辣味强调花椒的香麻滋味要与辣椒的辣香并重，通常要重用花椒并分成二或三次入锅来分别取香、取麻，或运用多种工艺如炝、炒、炸、煮、煸等，尽可能地将香、麻味放出来，必须注意的是避免花椒的苦味过度释出，让成菜入口发苦，常见菜品如功夫毛血旺、盘龙脆鳝、酥香麻花鱼等。

带鲜爽气味的青花椒虽突出却有压味问题，初入门建议遵循简单规则使用，调味时多搭配绿色辅料如青葱、青辣椒、小黄瓜、芹菜等，再加上藤椒油辅助提味，成菜美味且减少压味的问题。保鲜青花椒是2000年前后诞生的花椒产品，保鲜青花椒通常用于加强菜肴中青花椒的鲜香气，青花椒风味还是要靠干青花椒或青花椒粉、藤椒油、青花椒油的使用来体现，通常是菜品起锅后，将保鲜青椒放在面上以五至六成热的热油激出香味随即上桌，如青椒肥牛、碧绿椒麻鱼片等。也可替代红花椒来做椒麻酱，其碧绿、鲜香、鲜麻的滋味与葱香搭配也十分协调。

保鲜青花椒除了用在菜品中，也开始应用于西点中，取其碧绿、鲜香制作口感绵密的“椒香慕斯”。青花椒的可能性还是很大，有赖厨艺界一起努力。

颗粒状干花椒在应用时十分具有弹性，但对不熟悉花椒特性与滋味的人来说很难精确掌握想要的效果，可能成菜后没有花椒风味而让花椒沦为装饰，或是苦、麻味过重让菜品难以下咽。在与多位四川名厨交流加上亲自实验后发现，浸炸花椒粒固定为10秒钟时，以油温140~160℃时椒香气最浓，但煳香味较淡，可适度延长时间增加煳香味并增加麻味，但过久苦味就出来；若油温为170~190℃，在浸炸时间为10秒的条件下，呈现花椒香气和煳香味、椒麻味并重的效果，想要更麻建议采取降低温度、延长时间的方式，170~190℃的温度下时间稍微过长花椒就焦掉了。再高的油温基本上难有香气只有焦煳味，独特香气被高温大幅破坏且十分容易焦煳。

菜品种类、烹饪工艺繁多，应熟悉基本原则后视味型、花椒量、油量、火力与入锅的调辅料、主料做灵活调整。从油温与花椒的香味、麻味的关系曲线图可以直接理解三者间的变化关系。

■ 大师秘诀：周福祥

四川火锅底料的关键基础香辛料有8~10种，辅助或营造风格的香料多而杂，可产生无数种组合，因此每天炒火锅料这种才是真正的师傅，一个月炒不了几次火锅底料的不是师傅，为什么呢？因为火锅底料用的香辛料种类实在太多了，只有每天炒才能掌握整锅火锅底料颜色变化、时间变化的细微差异，这能力只能是长时间累积经验，只有天天看才能准确掌握那个变化。因此真正完美的火锅底料配方都在炒料厨师的心里，在炒料厨师勤奋的手上。觉得花椒味少了点就多加点花椒；还差点丁香味，就再加一点，就是这样缺什么味就加什么香辛料，因为每一批进来的香辛料味道，都有些许差异，要知道如何去控制最后成品的那个味道，让它的味道感觉一致。

就像以前在“谭鱼头”做培训时，即使是有经验的炒料师，一样的材料，10个人炒出来少说有8种风味，我就是负责找出问题，进行调整，让风味达到一定程度的一致性。按当时的配方要求，这火锅底料一炒出来的最佳状态就是要能让整个厨房里都充满浓郁、多层次的芝麻香，这是最理想的效果，但实际上很难很难，通常十个厨师，能有两个做到就不错了。

【花椒香味、麻味与油温关系示意图】

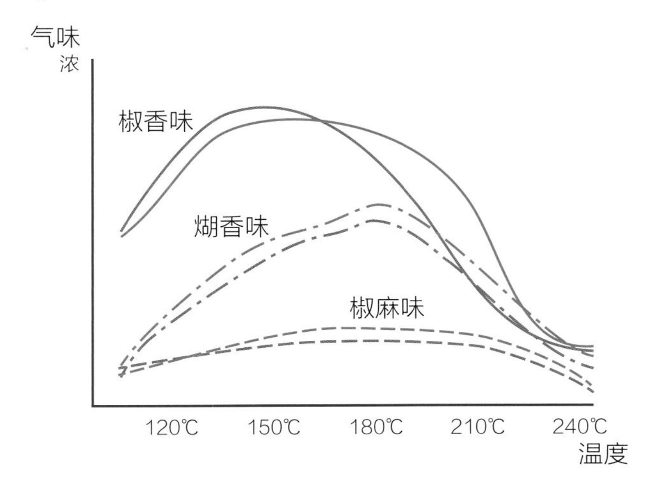

颗粒组：青花椒、红花椒经热油浸炸10秒

↑ **实验说明：家庭环境中使用小家电实验，重点放在呈现油温与气味的变化关系与趋势。**

刀口花椒

刀口花椒即花椒碎，将花椒炕、炒或炸得酥香后用菜刀切碎，在川菜行话中称为“刀口花椒”。刀口花椒较少单独使用，多与辣椒搭配运用，正常是辣椒量比花椒多，此时称为“刀口辣椒”。通常川菜里若需要用到刀口花椒做辅料调味，那几乎都是大麻大辣而浓香的菜肴，如有名的水煮牛肉、水煮黄辣丁的水煮系列菜。

花椒中含有糖分、淀粉质，在锅中炕、炒或炸至褐变就会产生焦糖香而得到椒香味浓郁的效果，再以刀切碎让麻、辣刺激成分与热油接触面积加大，最大程度的释放出麻与辣。待菜肴成菜后撒上刀口花椒，用五成油温的热油将香与麻全激出来，通常菜还没上桌，扑鼻的浓郁香气已经让人垂涎三尺。需注意的是刀口花椒一定要刀切成碎，不能使用磨粉机磨，否则热油激时细粉状的花椒会焦掉，成菜的煳香味就会夹杂着不舒服的“焦”味。

若想要刀口花椒的浓郁麻香，却又不想要有刀口花椒碎渣影响成菜形态或产生扎口的不适感，也可以先将刀口花椒以热油炼制成刀口花椒油再拿来调味，但这方法有一大缺点就是香气的浓郁度不如现做的。

使用青花椒调味时要注意青花椒量多会盖味的问题，红花椒的滋味能与其他“味”相辅相成，甚至融合于无形而无盖味的问题，顶多是太麻了。青花椒盖的味不仅辣椒的香辣味，包括其他调辅料的味道也会被青花椒的气味、滋味盖掉，此时就要青、红花椒混合着用，一般青花椒量不能超过总花椒量的1/3，基本能突出青花椒风味特色、确保足够的麻度并避开压味问题。

回顾川菜史，藤椒、青花椒进入馆派川菜只有二三十年，在当前的四川餐饮市场中，仍可以感觉到川菜厨师对藤椒、青花椒的运用存在一定的实验精神。现已有部分青花椒味为主的创新菜品成功的达到美味的标准、造成市场风潮而成了一个时代的经

↑青花椒进入馆派川菜只有三十多年，却已成为今日各大餐馆酒楼的宠儿。

典，如大蓉和酒楼的“石锅三角峰”。不可否认的是藤椒、青花椒风味的独特性与美味度已广受喜爱，也让川菜界产生独立出一新味型——“藤椒味型”。

刀口切成的碎粒状干花椒在应用时多是采用热油激香的方式，对不熟悉花椒特性与滋味的人来说，精确掌握油温是获得丰富滋味效果的关键，实验后发现当油温为150℃上下时，可以激出丰富的花椒香气但煳香味较淡，带一点点麻；若是使用油温170℃左右，可以激出丰富的花椒香气和煳香味并重的效果，麻度浓。再高的油温基本上只有带焦味的煳香味，相当于好的煳香味大幅减少，同时花椒的独特香气也因温度大幅减少，若是高温油的油量过多花椒还会焦掉。

要产生理想的香麻应熟悉基本的油温、火候与花椒的香、麻的关系，观看油温与花椒的香味、麻味的变化关系示意曲线图可以更直接地理解其三者间的关联。

【花椒香味、麻味与油温关系示意图】

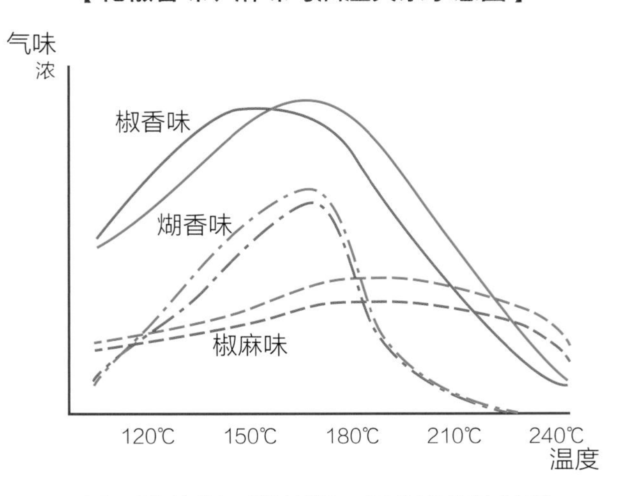

↑实验说明：家庭环境中使用小家电实验，重点放在呈现油温与气味的变化关系与趋势。

美味食谱

〔刀口辣椒〕

材料： 干红花椒粒 10 克，干红辣椒 50 克

做法：

1. 取干红花椒粒、干红辣椒入净锅，加适量油以小火炒酥香，当花椒、辣椒变为棕褐色（川菜行业昵称蟑螂色）至香脆后出锅，铲入大平盘中摊开，晾凉。
2. 将已凉且炒得香脆的花椒、辣椒置于砧板上，用刀剁碎后即成刀口辣椒。

〔刀口辣椒油〕

材料： 干红花椒粒 25 克，干红辣椒 150 克，熟香菜籽油 500 克，老姜 20 克，大葱 30 克，洋葱 20 克

做法：

1. 将沙拉油入锅旺火烧熟。关火后再下大葱、老姜、洋葱，用热沙拉油炸至香气散出。捞去料渣，备用。
2. 干红花椒粒、干红辣椒入净锅，加适量油以小火炒酥香，待花椒、辣椒变为棕褐色（川菜行业昵称蟑螂色）至脆后，出锅铲入大平盘中摊开、晾凉。
3. 将已凉且炒得香脆的花椒、辣椒置于砧板上，用刀剁碎，置于汤碗或汤锅中。
4. 将炼熟至香的沙拉油再加热至五成热，倒入容器内的刀口辣椒中。往容器中冲入热油时边用铲子搅动辣椒末，使之受热均匀。晾凉后即成刀口辣椒油。

花椒粉

花椒粉是将干燥的青、红花椒粒直接打磨成粉，或是将青、红花椒下入净锅中以小火炕过，放凉后再打磨成粉状即成。

制作花椒粉的花椒要选用香气足、杂味少、麻度够的上好花椒，增香、提味效果才明显。因花椒磨成粉后其花椒本味、香味、麻感会快速且大量释出，若选用不好的花椒则腥味、苦味、涩味等杂味也一样大量释出，这些不好的味道通常更强势而凸显。

那炕过的与没炕过的花椒有差别吗？

对新花椒来说差异相当大，因为新花椒的挥发性芳香味仍然丰富而浓郁，若是入锅炕过，热力会将新花椒的挥发性芳香味带走一大部分，反而让花椒粉成品的芳香味变少，即使好花椒炕过后会产生类似焦糖的芳香味，但为了容易获得的焦糖香而损失大量而独特的花椒挥发性芳香味似乎不太值得。

若是确定手中花椒是当年度质优新花椒充分干燥也够干净，建议直接打成花椒粉，有条件使用低温打粉机的话就能保留下更多香气，一般打粉机会因发动机与刀片的高速运转而产生温度，导致粉打好的同时也损失了一些香气。鉴于新花椒的丰富香气以挥发性的为主，最好是现磨现用才能充分发挥其香气，若是条件不许可，建议每次打的花椒粉量为 5 天至一周的量，用完再打。

当年度新花椒买回后，在生活环境中放超过半年以上且红花椒香气感觉有明显干柴味，青花椒香气感觉有明显干草味时，建议入锅炕过后再打成粉。此时的花椒多少吸收了湿气，品质已经下降且挥发性芳香味也大幅减少，通过小火炕至干、脆反而可以将不好的气味，如干柴味、干草味透过热力带走一些，同时为做好的花椒粉增添一股烹熟的舒服干香气味。为充分享用花椒的滋味、香气，与新花椒一样最好是现磨现用。若是条件不许可，同样建议每次打的花椒粉量为 5 天至一周的量，用完再打，否则久了不只没了香气同时花椒粉比整粒花椒更容易因为受潮、变质而后变味。

青、红花椒粉的使用方式基本上是一样的，常用于炒、拌、炸收、撒等烹调工艺成菜的菜肴，炒如干锅鳝鱼，炸

↑ 花椒放超过半年以上，且香气明显感觉变少时，建议炕过后再打成花椒粉，一来杀菌，二来去除陈味。

美味食谱

〔现磨花椒粉〕

材料： 干红花椒粒 10 克

做法：

1. 取干红花椒粒，入净锅小火略炕至花椒干、脆后出锅，铲入大平盘中摊开、晾凉。
2. 将已凉且干、脆的花椒粒置于磨粉机研磨，即成花椒粉。

美味秘诀：

1. 若有烤箱，可使用烤箱将花椒烤至干、脆，一般以 180℃烤约 3~5 分钟，取出后晾凉即可磨粉。
2. 要制作青花椒粉则改用干青花椒粒，做法相同。

收如麻辣牛肉干，拌如麻辣鸡块，撒如麻婆豆腐，或调制成搭配菜肴的蘸碟。

调味时要特别注意，青花椒的滋味、气味具有明显的压味问题，用量上需再三斟酌，避免过量而让菜肴一入口只有青花椒味，其他滋味全被压住吃不出来！

南路红花椒如清溪椒、冕宁椒基本上没有压味问题，其滋味一般来说都能与各种“味”相辅相成，甚至融合，加多了就是把人麻惨了而已，还不至于吃不到其他滋味。而西路红花椒如知名的大红袍花椒，虽不压味但苦味重、麻度高且基本味中有一股标志性的腥异味，加多了不只苦味，麻度、腥异味都会破坏味感。

花椒粉入锅烹调最怕焦煳，一般下锅时的油温不能高，或是在锅中菜肴有汤汁时加入一起炒煮，确保风味释出又不会焦煳。此外花椒粉的芳香味极易挥发，若是制作热菜，建议最少分两次下花椒粉，第一次下取其麻感、滋味，起锅前再下一次取其香味，或是待热菜完成后才将花椒粉撒上。

花椒粉特别适用于制作没有加热过程的凉菜，但也少了热气促进香味大量散出，且相当于直接食用花椒的滋味，因此对花椒粉的质量要求较高。花椒粉用于凉菜要注意的是掌握好使用量以控制麻度，避免量少风味不足、量多发苦或太麻，加了花椒粉的凉菜应现拌现吃，避免久放香气散失产生麻重而香气不足的问题。

花椒粉在热菜中的应用多是采取起锅前加入拌炒、成菜后撒入或是热油激香的方式，对不熟悉花椒特性与滋味的人来说成菜后撒入是相对安全的调味方式。这里同样做了不同油温激香的实验，结果显示油温 135℃上下可以激出丰富的花椒香气和足够的煳香味，麻度充足；若是油温在150℃左右时能激出丰富的花椒香和煳香味并重的效果，麻度浓。再高的油温就完全不建议，因高温油一下去就将花椒粉烫焦了。

花椒粉的使用同样要视菜看分量、油量、火力灵活调整用量。油温与花椒香味、麻味关系示意曲线图可让大家更直观地理解其关联性。

【花椒香味、麻味与油温关系示意图】

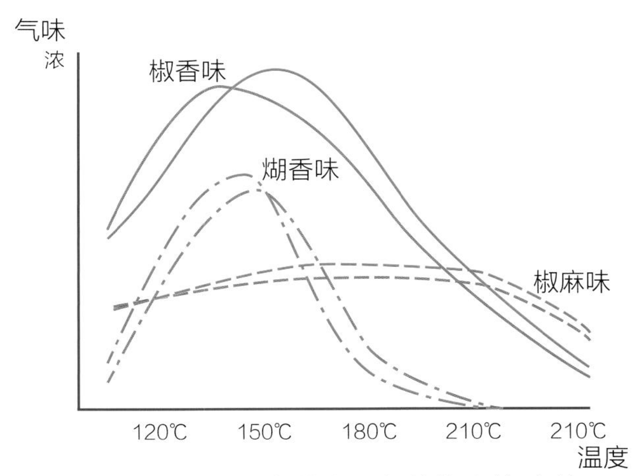

↑实验说明：家庭环境中使用小家电实验，重点放在呈现油温与气味的变化关系与趋势。

花椒油

花椒油有青花椒油、藤椒油与红花椒油三大类，但花椒油并非是直接压榨花椒粒的油，主流工艺是传统热油炼制工艺，将花椒下入中高温的食用油中炼制、萃取出花椒的芳香与麻味物质后去掉花椒粒即为花椒油；其次是现代食品加工技术与花椒的风味成分提取技术的进步，产生利用提取的花椒精油和花椒麻味素调入油中的花椒油，当前以纯提取加调合工艺生产的花椒油的风味层次感仍明显不如传统热油炼制工艺，因此多数优质厂家都是以传统热油炼制工艺为主，提取加调合工艺为辅，可兼顾风味丰富度与风味稳定性。

目前花椒油原料花椒有鲜花椒与干花椒两种，市售花椒油大多是利用

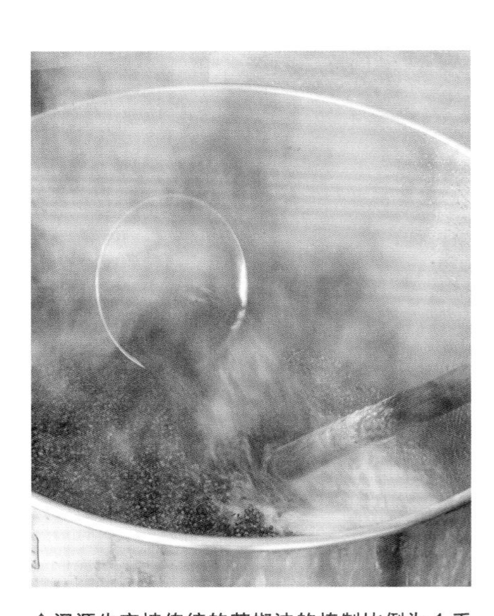

↑汉源牛市坡传统的花椒油的炼制比例为 1 千克油加 500~700 克鲜花椒。制作时将七成热，约 200℃的菜籽油冲入大桶中的鲜花椒同时适当翻搅，冲完油后静置，当温度刚低于三成热约 85℃，油面不再冒泡时将花椒捞出，热油不加盖静置至凉即可，成品椒香味、橙皮味、甜香味非常浓郁，麻感细致。

鲜花椒，少数使用干花椒，椒香味较为浓郁；鲜花椒在产地外取得困难，因此一般家庭以干花椒加上热油炼制工艺为主，椒香味一般，麻感差异性不是很大。花椒油的风味除了花椒本身的风味质量外，选用何种食用油炼制对风味影响也很大，四川地区习惯用黏稠度高且带有独特香气的压榨式菜籽油，相较于使用去色去味精炼油如色拉油来说醇感更佳，但增添的菜油气味是否被接受就因人而异。

当排除油本身的味道而专注在花椒油的风味特质时，多数市售花椒油是取成熟、新鲜的花椒炼制而成，其风味是带有滋润感的花椒鲜香气和醇麻感，附带因炼制必定会出现的少许苦、涩味，适度而少量的苦涩味可以让花椒油的滋味更加丰富、不腻而有层次。另一个重点是少了花椒粒、碎、粉的浓浊色泽干扰，成菜在视觉上可以更明快。

三大类花椒油中，红花椒油一般选用新鲜南路椒炼制，取其鲜明而诱人的柑橘甜香味，西路椒的大红袍因为有股独特气味加上苦味过于鲜明，一般不拿来炼制成油。最常让人分不清的是青花椒油与藤椒油的差异，不同品种的藤椒与九叶青花椒或金阳青花椒在植物学上都是同“种”，只是经长时间的环境、气候加上人工培育影响，这 3 个品种实际上已产生滋味上的差异。

因此青花椒油与藤椒油的主要差异首先是选用的青花椒品种，其次是制作工艺。青花椒油多半使用九叶青花椒或金阳青花椒，并用热油炼制工艺和提取加调合工艺，大部分使用的基础油是去色去味的精炼食用油，风味是柠檬鲜香味足、爽麻而纯粹，口感层次较少。

藤椒油主要使用洪雅、峨眉山地区特有的藤椒品种，以当地传统独特的热油闷制工艺加上提取工艺辅助，使用的基础油是只过滤杂质、特有气味丰富的压榨式菜籽油，

因此藤椒油的香气一般来说都是醇厚感鲜明的柠檬清香味，尾韵带菜籽油的特有气味，口感醇麻、层次丰富。

花椒油的使用容易，加上市售花椒油质量稳定，因此多数情况下只需控制用量与使用的时机点，无须考量火候这类需经验累积的工艺，加上成菜在视觉上可以更明快、清爽而使花椒油的市场快速扩张，特别是川菜菜系以外的省份和地区。

花椒油的用量与滋味的关系，一般来说使用极少量到少量可起增香作用，多数人感觉不到麻感；适量花椒油可以带出香麻兼备的滋味；而相对大量的使用就是滋润而麻感重的效果，这个“大量”的限度就是成菜调好味后不能吃到明显的苦涩味。

在使用的时机点上，若是用于凉菜就没有什么禁忌，但也要避免过早调入、过慢出菜，因花椒油的香气有挥发性，常温下同样会挥发。用于热菜时，因为花椒油香气的挥发性，加上长时间烹煮会破坏其醇麻感，使用的基本原则与香油一样，就是热菜出锅前再调入花椒油，迅速拌匀后就装盘上桌，让菜品上桌当下椒香的溢出达到最高，诱人食欲、生津开胃。

↑ 由左至右分别为红花椒油、青花椒油与藤椒油。

进一步的精用花椒油就不是仅考虑椒香味，还要兼顾入味与滋味调和的问题，这时可以采取分次加入花椒油的方式，烹煮中先加入所需花椒油的 1/3 或一半，起锅前再加入其余的花椒油就能兼顾滋味与香味。

享用花椒风味之余最困扰的莫过于保存问题，花椒油比起干花椒颗粒有优势，在未开封前基本上能维持相对稳定的风味，只是当花椒油开封后优势就没了，因气味挥发加上油质本身经过高温加热后容易劣化的问题，花椒油的风味衰减相当快，因此花椒油开封后应尽快吃完。

美味食谱

〔花椒油的炼制〕

材料：干红花椒或干青花椒 50 克、食用油 250 克。

做法：

1. 干花椒用温水泡 10 分钟后，捞出沥净水分。
2. 将沥干的花椒下入放有食用油的汤锅中。先大火烧至四成热再转小火慢慢熬制。
3. 待油面水气减少，花椒味香气四溢时离火静置晾凉。
4. 晾凉后沥去花椒粒即成花椒油。

简单烹调吃得香

花椒拥有香水般的柑橘类香气，有些还带讨喜的甜香味，在多次向不认识花椒风味的朋友分享花椒的经验中发现，八成以上的人对花椒的香气是有好感的，但一说到花椒会“麻”就有八成的人显露出害怕被麻到的反应，通常经过说明与引导如何简单地尝试、体验后，通常一半以上有极高的兴趣与意愿想买回去进一步细品。花椒以一个大多数人不熟悉的辛香料而言，其香气的诱惑力惊人，在经过面对上天堂（香）或下地狱（麻）的困难抉择后，依旧那么多人愿意在恐惧中追寻那滋味的天堂！

对刚接触花椒的美食爱好者来说，运用花椒有一个最基本简单的原则就是“宁少勿多”！因为花椒的麻感与特殊风味过量时会大大破坏味感，加上很容易入味，一旦麻味进入食材就无“药（香料、调料或工艺）”可解，只能稀释或“变味”，把原本要的口味往重口味调制，否则味薄而重麻的滋味对有些人来说吃了会产生些许恶心感，让菜品难以下咽。

刚开始使用花椒的朋友，无论哪个菜系，都建议先在自己熟悉的拿手菜中做花椒调味的尝试，可在烹调过程中试着加入极少量花椒或成菜后加花椒粉、花椒油，既可以快速熟悉花椒的香气、麻感、滋味，又可以认识到什么样的食材、味型适合加花椒调味。

花椒的简单运用方式以蘸、拌、炖、煮、炝、炒与成菜后用少量花椒粉或花椒油提味为主，以下分别介绍使用技巧与实用食谱。

简单蘸拌就美味

蘸、拌的运用对初尝花椒风味者来说是最为简易的调

↑花椒与它的好搭档“辣椒”一样，对刚接触的人来说都是“宁少勿多”！

味体验方式，因为可以直接用在既有的成菜上（自己烹煮或直接购买），只是花椒形态的运用上以花椒粉与花椒油为主，这两者的质量应以中上等级的为佳，蘸、拌工艺的滋味“融合”过程短且直接入口，所以需要香气足、麻味够、腥异味少、苦味低的好花椒粉或花椒油，才能很好地

◆ 花椒龙门阵

《缓解花椒麻感》

对刚接触花椒的人来说，知道如何缓解花椒麻感是十分重要的，这里介绍几个个人以神农尝百草的精神换来的经验供大家参考。

不小心麻到时可以用冰开水漱口来大幅度降低过度的麻感，对想体验花椒香麻味却又不想太刺激的人来说是喝温开水，又能保有花椒香味、滋味与奇异的细麻感，但这方法对怕麻的新手来说效果较差。

也可以吃些甜食，因为花椒麻味成分会刺激唾液分泌，利用甜味缓和花椒的麻感；或是吃些油脂或胶质较重的菜肴，利用油脂或胶质来稀释、隔离麻味成分，减少对味蕾的刺激。

以上方式都能不同程度地缓解花椒麻味成分对味蕾、口腔的刺激，但已经有的麻感仍会持续，不过强度与时间都可以大幅降低和缩短。

■ 大师秘诀：史正良

川菜虽然以味多闻名，但在传统里有句俗话说：“百般美味离不了盐，走尽天下离不了甜，钱是人的胆，衣是人的脸。”就是说纵使有百般美味，不管你调什么味，关键就是要把盐的投放量掌握好，掌握好你就是一个最好的厨师。

为已是成菜的佳肴加分。卤制品或咸鲜味的鸡、鸭、猪、牛肉等荤的热菜或凉菜是最佳的体验、品尝花椒的风味菜品，既可以调制味碟来搭配蘸食，也能拌入各式现成的卤味如卤猪耳、卤大肠、卤豆干等就成为川式卤味菜品。

蘸、拌的食用方式中花椒粉或花椒油的使用角色都是在成菜的基础上增香、增麻，用量上建议渐进式增加，找到适合自己也能增加菜品风味的用量。如花椒粉的使用可以先参考胡椒粉用量，花椒油则可参考香油的用量，都是先少量加入的方式来品尝或调制蘸碟，再依口感或偏好增加用量。

要说运用花椒烹煮最容易上手的方式莫过于成菜后加入少量花椒粉或花椒油提味，而且可以在每个人熟悉的菜系或菜品中以实验性的方式添加，用量基本上都是属于极少，对多数没接触过花椒的人来说，这概念就像是在用胡椒粉或香油为既有的佳肴提味，能避免不熟悉的花椒味过重而影响食欲。

对于清鲜的汤品只需少量的花椒粉或花椒油就能有十分明显的去腥、解腻、增香效果，如台式家常“萝卜排骨汤”的滋味是脂香醇浓，喝多了有点腻口，这时只要加入一点点花椒粉，滋味马上大转变，尝不到花椒的任何气味却变得香醇爽口，可以说花椒解腻的效果在某种程度上是“改味”，而且是改得让人尝不出来又频频叫好。

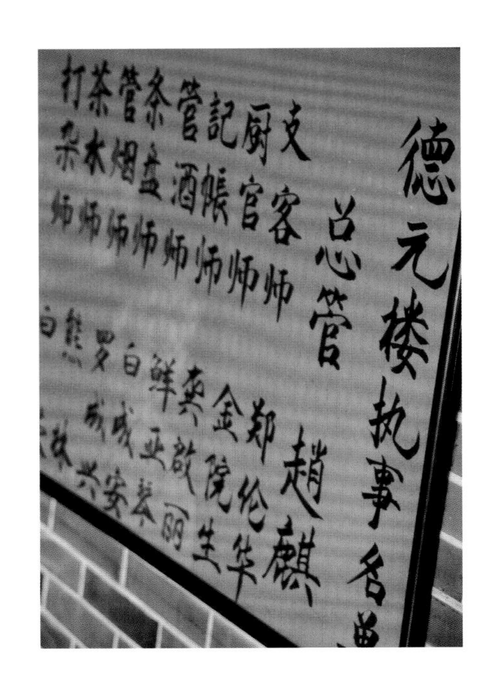

基于体验的精神也可以尝试加多一点来突出花椒味，特别是使用藤椒油或青花椒油、青花椒粉时，因这两种花椒的风味具有清香爽麻又提鲜的特质，且不易与其他滋味混味，故能营造出明显的滋味层次。以经验来说，像是清炒菇菌类的菜品，在成菜起锅前加少量的藤椒油或青花椒油，可以为成菜强化菇菌的鲜香气并带来一股奇香。要注意的是使用青、红花椒油调味时只能在起锅或食用前加入，久煮的话香气就会散失，只留下空麻且加多了会发苦。

↑九叶青花椒之乡重庆江津小餐馆老板调制的豆花饭蘸碟在香辣中带轻重极度恰当的青花椒香麻，不压味更鲜香，极具地方特色。

↑提到花椒油的使用就不能不提洪雅著名的、以藤椒油调味的藤椒钵钵鸡，许多人到洪雅就是到著名的钵钵鸡酒楼品尝那独特的藤椒香、麻。

美味食谱

〔椒麻味碟〕

材料： 干红花椒 5 克，香葱叶 20 克、川盐 1 克，香油 2 克，冷鲜高汤 10 克。

做法：

1. 干红花椒用温水浸泡 2 小时后，捞起沥干水分。
2. 香葱叶切成碎末后加入泡过温水的干红花椒一起用刀剁成细蓉状就成为椒麻糊。椒麻糊可以直接用来调制凉菜。
3. 将制好的椒麻糊用冷鲜高汤调散成稀糊状，再加入川盐、香油调味后盛入味碟中即成。

〔五香粉〕

材料： 桂皮 40 克、八角 20 克、花椒 15 克、小茴香 8 克、陈皮 6 克、干姜 5 克。

做法： 将全部的料入净锅中以小火略炒至热透后，摊开晾凉使其完全干燥，再全部一起磨碎成粉末即成。

〔椒盐味碟经典配方〕

取川盐 1 克，味精 1 克，花椒粉 2 克，混合均匀即成。

〔麻辣香干碟经典配方〕

取川盐 2 克，辣椒粉 12 克，花椒粉 1 克，花生粉3 克，孜然粉 0.5 克，混合均匀即成。

↑登高赏洪雅县乡村景致并远眺峨眉山。

炖煮炝炒简单入门

一般来说，炖、煮菜对花椒的风味呈现要求比较低、用量少，主要是去异除腥，以红花椒为主，也可使用青花椒，因此花椒的选用只要是没有太强烈的腥异味或是陈放过久只剩干柴味或木耗味的即可。常见的菜品如乡村连锅汤、豌豆肥肠汤、大千圆子汤、清炖牛肉汤等。

炖、煮菜的主食材以异味偏重的肉类食材为多，花椒使用时机点有两个，首先是在炖、煮前搭配葱、姜加在沸水中氽烫肉类食材以去异除腥；其次是炖、煮过程中加入适量花椒，若是取其清鲜、重视主食材本味的菜品一般只需不到十颗，千万不要过量，一旦花椒过量容易发苦、麻口，产生“败味”的问题，也就是突兀的花椒味反客为主，破坏了主食材的滋味。

现今青花椒的使用越来越普遍，虽然使用原则和红花椒一样，但相较于红花椒而言，青花椒的香麻味较难与其他调辅料的味道产生融和的滋味感，一过量就容易产生

↑在川菜中调味料与辅料的使用极为多样，因此如何让所有的味产生协调感再进一步成为美味就是川菜“调味”的精髓。

"压味"的问题，所以务必控制好用量。

在家常炝、炒菜品的运用上花椒的品质要求较高，主要是炝、炒类的菜品中，花椒的角色主要是增香，其次是除异和增麻等，因此花椒的香气足或不足就变得很关键。使用上红花椒可适应绝大多数的食材、味型，青花椒则稍微受限，以水产类食材与鲜香、鲜辣味类为主。

花椒的角色在素菜，即以蔬菜为主不加荤料的菜品中只有增香，在四川"斋菜"才是宗教素菜，成菜后不能吃到麻感或只能带似有若无的麻感，常见菜品如炒蕹菜杆、香炝土豆丝、炝莴笋条、炝莲花白等。使用时机与葱姜蒜一样，都是主食材，如各种蔬菜入锅前先炒香或爆香，用量也不多，就是抓一小撮的量，大概几颗到十几颗的花椒。

◆ 花椒龙门阵

《蔬菜、素菜与斋菜》

相信许多到大陆旅游，特别是茹素的台湾人都有一个经验，就是觉得内地餐馆分不清"素菜"与"荤菜"！即使一般人到内地，进餐馆点菜也因常被问道：要不要点些"素菜"！而觉得莫名其妙。这其实是两岸饮食文化的差异，虽然大家说着同样的语言。

在大陆，所谓的"素菜"就是台湾清炒"蔬菜"或"青菜"的意思，指没有加荤料的蔬菜菜肴。而台湾所说的"素菜"又为何呢？就是宗教说法的"斋菜"，故若有"宗教素"的需要，在大陆点菜你要说"斋菜"，餐馆才会端出宗教意义上的"素菜"，完全不沾荤，否则那香喷喷的"素菜"就有可能是用猪油加大蒜炒出来的。

因台湾市场基本不用"斋菜"指称宗教素，于是"素菜"一词就成了宗教素的代名词，也出现新名词"蔬食"来代表健康素。

↑川菜小煎小炒的完美诠释最常出现在被昵称为"苍蝇馆子"的小馆子，看老板娘随意翻炒，一锅成菜，色、香、味、镬气皆完美。

炒香后，道地四川人不会将花椒捞出就直接加入主食材继续炒成菜，他们已经习惯偶尔直接吃到花椒的过瘾感。但建议初入门的朋友将花椒捞起，避免食用时直接吃到还没习惯的浓重花椒麻味，麻到自己也就算了，把客人、朋友麻傻了可就糟了。

荤菜中花椒除了增香还要能除异味，常见菜品如干煸四季豆、宫保腰块、炒鸭脯等。使用的时机点：一为入锅前的码味或加工时加入花椒以除去荤类食材的腥异味；再就是将花椒入锅与食材一同烹制成菜。荤类菜品的烹调过程中，花椒在锅中的时间较久且与主食材接触的时间较长，因此一般都会有微麻感，多数成菜后带微辣感，若希望减少麻感可在入锅炒香后就捞出花椒，但这样成菜的香气相对较轻。

炖、煮、炝、炒、蘸、拌是饮食生活中最常运用且相对简单的烹调工艺，通过简单的花椒运用介绍后，相信每一个川菜爱好者或花椒好奇者都能依葫芦画瓢，轻松地让味蕾来一趟花椒的奇香妙麻之旅。

选对花椒，色香味更完美

选对花椒是做好川菜的第一步，特别是突出麻香、麻辣味的菜品，然而什么是好花椒？有没有所谓的极品花椒？不同花椒对菜品有什么影响？这三个问题应该是读者们最想知道答案的问题。

回想一下，到市场买花椒，老板都是怎么向你推销花椒的？“这花椒麻得很！”“这花椒香得很！”这两句话应该就是你所能听到的，再难听到其他推销说法，更别说极具参考价值的品种、产地信息或滋味特点差异信息，究竟“麻得很”是怎么个麻法？“香得很”是怎么个香法？是我偏好的滋味吗？能提升想做的菜肴滋味吗？还是会令菜肴的滋味走调！相信你只要多问几个问题就会发现老板因词穷而不耐烦。这是为了认识花椒而与各地的椒农或卖花椒的老板大量的互动后最常遇到的结果。简单地说就是种植、销售与烹调的三角彼此没有交集、交流，彼此的知识无法成为彼此进步的养分。

近二三十年花椒产业的一二十倍的高速发展都是建立在经济利益上，而忘记了花椒作为香料是要带给人们饮食品质或美食享受的提升，花椒作为中华原生香料却有着说不清道不明的市场现象，除了前述的近因还有历史与环境的因素。

话说花椒有两千多年的食用历史，淀粉类种植技术的普及促使饮食结构改变后，从明朝起花椒使用的普遍性大幅下降，加上花椒产地以高原、山区为主，交通不便，

多数人难以亲近而使相关知识难以走入日常生活中，于是形成了椒农和今日的专业花椒种植企业知道怎样将花椒种好，但对于花椒与菜品滋味好坏不了解；收购商知道如何挑出好花椒，对于花椒与菜品滋味好坏的影响同样说不清楚；到了市场端，负责销售花椒的店家、老板忙着买卖，没时间关注花椒风味与菜品之间的基本关联性，最后只有依赖花椒的使用者沿用他人经验或瞎摸索。

于是，川菜在花椒的使用上虽然最为丰富而多样化，对于花椒如何影响菜品滋味的相关知识却只限于经验法则，川菜厨师可以利用花椒烹调出奇妙风味的菜品，但是对于为什么花椒的品种、产地、新旧之间的香麻滋味的具体差异却不甚了解，并产生花椒使用历史悠久却相较于多数香辛料、调辅料而言相对神秘且难掌握，原因就出在缺乏让更多人可以轻松认识、简单运用花椒的具体、实用且系统化的知识梳理与建立，间接成为川菜滋味在传播上的一道无形的障碍。

大师秘诀：兰桂均

传统饮食文化中的味性互补的概念相当符合养生之道，可惜的是，还没被当今科学所验证的传统和经验，大家都选择忽视或回避讨论，而不是想办法证明传统的优异性在哪里！因此许多传统和经验成了一种形式，面对经典、传统的菜品、工艺，厨师们就容易落入应用陷阱，有些人开始异想天开或乱用。

↓凉山州盐源县的花椒产地。

今天，出了四川的川菜，最常见的问题就是独特、迷人、奇妙的香、麻滋味不见了！为什么？因为不熟悉花椒奇妙的香气、滋味、麻味，就更不用说要通过烹饪工艺掌控、提取花椒的奇香妙味来产生让人垂涎的诱人香气与滋味。在宁少勿多、避免犯错的保守前提下，川菜出了四川后作为香料的花椒在川菜菜品中常常是有形无味、犹如装饰品的现象。

“知识”源自系统化且经过验证的经验，回溯源头到餐桌，一路从产地、椒农、收购商、销售商到你我的餐桌，我依旧感激椒农、椒商、川菜厨师们在历史长河中所保留下来，并一直在运用的大量花椒相关的实践经验，有他们积累下的丰富扎实的经验，才有机会利用研究方法，将这些松散的经验转化为系统化的知识，让我们可以更轻松地进入花椒知识殿堂。转化过程，依靠的是科学方法，一个从经验的结果中逆向找出变化的规律与逻辑，并加以验证及系统化的方法，成果就是让花椒关键风味的认识与应用有迹可循，让人人都说得出川菜中的香、麻滋味为什么如此美妙！

好花椒的选购技巧

品种、产地是花椒风味特色与价值对应的重要参考资讯，受限于当前市场尚未脱离传统的粗放交易模式，品种、产地依旧不清不楚的情况下，还是有通用的花椒品质辨别原则可以选购到好花椒。这原则总结了椒农、椒商与川菜厨师的经验，同时归纳出以下口诀：一看、二抓、三观、四闻、

五嚼，只要符合各项要求条件，即使不确定花椒品种、产地依旧可以挑出品质佳的花椒。具体挑选法如下。

一“看”：花椒的色泽均匀、自然而饱和，颗粒大小均匀，整体能看见的花椒黑籽、闭目椒、枝杆及杂质越少越好。

二“抓”：用手拨弄花椒时应有清脆的“沙沙”声，一把抓起要有明显的粗糙、顶手、干爽的感觉，若符合这些特点就是干燥度佳的花椒。干燥度较高的花椒不容易走味或变质，同时表示保存环境较佳。

三“观”：抓一小撮花椒铺在掌心仔细观察果实，每颗花椒都应开口；内皮应是带干净、新鲜感的白、白中带黄或白中带绿。其中花椒果皮开口大的表示成熟度较高，内皮色泽带新鲜感的多为当年新货，一般来说香气、麻味相对浓郁而强。

四“闻”：首先抓一小撮花椒铺在掌心近闻花椒气味，此时应闻到明显的花椒气味与极少的杂味，若在市场则可能有少量其他香辛料的味道，若重了表示存放不当而被杂味污染。

接着握住掌心的花椒搓个 5~7 下，再近闻花椒气味，此时应发现前述花椒风味模型中的特色气味鲜明而丰富，好气味为主就是不错的花椒，若否就属于一般花椒，可用于花椒气味要求不高的菜品；若是不好的气味为主则属于较差的花椒，去腥除异没问题，不适合大量使用，容易破坏味感。

↑↓传统市场中最常见的问题就是百味杂陈，香料之间相互窜味。

五“嚼”：需要更准确地辨别时取1~2颗花椒放入口中，咀嚼一下，感觉到有花椒味出现时就将花椒吐出，之后细细感觉口中的花椒香气、滋味、麻感、麻度，通常木腥味、干柴味等各种腥异味越少越好，麻感、麻度就视需求或偏好选择，多数情况下麻度越高苦味越明显，若只感觉到苦味，麻度却不高时，调味效果多半不佳，容易使菜肴带苦味。

刚接触花椒的朋友，建议在有经验人士的协助下，尝试将花椒放入口中“嚼”。因为直接嚼食花椒会让不适应的人产生大量唾液分泌、口舌发麻，进而造成口齿不清并伴有气管轻微痉挛造成的轻微恶心感，大多数情况下只要15~30分钟就能缓解且不至于伤身，但为了避免把喜爱花椒的朋友吓到还是先提醒注意。

若是川菜粉丝或渴望找到好花椒者还是要训练吃花椒的能力，以品尝超过50个产地，上千次嚼食花椒的经验，发现有些花椒单闻时香气十足，一尝，滋味淡薄或有异味，让人觉得像是“被烧了”（川话，被骗的意思）；有些花椒是单闻时香气不足，一尝滋味却特别丰富。因此若没有通过品尝确认，就可能错过不起眼的好花椒，反之则踩到地雷，买到有香气而无滋味的花椒。

椒盐普通话

将花椒放入口中嚼食试吃的鉴别方式是最准确的，但即使是椒农、椒商、川菜厨师也不会每次都试吃，只在前面四个方式都用过还有疑虑的情况下才会以嚼食试吃做最后判断。自研究花椒后，穿梭在花椒产地之间只要看到花椒，不论是树上小鲜果、地上晒制中或市场售卖的花椒，甚至是野花椒、花椒叶都会放入口中嚼食试吃以再三确认其风味特点。

穿梭产地研究花椒三四年后，每每在集市或市场时这样一而再、再而三的抓、搓、闻总会引起椒农或店家老板的好奇与注意，见我是省外的且不像是做花椒生意的，多会开玩笑说：尝一颗看看。我真的往嘴里塞时，他们总露出惊讶又想笑的表情，既觉得玩笑开大了又想看我这省外的是不是会被麻得又叫又跳，但多半让他们失望加佩服，居然没被麻得又叫又跳，还镇定地说出风味特色、产地差异。他们哪知道我已经过多年训练，且不需他们说也一定会拿起来嚼以确认风味。一来一往间，常能在最短时间内与椒农或店家老板产生良好的互动。

↑2018年设立的金阳县城花椒交易点。

极品花椒何处寻?

掌握选购好花椒的基本原则后，我们会想究竟有没有所谓的极品花椒?

要讨论“极品”必须先定义何谓“极品”？我认为的“极品”定义：绝大多数人觉得优异的风味、滋味，这一定义又具有两个面向，一是“绝对的极品”，用在任何味型、菜肴都能展现出绝佳的效果，是特定品种、产地花椒的好坏之分；另一个是“相对的极品”，某一品种、产地花椒只在某些滋味味型中会产生无以取代的效果，是适才适所、相生相克考量下的最优选择。在中菜烹调概念中，主辅食材以“相对的极品”为多，因为调味、烹饪工艺的丰富性可以克服许多口感、滋味不够完美的问题。

花椒在川菜的特色味型中是绝不可少的第二主角，如麻辣味、椒麻味、椒盐味、煳辣味、香辣味等，除此之外都是担任丰富口味的配角，如怪味、五香味、陈皮味、咸

↑市场上有所谓“梅花椒”，实际上是精筛细选、卖相最好的花椒，指三或四个果并生的花椒颗粒，风味不一定最好但通常不会太离谱，不是新品种，只能算是“商品名”。且只有红花椒才能筛选出“梅花椒”，西路花椒筛出比例高，南路椒筛出比例低较不具经济效益，因此“梅花椒”都是西路花椒品种。青花椒因先天的挂果特性，基本筛不出具经济效益的量。上图中上：西路花椒，中：金阳青花椒，下：南路花椒。

◆ 花椒龙门阵

台湾没有调味用的花椒品种，但有花椒的近亲，俗名“臭刺”，姑且归类为“野花椒”，野腥味浓，并不拿来入菜，祖辈们传下来的土用法有二，一是将枝杆晒干切片后泡入米酒头（高度米酒）一段时间后当活血去瘀的外用药；二是枝杆晒干后打成粉末状当作肠胃药吃。

在两岸开放交流之前，香料花椒或其他台湾地区没有但可归于中药材的香料进口，多是以中药材的名义进入台湾，于是产生了一个独特现象，就是台湾人想买好的香料时都是到中药店。这对四川人来说是无法想象的，因药材用与香料用的风味要求标准是不一样的，有时连品种也不一样，有些需经过炮制才能成为药材。

这让我想起 20 世纪 90 年代还是学生时，因摄影工作而认识台湾川菜，当时总对川菜中加花椒这个动作感到十分不解，因为当时在超市所能买到的花椒都是黑褐色，带着木耗味、干柴味或油耗味，更没什么好的味道或麻感。在经多年深入四川研究花椒及两岸川菜的异同后终于知道原因了，以江浙闽粤烹调习惯为主的台湾菜在花椒、香料方面本用得少，好的花椒、香料也就不会出现在一般超市中，形成上述“到中药店买香料”的现象。

↑台湾的“花椒”——“臭刺”。

鲜味等；近几年的新派川菜逐渐重用花椒风味，开始有少数以花椒风味为主角的味型，如麻香味、藤椒味，重用鲜、干青花椒与藤椒油、青花椒油调制。花椒入菜最多的川菜系，花椒香、麻味在成菜滋味中属于画龙点睛的灵魂型“小”角色，用量不多却至关重要；其他菜系中花椒的角色多半处于隐形状态，也就是说只利用花椒去腥除异的特性，不能出现花椒香、麻味。

↑属于南路椒中的极品——雅安市汉源县牛市坡的花椒。

不同品种、产地的优质花椒本身都具备鲜明本味与个性风味，对应调味需求要做的是找到增益、互补都完美的风味类型花椒。花椒的本味与麻感独一无二，其风味却随产地不同而有不同的个性，如气味浓郁带粗犷感的大红袍红花椒；沁麻开胃、清新甜香带精致感的贡椒；熟甜香浓郁、麻香凉爽带利落感的小椒子；清新舒爽、香麻明快带鲜爽感的青花椒等。

因此从定义与实际应用来说普遍存在“相对的极品”花椒，“绝对的极品”只能说是一种理想，也就是说从产地加品种的组合中可以选出色、香、味极适合某些特定味型、菜肴的花椒，而要找到这“相对的极品”花椒让成菜滋味更上一层楼、趋近完美的不二法则，就是拥有足够的花椒知识，包含品种、产地、种植、采收及其风味差异。对于能普遍适用于各种味型、菜肴的花椒反而是风味、香麻上较为中庸的一般花椒。

那传颂千年、大家都说最好的花椒——汉源贡椒算不算“绝对的极品”花椒？从泛用性、风味美妙度与可接受度来看，汉源贡椒是最接近“绝对的极品”，因不管加入哪种菜肴、调哪种味都不败味，都可以获得风味不差到极佳的滋味。然而真正的汉源贡椒只产于汉源县清溪镇牛市坡一带，是历史上有记载的贡椒指定产地，现今已是水果树远多于花椒树，产量极少，一样的花椒苗种在牛市坡以外的土地上就是硬生生多出杂味、异味，因此几乎不存在于大众市场。当前市场中可见的汉源贡椒从质量上来说只能叫做“汉源花椒”，种在汉源却不是最优质的贡椒等级产区，但平均品质还是优于四川多数南路椒产区。

今日市场上的“汉源花椒”虽有“中国地理标识产品”的保护，却是有名无实，问题出在没有足够的花椒知识与科学数据，来对“汉源花椒”的品种、风味、品质等标准做出清晰明了的界定，造成市场滥用或假冒其名，而使得水准以上的“汉源花椒”卖不到相对应的好价钱，并让最接近“绝对的极品”、拥千年贡椒之名、产自牛市坡的“汉源花椒”消失在市场上。此外，造成市场混乱还有一个关键因素：花椒知识的不普及！当大众不知道“好花椒”的真正美妙滋味是什么样子时，自然有人鱼目混珠，甚至刻意让市场的品质与价格一团乱！

回到现实，先暂时抛开“绝对极品”花椒的追求与执着，从挑选“好花椒”入手再运用川菜最擅长的烹饪工艺和调味功夫，山不转路转，只要用得巧、用得精妙就会发现许多特色花椒就是“相对的极品”，可以增益滋味与菜肴风味的好花椒，让饮食生活的色、香、味更完美。

↑一样种植南路椒的凉山州喜德县，种植历史不长但品质却比想象中好。

妙用花椒，老菜也高档

花椒入菜时可以是煎煮炒炸炖烧烤，也可以是拌淋泡蘸腌以调和滋味或突出风格，却不是都运用花椒的香麻，有些菜品只需花椒去异除腥的效果，有些菜品香气重于麻感，有些菜品是香气、麻感并重，这些效果是通过花椒粒、碎、末、油等形式的选择呈现，加上以油或水当介质与不同温度加以萃取得到所需要的滋味、风格。

花椒香麻味，不认识“她”时，是最恐惧的滋味，当你认识“她”后会发现这是最诱人的滋味。

掌握这极端的心理滋味、创造奇妙的味觉体验应是每一个川菜厨师对自我的最高要求！真正的美食不应该是一道用高档食材堆砌却味感贫乏的“梦幻逸品”；真正的美食应该是可以让多数人从其丰富味感中得到幸福滋味，真正的美食只需要自然、新鲜的平凡食材，加上精湛而具创意的烹调功夫。

味多味广加上工艺多样的川菜可精致可家常，在餐饮市场中全面覆盖高中低端市场且最贴近生活，通过巧用、妙用风味因产地而有所差异的花椒，百年传承的经典川菜风味、滋味将更上一层楼，在新时代中继续趋近完美并传承令人感动的经典滋味，相信每个人都能在川菜里找到属于自己的幸福滋味。

↑菜品制作：悟园餐饮会所（南门店）。

味型与花椒

用好花椒就须了解川菜中的基本味与复合味的概念，再进一步了解与味型的关系。

川菜的基本味有咸味、甜味、麻味、辣味、酸味、香味、鲜味、本味、苦味、腥味、臊味、膻味、涩味、异味14种，这14种基本味也是指在所有食材、调料、辅料与辛香料中可以自然而相对突出存在的味道。这些基本味属于无法通过人为调味产生且天然存在的，人的介入只能调整或控制，虽然现代食品技术已经可化合出部分基本味，但多数情况下不是直接使用的，因此不在讨论之列。若某调味料是以一种基本味为主的，在川菜中称为基础调味料，如盐、醋、糖、酱油、花椒、辣椒等，混合两种以上的基础调味料并经过初步加工就称为复合味调味品。

24种基本味型

家常味型、鱼香味型、麻辣味型、怪味味型、椒麻味型、酸辣味型、煳辣味型、红油味型、咸鲜味型、蒜泥味型、姜汁味型、麻酱味型、酱香味型、烟香味型、荔枝味型、五香味型、糟香味型、糖醋味型、甜香味型、陈皮味型、芥末味型、咸甜味型、椒盐味型、茄汁味型。

川菜常见30种烹调工艺

炒（生炒、熟炒、小炒、软炒）、爆、熘（鲜熘、炸熘）、干煸、煎、锅贴、炸（清炸、软炸、酥炸、浸炸）、油淋、炝、烘、汆、烫、冲、炖、煮、烧（红烧、白烧、葱烧、酱烧、家常烧、生烧、熟烧、干烧）、㸆（㸆、软㸆）、烩、焖、煨、𤆵、蒸（清蒸、旱蒸、粉蒸）、烤（挂炉烤、明炉烤、烤箱烤）、糖粘、炸收、卤、拌、泡渍、糟醉、冻。

↑四川、重庆地区的菜市场中总是有让人眼花缭乱的调辅料。

复合味：精湛的和谐

川菜菜品除了常用复合味调味品外，更常在一道菜中加入多种同类型但味感有差异的调料，具体将基础味调味品或复合味调味品的调料、辅料与辛香料，经过不同比例混合、调配后搭配各种工艺烹煮、调和，如回锅肉的酱香来自豆瓣酱、豆豉与甜面酱三种带酱香味调料所融合的复合型酱香味，因此闻到、尝到的川菜味道多是“复合味”，复合味调制的好就能产生让人愉悦或诱人食欲、让人惊喜、意想不到的滋味，或者复制出近似天然存在却会因烹调而丢失的某种诱人滋味，也是川菜偏好复合味滋味特点的主因。

调味时机与烹调工艺相搭配后可以将调味技巧分为加热前调味、加热中调味、加热后调味与混合调味 4 种，美味就是通过这些技巧将食材、调料、辅料按顺序、比例调

↑丰富滋味与极简形式的和谐。菜品制作：玉芝兰。

出浑然一体的和谐或惊喜而诱人的感觉，对应到千百年来中菜所传承的核心概念，就是一个“和”字，味与味之间的和谐，人与味之间的和谐，味与季节、天地之间的和谐，这样的“和”是可以让人因顺天应时的饮食而获得滋润与健康。

不同组合不同味感

近代川菜因味多味广而梳理总结出 24 种基本味型，有 8 种基本味型与花椒关系密切，分别是麻辣味型、椒麻味型、椒盐味型、煳辣味型、怪味味型、陈皮味型、酱香味型、五香味型，若加上近几年因藤椒味的广泛应用，有望成为川菜行业认可的第 25 个基本味型“藤椒味型”，也就是有 9 个味型都会用到花椒。根据不同味型成菜风味的需求，花椒的用量从少量使用到大把大把加的都有，成菜滋味的呈现从不出花椒味，只单纯利用花椒去腥除异或防腐，到取部分气味滋味的酱香味型、五香味型，再到浓香微麻辣的煳辣味型、陈皮味型、怪味味型及大麻大辣的麻辣味型，还有以花椒风味为主轴的椒麻味型、椒盐味型、藤椒味型。

各味型中决定呈现何种花椒香麻味滋味有其基本流程，首先选择青花椒或红花椒或混用，接着依滋味强弱决定所需用量的多寡，或搭配不同形态的花椒，如整颗的、切碎的刀口状、花椒粉或花椒油，同时搭配适当烹调工艺。将流程环节与花椒品种、形态做不同组合，就能获得期待的香、麻或其他风味成分，在菜品中展现不同香麻程度与味感，分别是成菜

中见不到花椒、甚至尝不到花椒味的除腥去异，花椒香麻味极低的增鲜、解腻，柔和花椒香带微麻的提香增味，突出的花椒香味、轻麻感的香辣味，到花椒香麻鲜明、浓郁、具刺激感的麻辣滋味。

↑川菜的味多味广在凉菜中展现得淋漓尽致。菜品制作：成都蜀风园寿喜堂。

◆ 花椒龙门阵

《中菜与西菜调味思维的差异》

中菜调味哲学是以“融合”为主轴，融合食材、调料、辅料、辛香料与烹饪工艺后产生浑然一体的滋味，“融合而不混乱”是最高境界，即入口时只感受到一股饱满的味，但在咀嚼、吞咽过程中，口内的味觉、触觉，鼻子的嗅觉却能明确感受到主食材与各种辅料的滋味，而这滋味又被调料、辛香料的滋味所围绕而形成一个完整的美味，完整的美味中味与味之间是渐进式的过渡，以色彩概念来说每道中菜就像是渐层色的组合。

西菜调味哲学是以“堆叠”为主轴，经烹饪工艺熟成与堆叠食材、调料、辅料、辛香料的各种滋味后，产生明显的主从关系，也就是主食材滋味为主，调料、辅料、辛香料是衬托、烘托、强化主食材滋味的辅助角色，味与味之间的过渡具有跳跃性，以色彩概念来说每道西菜就像是色块的组合。

【以色彩概括中西菜调味思维差异】

中菜调味思维：味味相融，层次丰富，味与味之间无明显界线。可用渐层色的感觉来概括。

西菜调味思维：味味分明，层次分明，味与味之间界线明显。可用色块组的感觉来概括。

带花椒的味型一览

椒麻味、椒盐味、陈皮味、五香味、糖醋味、麻辣味、煳辣味、咸鲜味、咸甜味、家常香辣蚝油味、家常藿香味、家常藤椒味、五香味、五香椒香味、五香麻辣味、五香椒盐味、五香香辣味、五香家常麻辣味、五香麻辣孜然味、鲜椒麻辣味（拌，冷菜）、红油麻辣味（淋，冷菜）、鲜辣麻辣味（蘸味汁）、奇香麻辣味（炸收）、家常麻辣味（水煮型）、老油麻辣味（水煮型）、香麻香辣味（烧制）、家常麻辣味（传统烧制）、酥香麻辣味（炸炒）、干香麻辣味（干煸）、火锅麻辣味、糯香麻辣味（蒸制）、香辣麻辣味（油烫法）、鲜椒鲜香味（蒸）、麻香味、家常麻香味、葱香麻香味、鲜椒麻香味、泡椒麻香味、鲜椒椒麻味、香辣味①（热炝冷食）、香辣味②（热炝热食）、香辣味③（拌，冷菜）、香辣味④（炸收）、香辣茄汁味、香辣荔枝味、香辣荔枝味①（宫保型，香辣小荔枝味）、香辣荔枝味②（香辣大荔枝味）（炸、炒）、香辣香麻味（炸、干煸）、香辣咸甜味、香辣家常味、酱香味⑥（酱腌）、香辣豉香味、啤酒家常味、咸酸香辣味、咸酸香麻味、醋香味、怪味淋味汁、怪味拌味汁、鲜椒怪味汁（蘸食）、怪味糖粘型、怪味炸收型、臭香泡椒怪味、冲香怪味、孜然味型、腌菜香味。

※ 以上味型整理自四川成都·冉雨先生所著的《川菜味型烹调指南》（台湾赛尚文化出版）。

烹调应用从麻婆豆腐说起

不同花椒品种对应柚皮味、橘皮味、橙皮味、莱姆皮味、柠檬皮味五种风味该如何应用？其角色关键是什么？而要谈花椒风味应用及在菜品中的关键性，就要从“麻婆豆腐”谈起。接下来将通过一道道名店酒楼的菜品，以说菜的方式阐述花椒的使用逻辑和思路，并从中发掘出新的烹调应用的可能性。

花椒，麻婆豆腐的核心滋味

麻婆豆腐是川菜中经典的家常麻辣味菜品，其独特的香麻味让人印象深刻，让简单的家常烧豆腐不仅是老少皆知，更是变成全球最有名的川菜，全球多数人在认识川菜前多半已经尝过麻婆豆腐。从调味的手法来看麻婆豆腐，就是在烧好的豆腐上撒一把花椒粉，看似简单，实际上却有着一连串不简单的选料、刀工、火候、调味与出菜速度的功夫。

当今的餐饮界多认为“麻婆豆腐”就是一道再简单不过的家常菜品，消费者觉得做来做去不都是一样吗？而忽略了其中让无数人吃了300多年还想吃的关键秘密——花椒的点睛之妙。撒入花椒粉是为“龙”赋予神韵的简单“点睛”动作，前面的烹调过程就是“画龙”的过程，然而，若是前面画龙的功夫太差，画龙成虫，这“点睛”动作做得再好，结果还是一条虫，因此用上真材实料并按部就班地做好每一个环节，才能相辅相成、接近完美。

花椒的沁心香麻是最后让麻婆豆腐展现其个性的关键，但试想豆腐质量不佳甚至有异味，调味的豆瓣是酱香滋味寡淡的速成豆瓣，豆豉没滋

↑ 陈麻婆豆腐店虽是百年老店一样可以有新风情。

味，刀工随便，辅料没炒香，烧制没入味或烧焦，勾芡过稀或过浓，这样的成菜就算撒下最好的汉源贡椒，你觉得最后是一道美食还是一盘垃圾？

因此，不论什么菜品在选料、刀工、火候、调味、盛盘与出菜速度等各方面都做到位了，才能探讨花椒或任一主料、调辅料在菜品中的角色与影响。花椒的香麻作为麻婆豆腐的特色滋味是大家认同的不用多说，其完整的美味是综合了滋味醇厚的郫县豆瓣、豆豉、酱油，让酱香滋味丰富而具有层次感；气味独特的菜籽油将牛肉末煵得酥香后把姜、蒜、辣椒粉、郫县豆瓣续炒至香气扑鼻，加入切得适当大小的豆腐块烧制，其大小应在所有滋味因烧制而完美融合的瞬间，豆腐块也刚好入味，再分两次勾出浓稠度适当的芡汁，减少单次勾芡因豆腐出水而拖芡的机会，浓稠适当的芡汁将全部的滋味裹在豆腐上，让每一块豆腐的滋味在口中都饱满而不腻人，盛盘后撒入香气袭人、麻感沁脾的橙皮味汉源红花椒粉，让所有滋味穿上极具个性又诱人胃口的浓郁花椒香及舒麻而辣的味感，应在花椒芳香味强烈散发之际尽快上桌、拌匀、享用，此时香气、滋味浓郁饱满且层次丰富，麻感舒爽，生津开胃。

这时花椒风味特点与滋味好坏就成了麻婆豆腐最后是否滋味完美的关键，经300多年的经验累积，以南路椒中

橙皮味花椒风味特点

以雅安汉源、凉山越西、甘孜九龙所产之南路椒（正路椒）为代表。颗粒大小介于大红袍与小椒子之间，整体扎实，麻度中上到极高，麻感细致，橙皮味鲜明并带有明显柳橙清甜香味，宜人而幽长，干燥木质气味轻微或极低，滋味舒适，苦味低，尾韵回甘明显，整体为细腻精致的风格。

美味食谱

〔01. 麻婆豆腐〕

材料： 氽水豆腐400克，牛肉末60克，青蒜苗节30克，豆豉末15克，姜米10克，蒜米10克，盐、酱油、辣椒粉、花椒粉、郫县豆瓣蓉、水淀粉、鲜汤、熟菜籽油各适量。

做法：

1. 氽水豆腐切成小方块后纳盆，倒入加盐的开水浸泡除去涩味。
2. 炒锅中放入熟菜籽油烧至六成热，投入牛肉末煵至酥香，下豆豉末、姜米、蒜米、辣椒粉和郫县豆瓣蓉炒香出色，掺鲜汤，放入豆腐块，调入盐和酱油，用中火烧至入味。
3. 下青蒜苗节推匀后改大火，下水淀粉勾芡，待汁浓亮油时即可起锅，盛入碗内，撒上花椒粉即成。

美味关键： 炒牛肉末时，一定要炒干炒酥；掺汤量以刚好淹过豆腐为宜；勾芡收汁时，可多勾几次芡，一定要做到亮油汁浓。

菜品制作与食谱提供： 中华老字号——陈麻婆豆腐店

的橙皮味花椒中的汉源贡椒为首选，其柳橙甜香味鲜明、麻感细致、滋味回甘、苦味低，与酱甜香浓郁的麻婆豆腐底味是绝配。其次就是一样属于橙皮味花椒但甜香感稍低的越西贡椒、九龙贡椒，再其次是爽香感的橘皮味花椒如冕宁、喜德、金川的花椒。

有花椒才叫香麻辣

花椒风味的代表菜不能不提“辣子鸡”，菜品一上桌那浓郁的椒香与煳辣香让人满口生津，满满的花椒、辣椒考验着食客的胆识！花椒在“辣子鸡”里的角色是增香提麻，因此花椒本身椒香味的好坏对成菜影响很大，麻度要求较低，需要的是浓郁花椒香而麻感适中煳辣香，一般使用红花椒，柚皮味的大红袍与橘皮味的南路椒能分别为菜品增加不同的滋味风格，也可另加少量青花椒营造香气的层次，但不建议完全改用青花椒，因为青花椒的味太突出且有盖味的问题，会让煳辣香的味感变弱。

“橙香铜盆鸡”的味型是属于陈

美味食谱

〔02. 香辣童子鸡〕

材料：仔公鸡250克、大蒜瓣50克、干红花椒10克、干辣椒节200克、小葱20克、油炸花生米50克，盐、味精、鸡精、胡椒粉、料酒、香油、芝麻各适量，菜籽油500毫升。

做法：

1. 将仔公鸡剁小块并洗去血水，纳盆加盐、味精、鸡精、胡椒粉和料酒码味；小葱切成节待用。
2. 锅里注入菜籽油烧至六成热，下鸡块炸至颜色金黄，捞出沥油待用。
3. 锅中留少许底油，先下蒜瓣、干红花椒和炸好的鸡块煸香，再放入干辣椒节炒出味，然后加入葱节和花生米，调入味精和鸡精炒匀，最后淋入香油，起锅装盘，撒上芝麻即成。

菜品制作与食谱提供：成都天香仁和酒楼［宏济店］（成都）

〔03. 橙香铜盆鸡〕

材料：理净公鸡半只（约750克），干辣椒节50克，干红花椒10克，鲜青花椒30克，洋葱块80克，芹菜节50克，橙子皮30克，姜片、蒜片、葱节、料酒、盐、味精、白糖、香辣酱、豆瓣、香油、色拉油各适量。

做法：

1. 理净公鸡斩成块，用姜片、葱节、料酒、盐腌渍入味，再下入七成热的油锅里炸至熟透且皮酥时，捞出沥油。
2. 锅中留底油，投入干辣椒节、干红花椒、姜片、蒜片、葱节炝香，下鸡块略炒，再放入香辣酱和豆瓣炒香出色，烹入料酒，然后下洋葱块、芹菜节和橙子皮，调入盐、味精、白糖，待蔬菜炒断生后，淋香油便起锅装入铜盆内，最后浇上用热油炝香的鲜青花椒，即成。

菜品制作与食谱提供：中华老字号——龙抄手（成都）

皮麻辣味的改良味型，将陈皮改用橙皮，同时在成菜后放入鲜青花椒再用热油激香，让成菜色泽鲜艳、滋味清新爽香而味厚。当菜品是陈皮味类型时，花椒的选用都应该以橘皮味花椒为优先，因为橘皮味花椒本身就具有与陈皮一样的柑橘香气，在味的调和与变化上可以更具风格。其次是橙皮味花椒，最后再考量柚皮味花椒。

此菜在炒料时是使用干红花椒以建立与橙香相呼应的柑橘皮味香麻辣，最后用热油激鲜青花椒，让菜品拥有鲜爽香气来塑造多层次的麻香味。

从这个菜品可以发现当前四川厨师在花椒的应用上已不局限于单一种类，而是更大胆地混合多种花椒，以烹调出创新的奇香妙味。

“夫妻肺片”是红油麻辣味的代表菜，所有的调味都在红油味的基础上建构主味“麻辣味”，选对花椒可快速建构一个专属于这道菜的麻辣风格，让人对滋味与主食材的相呼应难以忘怀。一般来说麻辣味的菜不建议使用属于细腻风格的柳橙皮味花椒，不是用了不对味，而是细腻风格与麻辣味菜品要求刺激感较强的效果不匹配，成菜后的香麻辣味感不突出，一般使用风格鲜明的柑橘皮味花椒或风格突出的柚子皮味花椒。若想利用青花椒的麻香味调制红油麻辣味时，要注意的是用量谨慎，因青花椒的气味会对红油或红辣椒的香气压味，青花椒用量过多整道菜就只吃得到青花椒味了，当前常用的方式是红花椒与青花椒搭配使用，红花椒取麻、青花椒突出椒香味。

橘皮味花椒风味特点

以凉山州会理、会东所产的小椒子为代表。

粒小而紧实，橘皮味鲜明并带有淡淡甜香味，轻微的凉香感，麻度中到中上，带有可感觉到的干燥木香气味。其芳香味主要类似成熟橘子皮或带青橘子皮的综合性香味，橘皮味花椒的风味个性较雅致利落，带爽香滋味。

美味食谱

〔04. 夫妻肺片〕

材料： 黄牛肉300克，牛杂500克，芹菜节50克，盐、八角、肉桂、花椒粉、花椒、醪糟汁、红腐乳汁、葱结、胡椒粉、酱油、味精、红油辣椒、熟芝麻、熟碎花生仁各适量。

做法：

1. 黄牛肉用花椒粉、八角、肉桂、盐腌10分钟，入沸水锅里汆去血水后捞出，再放入加有盐、八角、肉桂、花椒、醪糟汁、红腐乳汁和葱结的冷水锅里中火煮开后，转小火煮至软熟，捞出来晾凉切片，然后在煮牛肉的原汁里加胡椒粉、酱油、味精等烧沸成卤水。
2. 牛杂治净后，入沸水锅里汆煮断生后，再入卤水中卤煮入味，捞出来晾凉，改刀成片。
3. 牛肉片和牛杂片纳盆，加芹菜节、红油辣椒和花椒粉拌匀装盘，撒上熟芝麻、熟碎花生仁即成。

菜品制作与食谱提供： 中华老字号——龙抄手（成都）

水煮菜风味关键刀口椒

水煮类的菜品，可以说是川菜中大麻大辣、味厚味重的代表，此菜源于早期自贡盐工的下饭菜，有菜、有肉，热烫、味厚、麻辣而开胃，也是今日品川菜必尝的菜品，因为此菜浓缩了川菜中最为人所知的麻辣重、香气浓、滋味足等特点。而麻辣味重的菜品多半要用刀口椒来产生足够的煳香麻辣味，另有用热油炝辣椒、花椒以得到煳香麻辣味的方式，这种做法的辣度较低；此外，花椒粉虽具有带出的更强麻味的效果，但不适合热油激且容易出苦味，加上水煮菜的热度持续较久不利于香气维持，会让成菜在后期香味不足。

在大麻大辣中，川菜厨师依旧在调味上做出了差异性，每家酒楼的香气、麻感就是不一样，差异性除了辣椒的选择外，就是花椒的香麻味对成菜风格影响较大，若是想要成菜的麻辣味是较粗犷的风格，建议选用柚皮味花椒；浓香风格的选用橘皮味花椒；而想要麻辣又要有细腻感、精致感风格的就选用橙皮味花椒，也可混用少量莱姆皮味或柠檬皮味花椒来帮菜品增添一点清爽感。

一点藤椒油就是清香麻

“椒麻味”在川菜中是突出鲜香与花椒爽香麻风味的一个代表性味型，传统做法是将干红花椒泡涨后加适量的青葱叶剁蓉再调味、拌制成菜，色泽是翠绿中带褐色，其鲜香味属于橘皮味的鲜香感，而麻感是带有轻微薄荷般凉爽的麻感，整体是属于鲜熟香麻而味浓，成菜色泽较不清爽。现因青花椒的流行，椒麻味的调制多使用青花椒或鲜青花椒加青葱叶调制，最后加藤椒油或青花椒油微调风味。相较于传统做法，使用青花椒特别是鲜青花椒（需先去籽），椒麻糊呈现完美的碧绿色，草木的鲜香味更突出，麻感虽轻却不寡薄而广受市场欢迎，青花椒调制的椒麻味清新带点野滋味与使用红花椒调制的有根本上的风格差异。

不过川菜名菜里有一以“椒麻”为名实际却是麻辣味的菜品，就是源自泸州古蔺县的“古蔺椒麻鸡”。在台湾，“椒麻”定义与四川不一样，常见的台式“椒麻鸡”分两种，一种是用辣椒或香辣酱与芝麻酱调的味，麻酱味香浓而微辣；另一种则属于东南亚风格的甜酸辣味。

去骨鸭掌口感十分弹牙爽口，极适合用柠檬爽香味浓的藤椒油来调味，以凸显去骨鸭掌的弹牙爽口感。除了藤椒油外，此菜品也同时用了鲜青花椒同煮，使主食材入味但麻香感不足，香气也会随烹煮时间减少，因此菜肴起锅前必须调入清香麻的藤椒油，以补足香气并丰富麻感，让麻感可以丰富而有层次。

多数菜品单用鲜青花椒入菜其麻度、滋味是不足的，大多数需搭配干青花椒、青花椒油或藤椒油丰富青花椒的爽麻香，而热菜中使用花椒油的基本原则就是菜品起锅前再调入，因花椒油中的芳香味容易因热而挥发，过早加入效果差。

柠檬皮味花椒风味特点

以重庆市江津区的九叶青花椒和凉山州雷波县产的青花椒为代表。

果粒中等，油泡多而密，干燥后结构扎实，成熟柠檬皮混合清香味浓郁，尾韵有轻微的花香感，麻度中到中上，麻感粗糙，带凉爽感，有轻微的野草味或藤蔓味，整体风味个性为清鲜亮丽的爽麻感。

美味食谱

〔 05. 芙蓉飘香 〕

材料： 腌好的牛肉 150 克，净鳝鱼段 100 克，毛肚、猪黄喉、午餐肉片各 50 克，芹菜节、蒜苗节、青笋尖、水发木耳各 50 克，刀口椒 50 克，蒜泥 20 克，青辣椒碎 30 克，香菜 10 克，飘香红汤 1000 毫升，色拉油适量。

做法：

1. 把芹菜节、蒜苗节、青笋尖和水发木耳入沸水锅里氽过、断生，捞出沥水后放大钵内垫底。
2. 毛肚、猪黄喉、午餐肉片氽一水（氽烫一下的意思，川厨惯用说法）待用。牛肉和鳝鱼段则入热油锅里滑熟待用。
3. 锅里掺入飘香红汤烧开，放入毛肚、猪黄喉、午餐肉片、牛肉和鳝鱼煮入味，出锅盛在垫有蔬菜料的大钵里，然后撒上刀口椒、蒜泥和青辣椒碎，最后淋入热油并撒上香菜，即成。

菜品制作与食谱提供： 芙蓉凰花园酒楼（成都）

〔 06. 水煮靓鲍仔 〕

材料： 大连鲜鲍 12 头，茶树菇 250 克，杏鲍菇 50 克，芹菜 50 克，蒜苗 50 克，郫县豆瓣 200 克，姜米 10 克，蒜米 10 克，葱花 15 克，泡椒末 50 克，鲜汤、生抽、老抽、料酒、干辣椒、花椒粒、鸡粉、芡粉各适量。

做法：

1. 大连鲜鲍打上十字花刀，氽水后备用。
2. 茶树菇、杏鲍菇、芹菜、蒜苗炝炒后垫入盘底，炒锅中下郫县豆瓣、泡椒末、姜米、蒜米炒香上色，掺入少许鲜汤，调入鸡粉、生抽、老抽、料酒等。
3. 打去料渣，下入鲜鲍，勾入二流芡后起锅装盘。锅中炝香干辣椒和花椒粒，浇在鲍鱼仔上，撒上葱花即可。

菜品制作与食谱提供： 成都印象（成都）

〔 07. 椒麻白灵菇 〕

材料： 白灵菇 300 克，青葱叶 50 克，青花椒 10 克，浓汤 1000 毫升，盐、鸡粉、藤椒油、冷鸡汤各适量。

做法：

1. 把葱叶和青花椒放一起，用刀剁细盛入碗内，然后加入鸡粉、盐和冷鸡汤调成椒麻味汁。
2. 白灵菇加浓汤煲熟入味后，捞出来晾凉，切成粗条再与调好的椒麻味汁拌匀，装盘后淋上藤椒油即成。

菜品制作与食谱提供： 菜品制作与食谱提供：蜀府宴语［宏济店］（成都）

花椒让烧、卤菜味更美味

烧菜滋味多半是味浓味厚的，滋味浓郁而开胃，特别是胶质重或丰腴的肉类食材，以这道“板栗烧野猪排”来说，就是属于成菜后口感丰腴的菜品，虽然加了带微辣的郫县豆瓣就可以让成菜滋味不腻人，若是要达到爽口的效果就要利用青花椒的爽香与刺麻感强化解腻的效果，且青花椒释出的微量苦涩味对改味解腻也有效果。要注意的是菜肴滋味中苦涩味过多会败味，但运用得巧妙，就能创造出既爽口又浓郁的奇妙味感，川菜厨师传承中将这一概念、技巧很好地应用在各种味型中，特别是花椒入菜后的香、麻、苦、涩等滋味控制，让川菜不论浓淡都有一种百吃不厌的感觉。

花椒的除腥去异味效果十分卓越，因此只要是腥膻臊重的食材，不论在哪一个菜系，花椒几乎都会出现在码味、腌渍的工序中，以去除一定的腥膻臊味，方便烹调时可以专注于调味。以这道“蝴蝶野猪肉”来说，因为野猪肉的臊味重，腌渍料里头就增加花椒以去除臊味，去臊味的花椒香气上的要求较低，因此可以选用花椒本味与腥异味都强的柚皮味花椒，因为花椒去腥除异的主要气味就是本味与其腥异味，香气成分对于去腥除

美味食谱

〔 08. 椒香鸭掌 〕

材料： 去骨鸭掌 250 克，罗汉笋 100 克，混合油 15 克、高汤 250 克、青辣椒圈、鲜青花椒、葱、蒜、姜、盐、鸡精、藤椒油适量。

做法：

1. 去骨鸭掌放入加了葱、姜、盐的清水中煮熟待用，罗汉笋汆水断生垫底。
2. 净锅加入混合油，下姜、蒜、青辣椒圈、鲜青花椒翻炒均匀，加入高汤和鸭掌同煮 2 分钟，调入盐、鸡精、藤椒油，出锅倒入罗汉笋的锅子内，上桌后用卡式炉保温即成。

菜品制作与食谱提供： 张烤鸭风味酒楼［总店］（成都）

〔 09. 板栗烧猪排 〕

材料： 猪排 500 克，板栗肉 250 克，郫县豆瓣 20 克，秘制香料 10 克，姜片、蒜片、葱花各 2 克，盐、鸡精、酱油各少许，白菜、鲜青花椒各适量，色拉油 500 毫升。

做法：

1. 把猪排下沸水锅里过水后，捞出来沥干水分，再入油锅，炸至颜色金黄时捞出来沥油；另把板栗下入油锅，炸至颜色金黄时捞出沥油，均待用。
2. 锅中注油烧热，先下郫县豆瓣炒香，再下秘制香料稍炒，加入 1 升水烧开，续放入炸好的野猪排以小火慢烧约 30 分钟至熟软，烧至 20 分钟时加入姜片、蒜片、盐、鸡精、酱油和葱花调味。
3. 最后放入板栗烧约 5 分钟，即出锅装盘，用汆过水的白菜围边，撒上鲜青花椒，浇热油激香即可。

菜品制作与食谱提供： 食里酒香（成都）

异效果不鲜明，有点像是以毒攻毒的感觉。在花椒产区常有餐馆酒楼特地请农民帮他们找花椒腥味极重的野花椒来处理牛羊肉，这也是产区的牛羊肉滋味更佳的原因之一。

当成菜需要香麻味时则是在后续烹调中通过调入花椒粒、花椒粉或花椒油来获得。像此菜在腌渍入味后下入川式卤水中卤透，而川式卤水中花椒是将香气融合在一起的重要角色，因此在起卤水时，就要选用质量佳、香气浓郁的花椒，一般使用红花椒，因为红花椒的味可以与其他香辛料的味产生融合味，不像青花椒的味容易出现反客为主的压味、盖味现象。

调制卤水的香辛料十分多样，但在川味卤水中，花椒必不可少，就是因为花椒具有明显的增香、除异味与入味、解腻的作用，并在一定程度上起调制风格的作用。除了红汤、麻辣类卤水外，以香味为主的五香卤水中花椒应选用香气浓郁的，用量上以吃不出苦、麻味为原则，另考量卤制的主食材特点，腥膻味轻的可优先考虑橘皮味花椒，若是腥膻味重的优先考虑柚皮味花椒。

制作红味烧菜，也就是香辣或麻辣家常味的菜品时，花椒的选择一般是麻感与香气并重、苦味轻的，因菜品汤汁量多且需较长时间烧制而成，花椒苦味明显的成菜发苦的概率大，因此花椒建议使用橘皮味花椒，取其香麻滋味鲜明而苦味轻，或是香麻味美而精致的橙皮味花椒，柚皮味花椒味重、苦味也大，使用时要注意量的控制。

花椒的挥发性香气会因煮的时间加长而减少、麻度增加，同时也会把苦味煮出来，若是成菜后再加花椒油或用热油激香花椒，过多的油脂对烧菜来说会让人腻到不行。因此控制花椒入锅时机与烹煮时间，就成了红味烧菜美味的关键。以“芋儿鸡”

美味食谱

〔10. 蝴蝶猪肉〕

材料：猪五花肉250克，黄瓜10片，虾1只，盐、香料、花椒、干辣椒、姜片、葱节、料酒各适量，川式卤水1000毫升。

做法：

1. 猪五花肉纳盆，加盐、香料、花椒、干辣椒、姜片、葱节和料酒腌10小时，下沸水锅里过水断生，捞出后放入川式卤水锅里卤约30分钟至熟透入味。
2. 将卤好的猪五花肉捞出来晾凉后切片，备用。
3. 黄瓜片摆盘底，把卤制好的肉片在上面摆成蝴蝶形，以虾作蝴蝶背，稍加装饰即成。

菜品制作与食谱提供：食里酒香（成都）

为例介绍兼顾香气与滋味的技巧，这里的香气不是单指花椒，而是总体的香气，就是烹煮过程中关注滋味足不足并加入越煮越香的各种香料及辅料如芋儿（小芋头），成菜后再次加入具香气的芹菜节、蒜苗节和鲜红辣椒节，就能让香气饱满同时滋味浓郁。

家常麻辣味的“光头烧土鸭”运用近似干烧的方式成菜，问题也和前面提的一样，烧菜多只能保留花椒的味与麻，只靠花椒的话香气多半不足，于是聪明的川厨用另一个技巧来满足川人爱吃香的偏好，除炒香豆瓣、花椒外，补强香气浓度的关键就在加入鸭肉、土豆后的干烧过程。土豆在烧的过程中会溶出许多淀粉质，鸭肉会释出鸭油，最后大火收干汤汁，并技巧性地让汤汁中的淀粉质褐变以释出类似焦糖的香味，而鸭油则会因收汤汁的高温释出脂香气，起锅前再下香油、葱花，你说能不香吗？

美味食谱

〔11. 芋儿鸡〕

材料： 土鸡1只，芋儿500克，芹菜节、蒜苗节、鲜红辣椒节各20克，特制酱料100克，干辣椒50克，八角5粒，山柰3粒，丁香8粒，白蔻8粒，茴香20粒，香叶4片，花椒50克，桂皮10克，豆豉35克，姜片35克，蒜仁15克，豆瓣酱、盐、料酒、鸡精、味精、胡椒、鲜汤、色拉油各适量。

做法：

1. 土鸡治净后，斩成小块。芋儿削皮后洗净。
2. 锅里放色拉油烧热，放入姜片、蒜仁、豆瓣酱和特制酱料炒香后下干辣椒、八角、山柰、丁香、白蔻、茴香、香叶、花椒、桂皮和豆豉炒匀，下鸡块和芋头炒至紧皮，接着掺鲜汤烧沸后，倒入高压锅，用中火压煮约15分钟。
3. 压煮好后揭盖，放盐、料酒、鸡精、味精和胡椒调味，拌匀再倒入火锅盆里，最后撒入芹菜节、蒜苗节和鲜红辣椒节即可。

菜品制作与食谱提供： 巴蜀芋儿鸡（成都）

〔12. 光头烧土鸭〕

材料： 土鸭肉300克，土豆400克，郫县豆瓣20克，干红花椒5克，葱花5克，盐、味精、鸡精、香油、鲜汤、色拉油各适量。

做法：

1. 土鸭肉斩成块，备用。土豆削皮后切成块，备用。
2. 锅里放色拉油烧热，放入郫县豆瓣和干红花椒炒香。
3. 接着掺入鲜汤，再下入土鸭块和土豆块，以小火焖烧，期间放入盐、味精和鸡精调好味。
4. 等到鸭子烧至熟软，土豆粉糯时，开大火收干汁水后，随即淋香油出锅装盘，最后撒入葱花即成。

菜品制作与食谱提供： 老田坎土鳝鱼庄（成都）

火爆干锅离不开花椒

干锅菜品是近十多年十分红火的系列菜，属于干香而麻辣味重的菜式，滋味特点源自麻辣火锅，可以一菜两吃，主料吃完后加入高汤就可以当火锅涮烫食材吃。干锅菜对很多人来说都被字面意思误导为“成菜是看不到汤汁的”，其实“干锅”的概念是相对于汤水为主的麻辣火锅，成菜后还是有些许汤汁。

因为干锅与火锅算是系出同门，同样强调锅底料，强调花椒、辣椒与诸多香料的搭配，差异点在炒好的锅底料，一个是拿来作为炒制食材的主要调料，一个是勾兑成火锅汤底。运用花椒在提香增麻的部分也因要求不同而有不同的做法，像“干锅香辣虾”是以香辣为主的干锅酱料为底味，在炒制过程中再次加入花椒以补足香辣酱较单薄的椒香气，并增加麻感层次。而“干锅鸭唇”是以花椒麻香味足的干锅酱料作为滋味基础，再加入许多带香气的辅料，包括主食材都是已经卤香的，整体风味仍保有干香而麻辣味重的特色。两种方法各有特色，就看餐馆的需求与食客的爱好。

美味食谱

〔13. 干锅香辣虾〕

材料： 基围虾 750 克，芹菜节 100 克，黄瓜块 100 克，蒜苗节 30 克，香辣酱、干辣椒节、花椒、姜片、蒜片、精盐、味精、香辣油、熟芝麻、香菜各适量。

做法：

1. 把基围虾洗净后入油锅炸酥捞出。
2. 锅放香辣油，先下香辣酱、干辣椒节、花椒、姜片和蒜片炒出香味，再倒入基围虾、黄瓜块、芹菜节同炒约 2 分钟，用精盐、味精调好味，最后撒入蒜苗节、香菜和熟芝麻，起锅装入锅盆里上桌。

菜品制作与食谱提供： 一把骨骨头砂锅（成都）

〔14. 干锅鸭唇〕

材料： 卤鸭唇（即卤鸭下巴）12 个，干锅酱料（以花椒、辣椒与多种香料炒制）、野山椒、蒜米、鸡精、胡椒粉、白糖、料酒、青笋、青红辣椒、芹菜、姜片、葱节、蒜片、香辣油、菜籽油各适量。

做法：

1. 炒锅上火，注入香辣油、菜籽油烧热，投入姜片、葱节、蒜片炒香，待姜片从油锅中浮起时，下入鸭唇转小火翻炒。
2. 翻炒至鸭唇表面呈现微黄色时，下入蒜米、干锅酱料和野山椒，继续炒至鸭唇呈金黄色。
3. 当锅中飘出蒜香味时，下入青笋、青红辣椒、芹菜，调入鸡精、胡椒粉、白糖、料酒，等酒气散发完后起锅即成。

菜品制作与食谱提供： 蛙蛙叫 · 干锅年代（成都）

拌、煮菜最容易上手

花椒除腥去异常用于烹调前腌渍的方式，也常见加到沸水锅中汆、烫、煮荤类食材的方式，特别是咸鲜味的汤品，如萝卜排骨汤，四川人都喜欢加几颗花椒一起煮以便去腥除异，同时让成汤口感清爽不腻。肉品汆煮熟透后再成菜的“大碗猪蹄”，成菜后是酸辣味，不要求有花椒味，甚至不能有，重点在煮熟软的过程中除去猪蹄的臊味以免干扰酸辣味味感，这类除腥去异的需求对花椒要求较低，各种质量的红花椒都行，差别在用量的多寡。一般不建议用青花椒，青花椒味过于强势容易干扰后续的调味，除非成菜的滋味就是要青花椒味。

凉拌菜多半使用花椒粉或花椒油调味，以便在不加热的前提下获得足够的香、麻味，使用时要注意花椒粉的新鲜度，最好现打现用，否则容易失去香气而滋味不足，用量则应视花椒的麻度与苦度做适当的增减。

这道“乡村拌鸡”采用调成味汁后再淋于煮料上成菜的方式，因此兑味汁时采用热鲜汤，先下入花椒粉以快速获得香、麻味，并因热鲜汤的鲜醇滋味而变得温和醇麻，接着再加其他调料调制。此菜为红油麻辣味，加上鸡肉嫩而带劲的口感，一般来说用甜香感明显、麻感细致的橙皮味花椒最佳，其次是橘皮味与柚皮味，青花椒建议只用于调整香麻层次，若完全用青花椒则容易出现红油气味减弱、不足或被盖住，使得成菜风味不完整。

不论青、红花椒，当用于拌制凉菜时对花椒自身的色、香、味要求都

美味食谱

〔 15. 大碗猪蹄 〕

材料： 猪蹄 1000 克，小米椒粒 50 克，香菜 20 克，芹菜节 30 克，洋葱块 50 克，姜米、姜、葱、花椒、料酒、盐、香醋、冷高汤、香油、红油各适量。

做法：

1. 猪蹄治净，放入加有姜、葱、花椒和料酒的沸水锅里煮熟了捞出来，剔去大骨，等到晾凉后剁成块。
2. 把姜米、小米椒粒、盐、香醋、冷高汤、香油和红油兑匀成酸辣味汁，再放入猪蹄块拌匀，装盘后撒上香菜和芹菜节即可。

菜品制作与食谱提供： 禾杏厨房（成都）

〔 16. 乡村拌鸡 〕

材料： 三黄鸡 250 克，大葱、花椒粉、生抽、醋、辣鲜露、美极鲜、红油、煮鸡汤汁各适量。

做法：

1. 将大葱切块后垫盘底；三黄鸡放高汤锅里煮熟后，捞出来斩成小块，放在盘中葱块上。
2. 盆里倒入约 75℃热的煮鸡汤汁，调入花椒粉、生抽、醋、辣鲜露、美极鲜等搅匀成味汁待用。
3. 把调好的味汁浇淋在鸡块上，浇上红油，撒上葱丝即成。

菜品制作与食谱提供： 蜀滋香土鸡馆［双桥店］（成都）

较高，可单独使用也可青、红花椒混合使用，因为凉菜没有加热过程，若是花椒本身滋味不够浓郁，特别是香气，成菜后不香，吃起来也觉得滋味差了一点，若是异味、杂味过重则容易破坏菜肴该有的滋味，因此可以说干拌的麻辣味菜品就是在吃花椒与辣椒的味，滋味是细致还是粗犷就有赖花椒与辣椒的选择！这里只讨论花椒，通常细致的味感就选用清甜香舒爽的橙皮味汉源或越西花椒，或是橘皮味的会理小椒子也可以，花椒打成粉后最好筛去花椒内层硬韧的白膜，让口感与细嫩的主食材有一致性。若是粗犷的味感则可借鉴“干拌牛肉”这类下酒菜，选用气味、麻感强烈的柚皮味大红袍，打成粉后可筛可不筛，整得太细致就感觉有点豪迈不起来。

多数情况下可在花椒粉之外添加红花椒油、青花椒油或藤椒油来辅助、调整凉菜的香、麻滋味层次或风格，使用青花椒同样要注意用量，避免压味。

美味食谱

〔17. 干拌牛肉〕

材料： 牛肉250克，炒花生米10克，熟油辣椒10克，香葱5克，盐5克，白糖5克，青花椒15克、小米辣椒圈40克，香菜段少许。

做法：

1. 牛肉洗净，在开水锅内煮熟，捞起晾凉后切成薄片；香葱切成2.5厘米长的段；花生米碾细。
2. 将牛肉片盛入碗内，先下盐拌匀使之入味，接着放小米辣椒圈、白糖、青花椒再拌，最后加入香葱、炒花生米细粒和香菜段拌匀，盛入盘内淋熟、油辣椒即成。

菜品制作与食谱提供： 蜀味居（成都）

〔18. 干拌金钱肚〕

材料： 牛肚250克，辣椒粉、花椒粉、盐、香菜各适量。

做法：

1. 牛肚在沸水锅里煮熟后，捞出来切片。
2. 牛肉放入盆中，加入辣椒粉、花椒粉、盐、香菜等拌匀，装盘后便可上桌。

菜品制作与食谱提供： 栗香居板栗鸡（成都）

活用花椒尽在思路

花椒使用之多、广、杂莫过于“麻辣火锅”，少了花椒的麻火锅就要改名为“辣椒火锅”了！许多人误以为“麻”与“辣”是相辅相成提高刺激感，实际上是花椒抑制了辣椒的刺激，让辣变得更好入口，也让川菜的辣具有让不吃辣的人爱上麻辣的魅力。因为麻是对痛觉阻断后产生的颤动感，辣则是灼热的刺痛感，两者调和后就是舒服又过瘾的“川辣”，也就是辣椒的辣加了花椒的麻才能称为“麻辣”！

麻辣火锅在四川主要分为成、渝（成都、重庆）两大风味类型。成都麻辣火锅采用气味独特的菜籽油，并大量使用香料炒制锅底料，呈现的滋味风格是香气浓郁、麻辣味醇和；而重庆麻辣火锅采用脂香味浓的牛油炒制锅底料，香料用得相对少并重用花椒、辣椒，呈现的滋味风格是脂香、煳辣香浓郁，麻辣厚重且刺激感强。

麻辣火锅香麻过瘾

传统麻辣火锅主要用红花椒，用量足以影响香麻味的风格与层次，可以依据风格偏好单用一种花椒或混用多种花椒，一般用得最多的是柚皮味大红袍与橘皮味南路花椒，其风味相对浓郁而突出，杂味较少，麻度也够高，与大量香料混合炒制后不容易出现花椒味不足或压味的问题。

近年青花椒风味被广为接受并流行，有人尝试将红花椒全部改成青花椒来炒制麻辣锅底料，但得到的结果是锅底料兑成汤锅后变得混浊且风味发闷，失去青花椒该有的鲜麻香。现主要的做法是用红花椒炒制锅底料，兑成汤锅后再加入干青花椒或鲜青花椒，就能兼顾汤锅颜色的干净度与青花椒的鲜香麻特点，同时传统麻辣火锅的熟香、脂香、酱香等浓郁香气将变得更舒爽、丰富，且能在长时间的煮烫下持续发挥效果。

火锅风味的流行也衍生出老油香辣味的系列菜品，这类菜品多半考验厨师能否在老油独特、浓厚的香麻辣基础上增添让人惊喜的香气、层次与滋味，因此这类菜肴的调辅料中都以辛香味浓的为主，花椒自然少不了。使用时以花椒粉为主，花椒粒为辅，目的是补足老油香麻辣的不足

柚皮味花椒风味特点

以阿坝州的茂县、松潘，甘孜州的康定、丹巴所产大红袍花椒为代表。

粒大油重，青柚皮味鲜明，麻度中上到极高，麻感来得快而明显，容易出苦味，花椒特有的本味突出，带有明显的木质挥发油气味，整体风味个性较粗犷，麻味强并带野性滋味。

大师秘诀：周福祥

火锅名厨周福祥：建议炒火锅底料时，花椒最后入锅，且要将花椒用水快速冲洗掉表面的灰尘，捞起过滤杂质并沥干，再倒入即将炒好的火锅料中，炒至香气逸出。最后放花椒的目的是在火锅料中尽量保有足够多的花椒麻味和香味，否则花椒入锅炒久了其香味麻味必然大量散失。此外花椒应经过极短时间的漂洗，除去杂质、灰尘程序不会失去任何香、麻味，又能减少火锅油混浊的机会，同时避免花椒下锅后焦化得太快。花椒焦化就是行业内常说的“炒过火”，锅底料成品发苦除了花椒、香料的本质问题外，多半是这个原因。

现在麻辣火锅喜欢使用青花椒，因为青花椒的特殊香味为大家所接受，特别是受热后的飘逸香味，是大红袍花椒无法比拟的。很多人问用哪种花椒比较好，这还是要看烹调者的喜爱偏好，再加上地区性口味偏好，离开这两个基准，硬说哪种花椒比较好就比较牵强了。

之处，而用何种花椒及用量主要考量老油的味道。

川菜新宠青花椒香

水煮系列菜是体验川菜大麻大辣的必尝菜品，目前有两种成菜形式，一种是浓酱厚味、成菜色泽厚重的传统水煮菜，如“水煮牛肉”；另一种形式则是以高温、大量香料油将主食材泡熟，取其浓香滋润麻辣味足而成菜清透，如“沸腾鱼”“西蜀多宝鱼”，这种类型的菜品最早是川厨在北京研发出来的，对四川、重庆地区以外的人来说更熟悉的菜名是“水煮鱼”，川菜与非川菜地区的烹调工艺基本一样，但风味呈现有明显的不同。

以香料油成菜的水煮菜品原以红花椒做麻香味的来源，后来只用青花椒或青、红花椒混用，其香气更加有层次且浓郁爽神，麻辣味足而不过强。若从风味的完善来说，香料油成菜的水煮菜品首选爽香味突出、苦味较低的莱姆皮味花椒，确保青花椒香、麻感够足又不至于苦味太强。虽然不麻不辣不成菜是川菜的口味习惯，但其强度仅止于增加口感变化与开胃，不合理的辣度是不被接受的。因此，当见到满满花椒、辣椒的川菜时一点都不用怕，这类菜品的麻辣度虽略微偏高，但绝对比想象中的低，因为川菜大师要你吃的是“香”。

四川使用泡酸菜、泡辣椒烹制酸香味浓、微麻辣的鱼肴滋味，可说是从乡间百姓厨房的“梭边鱼”一路

美味食谱

〔19. 麻辣火锅基本组成与做法〕

材料： 熟菜籽油、牛油、鸡油、猪油、朝天椒、花椒、元红豆瓣、郫县豆瓣、大蒜、老姜、香葱、川盐、料酒、冰糖、醪糟汁、草果、香果、八角、小茴香、白蔻、砂仁、山柰、桂皮、排草、香草、灵草、月桂叶、丁香、比果、干豆香、良姜、宁香、槟榔、永川豆豉、高汤。

做法：

1. 将各种香料分别用绞磨机打成细粒。老姜洗净切片，大蒜拍破，葱洗净沥干水分。冰糖捶散。豆豉剁蓉。
2. 朝天椒剪短，用沸水煮软后捞出沥干，再剁细成糍粑辣椒。
3. 将大锅置旺火上，将猪油、菜籽油、牛油、鸡油炼至青烟散去、无烟时转中火，先炸香葱，再炸老姜片、大蒜、香料。然后将糍粑辣椒、豆瓣酱加入热油中煵酥，捞去渣料，再放入冰糖，关火即成老油。老油一般一周后再用最佳。
4. 炒锅内放老油，然后放入姜、蒜，用小火慢炒，再加入豆瓣酱、糍粑辣椒，炒香上色，下香料、醪糟汁、豆豉、干辣椒节、花椒、川盐、冰糖略炒后掺高汤，烧至汤浓、香气四溢即可烫食荤素原料。

菜品制作与食谱提供： 节录自《川菜味型烹调指南》冉雨 著

红火到高档酒楼。这类菜品属于泡菜酸辣味，花椒在这种类型的菜品中以除腥增香为主，其味型是酸辣味而非麻辣味，在花椒的运用上就要选用香气足、爽香味丰富、麻味其次的花椒，传统上调味使用橘皮味花椒，当今调味则是以青花椒为主、红花椒为辅。

经过30年的市场经验积累，川菜厨师们发现多数味型中青花椒比红花椒更适用于海河鲜菜肴的调味，烹调这类菜品时，建议首选莱姆皮味花椒，其次是柠檬皮味花椒，用量要适当加大以确保足够的气味，并在烹调过程中尽可能减少麻味的释出。从成都河鲜王朱建忠师傅烹调的“芝麻鱼肚”做法中可以明显看到这样的工艺特点，当所有调味都完成后，才将干辣椒节、干青花椒和白芝麻激香并淋入菜品成菜。至于海河鲜的除腥问题在这类菜品中相对容易处理，因为除了花椒外，泡椒、泡姜的本味、乳酸味也有一定的除腥效果，成菜的鲜美滋味就自然而纯粹突显出来。

花椒油有红花椒油及青花椒油两大类，花椒油的使用与在菜中加

美味食谱

〔20. 西蜀多宝鱼〕

材料： 多宝鱼1条、黄豆芽100克、黄瓜条50克、干辣椒100克、干青花椒20克，姜葱水、盐、料酒、水淀粉、秘制香料油各适量。

做法：

1. 多宝鱼宰杀治净后取净肉，片成薄片，纳盆中加姜葱水、盐、料酒和水淀粉腌入味待用。鱼骨放入沸水锅里汆熟。
2. 黄豆芽和黄瓜条入沸水锅里汆一水（四川惯用语，汆烫一下的意思），捞出沥水后放深盘里垫底，再把汆熟的鱼骨摆在上面。
3. 锅里放秘制香料油烧至四成热，下鱼片滑熟后，捞出来摆在鱼骨上面，随后投入干辣椒节和干青花椒炝香，出锅倒在深盘中的鱼片上即成。

菜品制作与食谱提供： 宽巷子3号（成都）

〔21. 芝麻鱼肚〕

材料： 新鲜鮰鱼肚（也可改用鲶鱼肚）350克，泡椒末50克，泡姜末40克，姜、蒜片各15克，香葱花20克，干辣椒节20克，干青花椒5克，白芝麻35克，小木耳30克，青笋片30克，鲜汤、盐、白糖、陈醋、料酒、香油、色拉油各适量。

做法：

1. 鮰鱼肚治净，改刀成小块。小木耳、青笋片入加有油盐的沸水锅里汆一水捞出，垫入窝盘中。
2. 锅放油烧至五成热，下泡椒末、泡姜末、姜、蒜片入锅炒香，掺汤500克烧沸熬煮5分钟，滤去料渣留汤汁。
3. 转小火后下鱼肚烧约10分钟至鱼肚熟透，然后用料酒、盐、白糖、陈醋和香油调味，出锅盛在垫有小木耳和青笋片的窝盘中。
4. 另锅放油烧至四成热，下干辣椒节、干青花椒和白芝麻激香，出锅淋在盘中鱼肚上，最后撒上葱花即可。

菜品制作与食谱提供： 渠江渔港（成都）

香油的逻辑是一样的，红花椒油主要是和味与增麻，青花椒油则是增香增麻。青花椒油又分藤椒油与青花椒油两大风味，其差异性在于使用的花椒品种不同及炼制的基础油、炼制工艺的不同，成品的椒香、椒麻味与油的滋润感大不相同。藤椒油主产于四川洪雅，其特点为清爽滋润、香气醇正怡人、麻感舒适，青花椒油则是香气、滋味纯粹而爽麻、油质透亮却轻浮，两种青花椒油可依偏好使用。藤椒油调制的风味在川菜市场中火爆了十多年，更逐步总结出了“藤椒味”，有机会成为川菜基本味型之一。

话说“滋味鱼头”就是吃藤椒风味，在开胃爽口的酸辣味基础上增添清爽、醇香、舒麻，加上热油激出的鲜青花椒香气即成“藤椒酸辣味”，整体气味丰富了起来。

莱姆皮味花椒风味特点

以凉山州金阳县和攀枝花市盐边县产的青花椒为代表。

果粒较大，油泡多而密，干燥后结构扎实，青柠檬皮味极为浓郁、干净而爽香，麻度从中上到高，麻感明显并带有明显凉爽感，苦味相对较轻，野草味或藤蔓味相对轻微，整体风味个性具有爽朗明快的特质。

美味食谱

〔22. 滋味鱼头〕

材料：胖头鱼头（花鲢鱼）700 克，手工面条 80 克，黄瓜 100 克，青红辣椒各 25 克，炽豌豆 80 克，鸡油、葱油、高汤、姜、蒜、鸡汁、黄灯笼酱、白醋、藤椒油、鲜青花椒适量。

做法：

1. 胖头鱼头去鳃，洗净对剖成连刀两半，黄瓜削皮去瓤改成斜刀一指条，青红辣椒切小圈。
2. 用鸡油、葱油加热后放入炽豌豆炒至香沙，加高汤、姜、蒜小火烧开熬制约 20 分钟调味，放入鸡汁、黄灯笼酱、白醋等调成酸辣味金汤。
3. 鱼头上笼大火蒸 6~7 分钟至熟放入大窝盘内，边上放煮熟面条、生黄瓜条，灌上调好的金汤。
4. 用葱油、藤椒油激香红椒圈、鲜青花椒，淋在鱼头上即可。

菜品制作与食谱提供：温鸭子酒楼［东光店］（成都）

咸鲜味中的隐形大将

在咸鲜味的菜品中使用花椒对川菜地区以外的人们来说，相对陌生甚至感到讶异，因为花椒对许多人来说是代表“重口味”的香料，实际上花椒可通过用量或使用时机，产生相对隐性或显性的滋味。以“竹荪三鲜”来说是纯粹的咸鲜味菜肴，且鲜味排第一，也因此要求食材、辅料都要鲜而味美，其中主料猪舌、猪肚、猪心有鲜味也有臊味，味还特别重，如何去臊保鲜，红花椒是第一选择，虽然姜、葱、酒都具有去臊味的效果，但欠缺红花椒超强的渗透力以去除深层的臊味。因为成菜清鲜，一点臊味就可能功亏一篑，故而需要在汆烫内脏食材的环节加入花椒，此时量的把控就很重要。基本原则就是加了花椒的汆烫用热水，只能闻到似有若无的花椒味，以避免花椒味留在食材上影响成菜的滋味，因此家庭汆烫的用量都是以粒计算，一般6~8粒，最多十几粒。

味厚醇香的炸收菜

川菜的炸收原属于食物保存的一种方式，特点是干香味浓、越吃越香，是因应季的某种食材过多而展现出来的工艺。先油炸去除食材中大部分水分后，让调料的重味吸收进食材以延缓食物腐败，或是用较多的油与味汁一起翻炒，边炒边收干水分，调料中除利用花椒除异味外，也利用传承下来“花椒具有防腐效果”的经验，此经验已在现代花椒成分功能研究中证实花椒部分成分具有抑菌效果。炸收工艺成品则因为有着滋味丰厚的特点而被沿用到宴席、酒楼中成为特色菜品。

现在各种储存防腐设备应有尽有，炸收的储存目的也就淡化了，更多的关注在成菜的滋味上，如“金毛牛肉”“灯影鱼片”中的花椒就是起除异味与增香的作用，对成菜的滋味特点具有影响，而食材炸的干度是否恰当与调制的滋汁是否充分被吸收进食材中，则是炸收菜味感特点的关键。花椒的增香添麻作用除了调味效果外，还能刺激两颊生津，让炸收菜品吃起来具有滋润感，而花椒味渗透力强的特质，也让成菜拥有越嚼越香的效果。

炸收菜在花椒的选用上以上等花椒来制作其香麻感会更诱人，其次就看主食材的膻、腥、臊等异味的轻重来决

美味食谱

〔23. 竹荪三鲜〕

材料：猪舌、猪肚、猪心各50克，竹荪20克，腐竹150克，香菇15克，鸡精、鸡粉各25克，鸡汁20毫升，姜片、葱节、干花椒、料酒各适量，鸡油40毫升，三鲜汤1250毫升，水淀粉适量。

做法：

1. 将猪舌、猪肚和猪心分别入沸水锅煮约3分钟断生，捞出治净后，放入加有姜片、葱节、干花椒和料酒的沸水锅里煮至熟透，取出改刀成片；竹荪剪成节后用冷水泡涨；腐竹用80℃的开水泡开后切节；香菇改刀成块并汆熟；均待用。
2. 锅里放鸡油烧热，先加姜片和葱节爆香，再下猪肚片、猪舌片和猪心片炒香，然后加三鲜汤烧沸，并放竹荪节、腐竹节和香菇块稍煮，期间调入鸡精、鸡汁和鸡粉，最后放入水淀粉勾芡，即可起锅装盘。

菜品制作与食谱提供：成都天香仁和酒楼［宏济店］（成都）

美味食谱

〔24. 灯影鱼片〕

材料：精选鲜鱼 3000 克，姜片、葱段、红花椒、料酒、胡椒水、料酒、胡椒粒、糖色、精盐适量。

做法：

1. 鲜鱼治净后取其净肉之后冰镇，务必将鱼刺除尽。
2. 将鱼肉手工片为灯影片。用姜片、葱段、红花椒、料酒、胡椒水码味 12 小时后，晾放于竹筐背晾干，约晾三天至肉干透后取下。
3. 烤箱内设温度 120℃，放入鱼片烤 5 分钟，另起油锅烧至六成油温炸至色红肉酥，沥油待用。
4. 另取鱼骨加姜、葱、料酒、胡椒粒煲汤待用。
5. 起锅爆香姜片后掺葱油、鱼汤，调入糖色、精盐、料酒，下炸好的鱼片以文火收干汤汁至色红肉酥软，放红油颠匀，即可起锅装盘。

菜品制作与食谱提供：蜀粹典藏（成都）

定，一般牛羊肉类使用柚皮味花椒，猪肉及家禽等则使用橘皮味花椒，水产类也是柑橘类花椒较合适，并可混用一些青花椒增加丰富感。

海河鲜与花椒

花椒入菜可以青、红花椒混着用，或是五种风味类型花椒中的任二种或三种混着用，也可以花椒粒、花椒粉、花椒油混着用，表面上看起来是“胡整瞎搞”，若是明白其间的差异性、互补性，这样的混用就不是乱整而是有目的的取长补短。

下文中的“豆腐鱼”用了鲜青花椒、干青花椒、青花椒粉、红花椒。首先鱼肉用青花椒粉等调料码拌做底味，再将干红花椒、鲜青花椒、干青花椒等与调料炒香，加清汤后下入豆腐和鱼肉一起烧入味，起锅后以热油激香菜品面上的青花椒与辣椒粉补足香气。看似繁琐的调味目的是要让红花椒补足青花椒的麻，青花椒突出的爽香补足红花椒的隐香，在互补中产生丰富而多层次的香、麻。此菜同时讲究辣椒的运用，才成就这一道香麻辣浓郁、层次丰富的佳肴。

鲜活海鲜对川菜来说是相对少用的食材，拜今日运输效率高、成本日益降低，鲜活海鲜出现在四川餐桌上的频率也越来越高，其次是当代厨师大都有到沿海城市事厨的经验，对海鲜食材不再陌生，因此海鲜川烹就成了川菜的创新方向。

花椒在海鲜食材越来越多的趋势中，其角色仍旧是除腥去异、增香添麻，并对多数海鲜菜品起到提味增鲜的效果。相较于沿海城市，川厨的优势在于花椒的灵活运用上，以这道红油麻辣味的“红杏霸王蟹”来说，烹调中下入花椒粒让去腥效果深入蟹肉中，又避免麻度过高或花椒过浓影响螃蟹的本位、鲜味，烹调中的花椒粒用量不多，为保有足够的香麻味而采用起锅前加入花椒油来补足。

前面提过水产海鲜适合用青花椒调味，但这里的味型要求是要兼顾红油味，最多是混用少量青花椒以免红油香被压味而失去滋味上的丰富感。

美味食谱

〔25. 豆腐鱼〕

材料：花鲢鱼 1 条，云南豆腐 300 克，芹菜段、蒜苗段各 50 克，郫县豆瓣、油酥豆瓣、炒辣椒粉、干辣椒粉、烧椒粉、刹椒、干红花椒、鲜青花椒、干青花椒、白糖、青花椒粉、精盐、味精、鸡粉、料酒、木薯粉、香菜、色拉油各适量。

做法：

1. 花鲢鱼宰杀治净，剁成小块后纳盆，再调入青花椒粉、精盐、味精、料酒等腌 10 分钟，然后撒入木薯粉抓匀，最后倒入烧至六七成热的油锅里炸 2 分钟，捞出来后控油（川厨说法，沥油的意思）。
2. 锅留油，下郫县豆瓣、油酥豆瓣、炒辣椒粉、干辣椒粉、烧椒粉、刹椒、干红花椒、鲜青花椒、干青花椒等炒香，随后调入精盐、鸡粉和料酒，掺入清汤烧开后，下入鱼块和豆腐一起烧约 5 分钟后，起锅盛在装有芹菜节和蒜苗段的盛器内，撒上干青花椒和干辣椒粉。
3. 净锅加油烧至六成热，浇上热油后撒入香菜即可。

菜品制作与食谱提供：私家小厨（成都）

诱人的烧烤煳香味

烧烤风味的饮食风情丰富多样，在四川、重庆地区的城市烧烤多是小摊摊或小餐馆露天经营，而餐馆酒楼中的烧烤味多是先炸后烤，部分会浇上增加风味的浇料，味型以麻辣味为主，辣度属重庆较高，凉山州是彝族聚居区，偏好烧烤，几乎一县一风情，主要吃原味突出的香辣味、煳辣味，较特别的是乐山峨边县有木姜香辣味，味感独特。

四川、重庆地区的城市烧烤主要用加了花椒、香料的辣椒粉，少数单独使用，因花椒粉遇热容易烧焦，都是烤到快好时才撒上，用炭火激出花椒辣椒煳香味即可享用。炒制搭配烧烤成菜用的浇料时多是分两次加入花椒粉，前期加入取麻，起锅前加入取香，起锅后香气大量窜出十分诱人。因为烧烤香料用的多，加上直接烧烤或大火炒，花椒的细致芳香味或麻感多会被掩盖，加上这类菜肴多讲究一个豪放感，主要考量麻感差异，使用上以柚皮味花椒为主，其次是橘皮味花椒中的小椒子，也可混入青花椒粉增加滋味特色或丰富度。

巧思让老菜有新味

菜品的高档在于用什么创意让人体验到唇舌之间的幸福，就如这道“隔夜鸡”，其实就是一般馆子的“麻辣拌鸡块”，传统做法现拌现吃，虽然快捷，滋味却不是一种互相渗透的融合感，加上多使用花椒粉，那味感会让人觉得有点粗糙。

得益于今日冷藏保鲜技术的进步，加上精选食材、辅料、调料，才能成就这一隔夜凉菜。汉源花椒整粒使用避开了花椒粉发苦的问题，用一整晚的时间让花椒的香麻释出，并与调料滋味一起渗透到鸡肉中。多一点巧思妙用花椒就能让老菜变高档而有新风貌与新滋味，彰显让人既怀念又惊喜的滋味。

美味食谱

〔26. 红杏霸王蟹〕

材料：肉蟹一只900克，年糕80克，蒜薹50克，蒜瓣50克，料酒、葱姜水、盐、胡椒粉、鸡精、蚝油、鱼露、香醋、白糖、干辣椒节、红花椒粒、鲜汤、姜片、干淀粉、水淀粉、香油、红花椒油和红油各适量。

做法：

1. 将年糕切成片，蒜薹切成段，待用；肉蟹宰杀后斩成约10块，码上姜葱水、料酒、胡椒粉、盐后扑干淀粉待用。
2. 将肉蟹入五成油温中过油，将蒜瓣略炸后待用。
3. 锅留底油，将姜片、蒜瓣、干辣椒节和红花椒炒出香味，掺入鲜汤，用鸡精、料酒、蚝油、鱼露、白糖、香醋、胡椒粉调味后，放入年糕慢烧至蟹肉入味，然后放入蒜薹同烧至熟，烹入香醋少许后用水淀粉勾紧芡汁，淋入红油、香油和花椒油出锅即成。

菜品制作与食谱提供：成都红杏酒家［锦华店］（成都）

〔27. 雨花石串烤肉〕

材料：三线五花肉300克，洋葱、青红辣椒、料酒、南乳、胡椒、排骨酱、水淀粉、老油、姜蒜末、老干妈辣酱、水豆豉、孜然、香油、花椒粉、色拉油各适量。

做法：

1. 三线五花肉洗净去毛后放入冰箱急冻约1小时后取出切成15厘米左右的长薄片。
2. 洋葱切成小块，青红辣椒切成圈备用。
3. 将五花肉片用料酒、南乳、胡椒、排骨酱、水淀粉码至入味，用烧烤竹扦串好。
4. 锅内放入色拉油烧熟后将五花肉串放入锅内炸熟，沥油取出。铁板烧热后放入洋葱，炸热的雨花石上摆肉串，锅内放老油、姜蒜末、老干妈辣酱、水豆豉炒香，调味放入孜然、香油、花椒粉、红辣椒圈淋在肉串上即成。

菜品制作与食谱提供：温鸭子酒楼［东光店］（成都）

〔28. 隔夜鸡〕

材料：300日龄的放养原鸡鸡腿300克（野鸡的后裔），汉源花椒、自贡井盐、秘炼红油、炒香白芝麻、葱颗适量。

做法：

1. 取鸡腿洗净，用沸水煮熟后，改刀切成丁。
2. 取调料放入碗中调和，淋入鸡丁中并拌匀。
3. 密封后置于冰箱冷藏室放上一晚使其充分入味，第二天取出回温后即可食用。

菜品制作与食谱提供：悟园餐饮会所（成都）

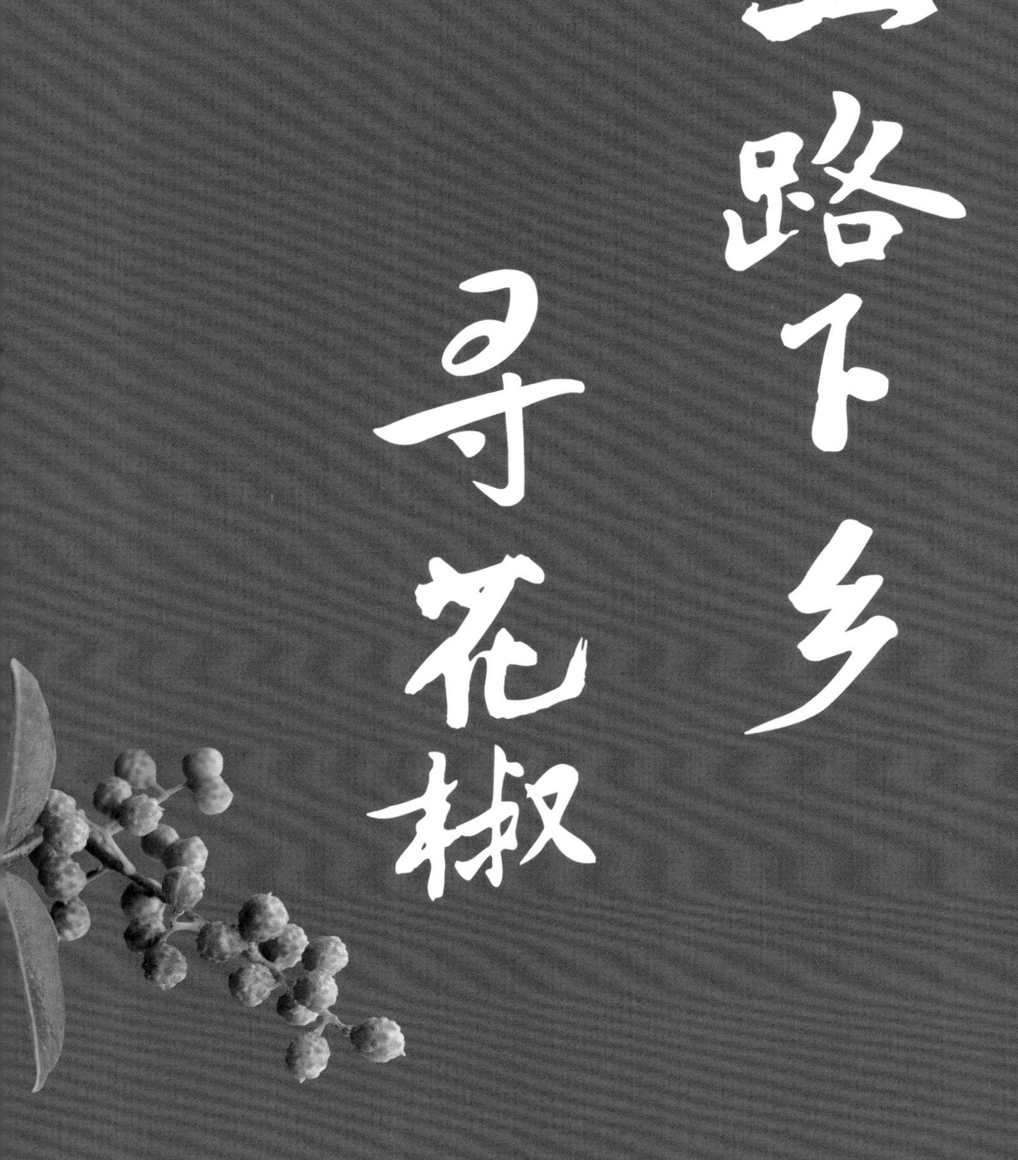

一路下乡寻花椒

多年实地采风，累积至今超过 38000 公里的下乡旅程，
2013 年之前走过 24000 公里，四川、重庆 50 多个花椒产地，
之后至 2020 年除四川花椒产地外，
也陆续走过甘肃、陕西、山东、贵州、云南等省的多个花椒产区。
此篇重点介绍四川、重庆 30 个具鲜明特点的产地历史、风情与经历，
并通过图片一览《四川花椒》2013 版发行后发展起来的 3 个大型青花椒产区。

SICHUAN PEPPER

●雅安市 ○重庆市 ○凉山彝族自治州 ○攀枝花市 ○甘孜藏族自治州 ○阿坝藏族羌族自治州 ○ 青花椒产区 ○青花椒新兴产区

01. 雅安市 汉源县

雅安市汉源县是贡椒的故乡，位于四川省西南的盆地高原过渡带，境内海拔在550~4021米之间。雅西（雅安到西昌）高速公路未开通前，从成都坐客运车走成雅高速公路到雅安市接108号公路到汉源县城要7~8小时，雅西高速公路通车后只需3个多小时，且不再需要于冬季时翻越冰雪堆积的泥巴山。

史书记载汉源县建制于公元前111年，至今有两千多年历史，清朝时名为清溪县，1914年更名为汉源

↑→位于茶马古道上的“王建”城遗址，古道两旁也种有著名的汉源清溪椒。

↓红花椒采下后不能久放，最多2天，就一定要晒干，果皮颜色才能保持诱人的丹红色。在产季时，只要有空地几乎都被用来晒花椒。

县，历史记录中的汉源乡、汉源街、汉源场多半是指九襄（今汉源县九襄镇）。20世纪汉源县城经三次搬迁、一次重建，前两次搬迁是因交通发展与经济需要，1950年从著名的茶马古道上的清溪镇往南搬到九襄镇，1952年再往南搬到今天的富林镇，2006年开始兴建深溪沟水电站，水库将淹没城区，而将城区往富林镇高处择地搬迁，搬迁过程中，2008年的“5·12”大地震因地质上的“远地烈度异常”效应，汉源的震级也高达8级，将直线距离震中汶川200公里远的新、旧县城和境内多数建筑、民房震毁，灾情不亚于震中的汶川，只能重建。

↑左图为清光绪二十九年“花椒”免贡碑真品，恰逢暂放于清溪文庙而能幸运亲眼见到并留下记录。右图为立于王建城千亩花椒园的仿“免贡碑”。

汉源县的花椒种植历史悠久且是最佳产地，自汉武帝年间（约公元前130年）开始有花椒交易记录，唐元和年间（约公元810年）开始进贡皇室至清光绪二十九年（公元1903年）免贡为止。连续进贡近1100年的贡椒产地，主要分布在汉源县北边泥巴山南面的清溪镇、宜东镇、富庄镇等地海拔1500~2200米之间的山坡地上，其中茶马古道上的清溪镇牛市坡一带曾被指定为贡椒唯一产地。经过百代椒农的选种繁育，今日牛市坡的精选花椒依旧气清醇、味浓厚、香诱人且具穿透力，醇麻带劲，目前这片最佳种植区的新鲜花椒年产量30~35吨，能进入市场流通的干花椒只有3~5吨。

↑今日的汉源县城，依山而建，往山前一望就可以一览深溪沟水电站水库的风景（下方为全景图）。

汉源县作为“南方丝绸之路”与“茶马古道”的重要节点而开发得早，拥有许多名胜与文化遗址，如富林文化遗址、清溪文庙、清溪古镇、九襄石牌坊、王建城遗址、黎州古城遗址、清溪古道遗址、孟获城遗址、三交城古遗址等。

花椒种植一直都是人力密集度高、时间压力大的经济林业，因花椒果实怕碰撞，碰破储存芳香精华的油泡就会影响品质，且花椒全株都有硬刺，大大影响采摘效率，在花椒树万刺夹击下一个人一天最多采 7.5~10 千克；采下后更不能久放或闷到，最多放两天就一定要想办法晒干或烘干，果皮颜色才能保有饱和的深红色，或尽快炼制成花椒油。

过去以人力、畜力运输为主的时代，干花椒因为耐储存，单位重量具有相对高的价值而成为汉源最具特色的主力经济业。截至 2020 年，汉源地区新鲜花椒的年产规模已超过 1400 万千克，约 14000 吨，一半以上加工成花椒油或进入食品厂，一般 4~5 千克鲜椒可晒制成 1 千克干花椒，换算后进入市场的干汉源花椒最多只有 1500 吨。据不完全统计，2020 年为止全国干花椒年产量在 20~25 万吨。

↑红花椒采下后不能久放，最多两天，就一定要晒干，果皮颜色才能保持诱人的丹红色。在产季时，空地几乎都被用来晒花椒。

今日因经济、社会发展带动运输成本大幅降低，在经济收入优先的考量下越来越多汉源的椒农改当果农，而这种现象不只是发生在汉源，在全川交通明显改善的地方都是如此。因为水果一天采收量几十到数百千克，即使水果的单价只有花椒的 1/3 或更低，但比起花椒的采收量高出几倍到数十倍，折算成收入明显高于种花椒，加上运送多是用货车，再不济还有摩托车，也没有短时间必须晒干的压力。

今日汉源主要公路两旁果树早已取代了花椒树，花椒被迫往高处种植或在经济、交通弱势的乡镇发展，汉源主要花椒种植区都转移到更山里的宜东镇、富庄镇。若有机会从雅安坐车走 108 号公路翻过泥巴山进汉源会看到“汉源县花椒基地”碑，这里海拔高仍可以看到成片的花椒林，往下走一点就会看到“清溪——大樱桃之

↑一进汉源，公路开始下坡之际，就能在右手边看到“汉源县花椒基地”碑。

↑浓郁丹红带着透明感的牛市坡花椒，是建黎乡的骄傲。

乡”的牌子，接着只见大片大片的樱桃树，花椒树已经淹没在果林中了。

据牛市坡的王师傅说，小时候的牛市坡一眼望去全是花椒树，果树是串场的，现刚好相反，超过九成的林地都是果树，不到一成的林地在种花椒。实际走上牛市坡约 6000 亩（4 平方千米）的林地，真的只见花椒树零零星星地散布在果林中，有成片的都在高处，登高后往下看，真的只见成片的果树，著名的有“汉源金花梨”“汉源黄果柑”“汉源大樱桃”等。据王师傅估计，2012 年牛市坡种花椒的林地大概只有 500 亩，通常一亩地可种 60 ～ 70 棵花椒树，每棵可收 10 来斤鲜花椒，4 ～ 5 斤可晒成 1 斤干花椒，也就是每亩地大概可产 120 斤干花椒。

王师傅说近几年牛市坡的花椒基本上出不了牛市坡，家家户户都是优先把牛市坡贡椒或做成的花椒油作为馈赠至亲好友的最佳季节特产礼品，只要谁家有剩个几十斤，马上就会有人找上门来说要买，但若非熟人介绍，一般也不卖，因为牛市坡的贡椒香气就是不一样，要留着自己用。

进一步深聊后王师傅才道出乡民不想卖的另一个重要原因，他说：“即使在汉源，都会买到外地花椒充当汉源花椒或拿次级品当贡椒卖，市场价格都打乱了，好品质卖不出好价格，我们不想到市场上贱卖对我及牛市坡这儿的乡民有特殊意义的贡椒”。

王师傅知道我是台湾人，研究花椒是为了让大众真正了解花椒，并期待花椒知识的普及能改变现今花椒市场乱象，大方地说他家里还有一些，可以送给我，我说：“王师傅你花了大半天的时间带我在乡里及牛市坡认识真正的贡椒，对我来说就是最大的帮忙，贡椒的部分我向你买！”这是我这些年深入花椒产地的基本原则，尽可能不让农民们在我身上破费，因为产花椒的地方都是相对经济较差的地方，他们真诚、热情招待的背后常可以见到他们在现实经济上的困境。

2011 年到梨园乡（现属富庄镇），山上农民戏称他们村里的通村山路是经过八年抗战（耗时八年）才开出的，花椒主要种在半山腰以上或山顶，较低缓的地方都是种雪梨和苹果，水果收成的卖价其实也不高，但不像花椒那么苦，每个乡民看见我这外地人都说，路上渴了、饿了树上雪梨、苹果自己采来吃。还有看我特地上山看花椒且没吃午饭，就热情地为我做了三菜一汤请我吃，我也第一次尝到极致美味的地道农家腌熏老腊肉，虽以肥肉为主，却是色泽金黄、烟香味足、滋润不腻，心想农民平时省吃俭用却将舍不得吃的老腊肉整一大盘给我吃，当时感动得差一点掉下泪来，虽吃情旺盛但还是忍住，吃几块过过瘾就好，尽可能留下来让农民自己享用，现在想到还会流口水，不过另两道蔬菜就不客气地扫光。在农民真诚、热情的背后是卖 100 斤雪梨赚不到一个纸箱钱，盛产季节为了多挣钱，就是尽可能自己背下山，一趟要背上 150 斤左右，来回一趟只为多赚十几元人民币。

↑九襄老街风情。

↑梨园乡里耗时八年才开出的山路。

回到九襄镇上，在市场中依经验寻找汉源花椒，用以比对牛市坡的贡椒究竟好在哪里。在边逛边闻的过程中，确实发现有其他产地标志性香、麻特色的花椒当成汉源花椒销售，确认当下让人十分沮丧。虽说市场混乱，但在每年 8 月至 10 月上旬的产季期间，可以在场镇向当地椒农买新鲜的红花椒回家自己晒，对一般人来说这是买真正汉源花椒最容易的方式，若是想买道地贡椒就只能结识一个牛市坡的椒农朋友或是找花椒达人我。但记得，鲜花椒买了当天尽快回家，路上不能让鲜花椒闷到，最迟隔天就要拿来炼制花椒油或晒干并去除椒籽、枝叶等杂质，若没有争取时间尽快晒制好，那品质就难保证，可能不如在市场里买的花椒。

总体来说汉源花椒的香、麻、味相对于其他产地花椒而言，胜在香气沁心浓郁而不抢味，麻度高却细致温和而有劲，滋味、香气的杂味、异味极少。但经实际比较牛市坡片区花椒、清溪古镇片区花椒、三交乡（现属宜东镇）及梨园乡（现属富庄镇）花椒，都有汉源地区花椒的特色风味，绛红的色泽（汉源人的形容是“鲜牛肉红”），香、麻味带有明显，浓郁的柳橙皮清甜香味，鲜明而爽神，麻度高，麻感细致，木香味轻，木耗味极轻微。

差异性在于绛红色的牛市坡贡椒风味更醇、浓、悠长且穿透力更强，杂味极低，整体味感非常纯粹，清溪古镇片区花椒纯粹感差些，有可察觉的杂味，三交乡、梨园乡花椒除杂味明显外，味感也相对不细致。

◎ 产地风情

【红烧牛肉】

位于四川雅安汉源九襄镇 108 国道与交通东路路口交会处，小店名叫“红烧牛肉”也只卖红烧牛肉的小馆子却有着传奇般的滋味。据老板郝钦华、白淑萍夫妇说，运用花椒调味的最高境界应是前三口只吃到花椒香与其他香料综合后复杂又有层次的奇香，麻感应该在第四口后才出现。因为有这调味的最高准则，郝老板的红烧牛肉吃来微辣中有着浓浓的奇香却不会盖掉牛肉香，像绿叶一样将牛肉滋味完全烘托出来又互相融合，牛肉糯口有嚼头，越嚼越香，当吃到第四五口时，那绵密带劲的麻味让人发汗而浑身舒畅。郝老板谦虚地说因为只会做红烧牛肉才用这菜名当店名，言语中可以感觉到他的自信。

↑“红烧牛肉”新店“小院子”位于九襄镇清泉村，交通南路（108 国道）与梨花大道交会处。

↑鲜花椒不利于长途运送与长时间陈放，因此在汉源的乡镇场向当地椒农买新鲜的红花椒几乎可以说是买正宗汉源花椒的最佳方式，但记得要在两天内晒干。

◎ 产地风情

【金口河大峡谷】

记得第一次到雅安市的汉源县是从重庆永川县搭火车到峨边彝族自治县，住一晚后，坐客运车到金口河区再住一晚，才转进汉源县城。进汉源之前到汉源乌斯河与乐山金口河区交界处著名的金口河大峡谷走了一趟。

公路沿着湍急的大渡河边修建，两边尽是像刀切豆腐般的万仞峭壁，壮丽美景让人印象深刻。途中的一处峭壁边有家杂货店，旁边还有一条以之字形直上峭壁的栈道，在好奇心的驱使下，就一步步爬上去，那栈道之险若非亲自登上，很难说明白。

爬了 30 分钟左右抵达峭壁之上，海拔高度约 800 米，忽然眼前一片开阔，原来这峭壁上是一片大缓坡，只见住了三四户人家，回头往对面山壁望去，只见山岚在高耸岩壁间上下穿梭，好一幅天然壮阔的山水画，当下是疲累尽消，一股脑地拍起照来。回神后再往上走了几分钟，到了第一户人家的屋前，父亲带着两个孩子正在修新的边房，便与屋主聊了起来，说这里叫古路村，我到的地方只是山腰，只算是村门口，那要进到古路村里还有多远？只见屋主往远处的山顶上一比（一查，是在海拔约 1700 米的高度），说：就在那里！走得快“只要”一两个小时。我这平地来的胖丁到山上一走就喘，三小时可能都到不了。

当时心想快下午三点了，来回绝对赶不及天黑前下到公路上，就问：“这里有没有种花椒？我上来目的还是在花椒。”屋主就热心地往屋后一比说：“那里就种了几亩地，现正转红。”又说这里交通不便，唯一的进出通道就是峭壁上的栈道，家家户户都有种些花椒，自己可以吃，也可以当作副业，增加几百元收入。此时只见有人背着电视机走了上来，他们互相打了招呼。屋主说他们就是住在山顶上的人家，是彝族，还说他们这里修房子的一砖一瓦也是这样背上来的，若恰好邻居的马有空就可以用马驮上来，能少走几趟。

信步走去上面一点的花椒林，为花椒拍一些照片，同时记录一下周边环境。这里种的是南路椒，树龄 3~5 年，挂果状况尚未进入丰产，但椒树看起来都相当健康。受限于时间，做完记录之后只能开始往山下走，也向屋主道别。

↓金口河大峡谷如山水画般的风景。

↑绝壁上的骡马道是前往金口河峡谷旁高山顶古路村的唯一通道。

一路下到公路边，问杂货店老板有没有车到金口河城区，老板一看时间，快五点了，说这时候只能碰运气，因为大峡谷这段路虽然连接金口河和乌斯河两地，却没有客运车，只有碰运气等私家车。后来决定往城区方向走，沿路碰运气，打算没打到车，至少也可以走到城里。还好，走了1小时左右就顺利打到车，傍晚6点左右就回到城里。后来一查，回城的路程有十几公里，若没搭到车我就要再走2~3小时才能到城区。

产 地 资 讯

产地：雅安市·汉源县

花椒品种：南路花椒

风味品种：橙皮味花椒——柳橙皮味

地方名：贡椒、黎椒、清溪椒、红花椒。

分布：清溪镇（含原建黎乡）、富庄镇（含原西溪乡）、宜东镇（含原梨园乡、三交乡）。

产季：干花椒为每年农历7~8月，大约是阳历8月上旬到9月下旬或10月上旬。

※ **详细风味感官分析见附录二，第283页。**

地理简介：

汉源地处横断山脉北段东缘，海拔在550~4021米，东边的白熊沟与大渡河汇合处最低，西北部与甘孜州的泸定县交界的马鞍山最高。东北缘是邛崃山脉南支的大相岭，西北缘是邛崃山脉的飞越岭，南面则是大凉山群峰。大渡河由东往西横穿县境，流沙河纵贯南北，形成了四周高山环绕、中部河谷低缓的地势。

气候简介：

全县属于北温带与季风带之间的亚热带季风性湿润气候，冬暖夏热，四季分明。四周环山，谷深岭高，加之大相岭东北亘阻，汉源有大凉山北部大陆气候特点，高地寒冷，河谷炎热，雨量偏少且不均，气候垂直变化十分显著，瀑布沟的人工湖形成后，汉源气候变得更加独特。县城年平均气温17.9℃，无霜期300天，年累积日照时数1475.8小时，年均降雨量741.8毫米。

顺游景点：

清溪古镇、清溪文庙、清溪古道遗址、九襄节孝石牌坊、汉源春色（指九襄镇春季风光）、南方丝绸之路遗址、茶马古道遗址、王建城遗址、富林文化遗址等。

○雅安市 ●重庆市 ○凉山彝族自治州 ○攀枝花市 ○甘孜藏族自治州 ○阿坝藏族羌族自治州 ○青花椒产区 ○青花椒新兴产区

02. 重庆市 江津区

江津距重庆市中心只有一个多小时的车程，是一个历史文化悠久的城市，因为地处长江要津而得名，又在江津城区受鼎山阻挡转而向北，环鼎山绕了一个“几”字形的大弯，因此江津又有“几江”之名。

江津是四川、重庆地区交通极为便利的青花椒产区，青花椒产业的发展历史不长，1970 年从云贵川地区选了青花椒、狗屎椒等六七种青花椒品种尝试性种植，到 1978 年，江津选定种植云南竹叶青花椒，第一批种植 500 株，整个青花椒产业直到 1995 年才顺利推广开，种植历史虽不如其他青花椒种植区，却是最早规模化种植成功的产区。

不到 30 年，江津不仅创造出一个全新的青花椒产业，更让原本没有使用青花椒传统的川菜出现全新的青花椒味风靡全大陆，2004 年受颁“中国花椒之乡”的美誉。自 2005 年起，江津青花椒成为中国国家地理标志产品，现在的江津花椒已是国内青花椒种植产业的第一品牌。

江津地区原本出名的是种植属于广柑的“锦橙”又名“几橙”，在花椒产业兴盛后，原本以广柑为大宗产品的山坡丘陵冒出了一片片花椒林，加上花椒对种植环境要求

↓长江不仅在江津城区拐了个大弯，在前后也是转了好几个大弯。

↑江津先锋镇的大片九叶青花椒林。

较低，只要不积水的边边角角或较陡的斜坡都能种植，因此往西出江津城区就随处可见青花椒，目前发展最蓬勃的要属先锋镇及其周边。

近十年整个江津区都是国内单一区县青花椒种植规模最大的产区，超过 50 万亩，约占重庆市花椒种植总面积 110 万亩的 45%，更在 2004 年成立了专门的花椒种植技术改良小组，对全区花椒进行了种植与管理的改良，发展出高密度种植法、高强度修枝技术，每一亩可以种 100 棵以上的花椒树。在种植管理技术的加持下江津年产鲜青花椒近 30 万吨，分别加工成冷冻保鲜青花椒、青花椒油、干青花椒及其他的深加工产品，通常 3.5~4.5 千克鲜青花椒可以晒出 1 千克干的青花椒，年产干青花椒超过万吨。

江津地区的花椒产业以农民个体栽种为主，早期到了产季就需要集散地，既方便收购商也方便椒农。先锋镇的杨家店位于产区的交通要道也是腹地，自然成为交易集散地。杨家店位于 107 省道上，是前往泸州、贵州的必经之地，又恰好是先锋镇及周边花椒种植区的中心点，自此每年 5 月中旬到 8 月上旬的杨家店每天大小货车川流不息，现已在早期交易点不远处建成西南最大的青花椒交易中心。

青花椒种植成为产业的历史虽短，有记录的历史却相当悠久，元朝时就有相关记录，至今已有六七百年。江津地区运用传承经验加上现代农业技术培育出品质风味优良的“九叶青花椒”品种，具有椒香浓郁、麻

↑先锋镇的杨家店不大，却因位于交通要道而成为青花椒交易的集散地，图为 2012 年的临时交易点，现已建成全新的交易中心。

↑ 2010 年以前花椒采摘、晒制与粗加工都以人力为主，现都改用烘干设备与机器筛选。

味纯正的特点，加上突出的浓缩感柠檬香味与明显的花香感而广受喜爱。

有了优良品种，再加上江津地区的气候、环境的独特性，江津青花椒可以比其他地区提前 20~30 天上市，因此总能占到市场先机取得市场的议价权，而无穷的商机促使江津地区成为椒农最密集的地区，几乎每 10 个农民就有 6 个是椒农。

除了种植与环境具有优势以外，江津地区的花椒相关企业研发花椒周边商品的能力也十分强，目前已经涉及的领域有生物、医药、日用化工、香精香料、食品添加剂和复合调味品等领域，使青花椒跳出单一的入药与调味功用。

在江津地区，因为青花椒的种植，让当地人对青花椒的风味情有独钟。全川都吃得到的豆花饭蘸碟到了江津就是不一样，有着鲜明、香麻、爽神的青花椒滋味，用量巧妙避开青花椒多了味会压过香辣酱的问题，调出香辣味与青花椒香麻协调的豆花蘸碟让人回味再三。又如江津小馆子的“鱼香肉丝”也加了青花椒，麻感明显，青花椒香味柔和，整体既保有酸香微辣带甜的鱼香特色，又有别于传统。

也因此你问江津人说你对红花椒的印象如何？他们多半会告诉你说：红花椒带有木臭味，不香。的确，红花椒的基本味就是属于木质的香气，而青花椒是属于草藤类的香气，两者风格特点完全不同，只能说各有偏好。江津人还发现用青花椒炒制麻辣火锅底料会让汤色发黑，因此炒制底料时必须用红花椒，青花椒则是配置汤锅时才加入锅中同煮。

◆ 花椒龙门阵

据传，在非洲毛里求斯共和国（Republic of Mauritius）海岸曾打捞出一艘 300 多年前沉没的荷兰东印度公司的商船，在打捞起来的物品中发现了一个依稀可见“巴蜀江洲府”（江津古称江洲）字样的桶子，因为密封得极佳而费了一番功夫才打开，打开后发现装着花椒，据说打开时还有香气。

↑ 先锋镇的资深椒农徐师傅，从青花椒一引进江津就开始种，有 20 多年了。产季后，他还是常到椒园中看看修剪后的青花椒树长得如何，就像照顾小孩一样。

产 地 资 讯

产地：重庆市·江津区

花椒品种：九叶青花椒

风味品种：柠檬皮味花椒

地方名：九叶青、麻椒、香椒子、青花椒。

分布：蔡家、嘉平、先锋、李市、慈云、白沙、石门、吴滩、朱羊、贾嗣、杜市等镇（街）。

产季：保鲜花椒为每年农历 3 月中旬到 5 月上旬，大约是阳历 4 月下旬到 6 月上旬。干花椒为每年农历 5 月到 6 月之间，大约是阳历 6 月到 7 月中旬。

※ 详细风味感官分析见附录二，第 290 页。

地理简介：

江津区境内丘陵起伏，地貌以丘陵兼具低山为主，地形南高北低，最低处在珞璜十坝，海拔 178.5 米；最高点四面山的蜈蚣坝，海拔 1709.4 米。

气候简介：

江津区气候特征与重庆相近，都属北半球亚热带季风气候区，全年气候温和，四季分明，雨量充沛，日照足，无霜期长。

顺游景点：

四面山景区、塘河古镇、中山古镇、白沙古镇、黑石山景区。江津城区有江公享堂、圣泉寺遗址、石佛寺、莲花石以及鼎山等人文和自然景观。

↑ 位于长江边的码头与大排档，是江津城区休闲、聚会小酌的好去处。

03. 重庆市 璧山区

↑璧山县城离重庆城区很近，因此城区的发展相当快速。

↑时值秋冬之际，青花椒种植基地依旧一片青葱翠绿。

璧山县位于重庆市西边，南边与江津区相接，是川西、川南及重庆西部各县市到重庆市中心的交通要道。据清同治四年的《璧山县志》记载，璧山地区是“形如柳叶，四壁皆山，外高中平”，按此推测这或许就是“璧山”一名的由来。从重庆市区搭客运车到璧山县城相当便捷，一天有一二十班车，一个小时左右就可到达。

璧山县因江津的影响，九叶青花椒产业发展虽然2002年才开始但也相当蓬勃，是目前重庆重要青花椒产地之一。在璧山，青花椒产业模式不同于江津，以集中承包土地的方式进行青花椒的规模种植，再通过科学管理，大量利用农村闲置土地，让青花椒的种植能发挥规模经济的效益。也因为采集中承包土地种植，种植改良与管理的力量更集中而有效率，单位产地的产量得以提高，且成熟的青花椒颗粒大、含油高，颜色和香味都相对优良而受到花椒商的青睐。

改良种植管理的影响力不仅是在青花椒成品上，璧山县的九叶青花椒因管理、培育得当，使得原本在秋冬之际基本上要掉光树叶的青花椒树，经过多年的培育后，秋冬季已经不太掉叶子了，可说是四季常青，只要是青花椒的种植基地，总是一片青葱翠绿。

走进青花椒种植基地，眼前是一片绿意盎然，与其他秋季后的青花椒基地相比，让人误以为春天要来了。种植区离城区仅约5公里，就从城区的平坝地貌转变成明显的

↑红苕粉传统作坊罗师傅说，从红苕到做成红苕粉，有太阳的天气要 8~9 天，若老是阴天就要 10~12 天。

丘陵地貌，确实是“四壁皆山”。放眼所及的山包（指土丘状、极低矮的山，大多只有 10~30 米高）上都是成片的花椒林，目前璧山县种植总面积在 10 万亩（66.67 平方千米）左右。

采风过程中巧遇红苕（红薯）粉的传统作坊“来龙加工粉”，据该作坊罗师傅说，从红苕到做成红苕粉，有太阳的天气要 8~9 天，若老是阴天就要 10~12 天。因为要先将红苕去皮加水磨成红苕浆，接着静置在大缸中沉淀 3 天后将上层的水倒去，挖起掰成小块晾 2~3 天到全干，打成粉后才能和水做成粉条，做好的红苕粉条要再晾 3 天（有太阳）至 5 天（阴天）至干燥才算成品，随意的闲聊才发现被我大口吃掉的红苕粉要花这么多功夫！

九叶青花椒在璧山的种植发展近 20 年，算是相当稳定成熟，但有趣的是青花椒这股流行风，好像没吹进璧山县城的菜市场，不论是干杂店还是标榜专卖花椒的店面，几乎将这个菜市场中有卖青花椒的店家全问遍了，居然都没有人卖璧山青花椒，卖的都是外地青花椒！即使就种在几千米外而已，问知不知道璧山青花椒种得相当多，多半回答说有种但不清楚多还是少。这情形让我感到相当可惜，表示说消费市场全然漠视产地问题，即使当地花椒质量相对不错。也或许另有原因，就是“别人的比较好”心态，只要有人起哄说那个产地好，市场就都卖那个“产地”的花椒，实际上是不是只有卖的人才晓得。

这种情况是我进行花椒的研究采风时的最大困扰，当地人不了解当地物产，背后的原因是质量不佳，还只是单纯的不了解？如何让一般的外地人对这产地的青花椒有信心！我的经验与观察告诉我青花椒产业的从业者才是形成这种现象的关键，也就是从业者有没有将产地当作品牌力的一部分，否则他会耕耘产地市场，让产地的人们都认识自己县里种的花椒优点并引以为傲，这样广大的产地消费者就成了最佳的宣传者。

青花椒产业的问题，可以说是错综复杂，但总结各地发展情况，椒农多强调种植与产量却不知道花椒特色及要将青花椒卖到哪里！市场的开拓是发展花椒产业的关键，而市场要变大就是要让省外的大众爱上花椒的香气而忽略陌生的花椒麻味，如何让省外的大众爱上花椒的香气？唯有老办法就是要提供足够的知识资讯培育市场。

↑青花椒产地就在城边上，问了整个菜市场中有卖花椒的干货店，答案只有一个：璧山的没有，其他地方的要不要？

↑璧山乡村农民推着推车沿街售卖辣椒及自己种的干青花椒。

产 地 资 讯

产地：重庆市・璧山区

花椒品种：九叶青花椒

风味品种：柠檬皮味花椒

地方名：九叶青、麻椒、香椒子、青花椒。

分布：三合镇、福禄镇、河边镇、丹凤镇、大路镇、璧城街道、璧泉街道。

产季：保鲜花椒为每年农历 3 月中旬到 5 月上旬，大约是阳历 4 月下旬到 6 月上旬。干花椒为每年农历 5 月到 6 月之间，大约是阳历 6 月到 7 月中旬。

※ 详细风味感官分析见附录二，第 291 页。

地理简介：

花椒产地的地质构造属川东南弧形构造带，介于华蓥山东山的温塘峡背与西山沥青峡背之间。海拔介于 500～885 米之间，中部系丘陵地带，海拔 270～400 米。境内有长江一级支流璧南河，还有璧北河、梅江河。

气候简介：

璧山县地处中亚热带湿润季风气候区，气候湿润，雨量充沛，四季分明。具有春旱、夏热、秋迟、冬暖、无霜期长以及风速小、湿度大、日照少、云雾绵雨多的特点。

顺游景点：

大成殿、云坪古寨、古老寨、铁围寨、云台寨、大茅寨、五云寨、云峰寨、渝西老关、翰林院。

↑璧山的红烧肥肠烂糯辛香微辣，十分美味、下饭。

04. 重庆市 酉阳土家族苗族自治县

酉阳土家族苗族自治县位于重庆东南边陲的武陵山区，重庆、湖北、湖南、贵州四个省（市）在酉阳相接壤。县城距重庆市区约370千米，全程高速公路，县城沿南北向狭长的山谷发展且是重庆市面积最大的县，是少数民族自治县，以土家族为主，苗族次之，其他还有16个少数民族，而酉阳东边的酉水河被喻为土家族的文化摇篮。

↑中午从重庆市出发，傍晚到酉阳，灯光绚烂的桃花源广场让人印象深刻。

酉阳县位于武陵山区中，整体的自然环境优异而获得重庆市的森林城市称号，且获“转型2011联合国宜居生态城市”和“中国最佳绿色旅游名县”等多项突显其优异自然环境的称号，也因此酉阳的旅游景点相当多，在城区就有天坑地形的“桃花源景区”，森林公园或地质公园更多，有百里乌江画廊、翠屏山、金银山、巴尔盖国家森林公园、桃坡丹霞地质公园、笋岩大峡谷、大板营原始森林等。其实在高速公路通车前，酉阳是一个交通十分不便的地区，加上山区地形开发速度较慢而幸运地保留了许多古镇、古寨，如龙潭古镇、龚滩古镇、后溪古镇、石泉古苗寨、河湾古寨等。

↑酉阳城区恬静的“酉州晓堤”。

↑ 酉阳后溪镇的环境属于小家碧玉型的美，加上陈师傅的用心，成片的青花椒树展现出旺盛的生命力。

↑ 酉阳的良好环境加上良好的管理技术支持，让青花椒产业拥有极佳的发展前景。

酉阳发展青花椒的历史相当短，2008 年才正式全力发展，得益于良好的天然环境与正确的发展策略，截至 2020 年全县的种植面积已超过 25 万亩。在酉阳采访时巧遇带动酉阳青花椒产业发展的重庆和信农业发展有限公司的技术工程师，本身是江津人的陈师傅，他指出酉阳的良好环境加上政府的支持，让青花椒的种植产业拥有绝佳的发展基础。

酉阳一开始发展青花椒产业，就是由和信公司提供种植技术与具有保障的收购条件，而快速带动了农民投入的热情，在经过初期发展——重视扩张栽种使得人力培养跟不上，椒林管理技术只能边扩张、边修正、边教育的阶段后，现在酉阳青花椒的品质、管理都已到位。关于种植开发陈师傅说，虽然一样是种江津的九叶青花椒，但环境、土壤不一样，刚发展的几年都在进行培育、改良花椒树体质与修枝管理方法。另外，若是花椒树单位产量变大则青花椒品质会下降，若降低单位产量提高品质后，对应当前市场价格，产量又不足以平衡种植成本，找出最佳平

↓ 酉阳花椒基地全景。

衡点是最大的困难，偏偏在林木种植领域，做任何的改变、试验都要等上一整年的时间才知道结果如何。当时陈师傅以有点沉重的玩笑话说：“做梦都在想着如何克服这些困难！”

当天陈师傅是到后溪的青花椒基地，为椒农的椒树“看病”，顺便观察一下一些经过调整管理方式的椒树状况。上到花椒基地，酉阳后溪镇的环境还真美，一种返璞归真的美，让我觉得像是到了世外桃源！那些种在山包（丘陵小山）上的青花椒，呈现出一种匀称的美，像是在山包上铺上绿色绒毯。

一路上与陈师傅摆龙门阵，说到我想要酉阳这边的青花椒样品时，陈师傅马上说城里头他们公司就有，他们公司有自己的品牌“武陵天椒”。一路散步到后溪古镇，古镇不大，以前是个繁荣的水码头，现在还可以搭船游河，但因未被完全开发而独具古朴感，让人流连。用过中饭后不久就返回城区，后溪古镇距城关有 90 多千米，坐农村客运需 2 个多小时。

桃花源景区就在酉阳城区边上，是高速公路下来后入城区必经之处，现周边已开发成住宿、观光、购物的大型休闲商业区，极富游玩价值。但对于城市到农村的少数民族风情不浓感到不解，因这里是土家族、苗族聚居地，后来与当地人闲摆后才了解到酉阳地区的土家族、苗族汉化得早且程度深，除了少数生活习惯与习俗信仰外，外在看得到的服饰等基本上已经完全汉化了。想了解土家族、苗族风情要在几个特定的节日才有机会体验，如已经列入大陆国家级非物质文化遗产名录的“酉阳土家摆手舞、酉阳民歌、酉阳古歌”等，以及“梯玛跳神”及“面具阳戏”等传统仪式与戏曲。

↓后溪古镇目前正在开发中，没什么人，反而可以好好享受质朴的古镇风情。

产 地 资 讯

产地： 重庆市·酉阳土家族苗族自治县
花椒品种： 九叶青花椒
风味品种： 柠檬皮味花椒
地方名： 九叶青、青花椒、麻椒、香椒子。
分布： 全县都有种植，以酉酬镇、后溪镇、麻旺镇、小河镇、泔溪镇、龙潭镇为主。
产季： 保鲜花椒为每年农历 3 月中旬到 5 月上旬，大约是阳历 4 月下旬到 6 月上旬。干花椒为每年农历 5 月到 6 月之间，大约是阳历 6 月到 7 月中旬。

※ 详细风味感官分析见附录二，第 291 页。

▌地理简介：

地处重庆市东南边陲的武陵山区，地势中部高，东西两侧低。东北部一般海拔 300～700 米，西部为低中山区，海拔 400～600 米，中部为中高山区，海拔600～1800 米。全县最高海拔 1895 米，最低海拔 260 米，是重庆市面积最大的县，西面有乌江，东面有酉水河。

▌气候简介：

酉阳属亚热带湿润季风气候区，地形性气候独特，全年雨量充沛，冬暖夏凉，空气清新，四季宜人，平地年平均气温约为 17℃，年降雨量一般在 1000～1500 毫米。

▌顺游景点：

酉阳桃花源、龙潭古镇、龚滩古镇、后溪古镇、酉水河、苍蒲盖大草原、龙洞坪大草原、腾龙洞、伏羲洞、八仙洞、永和寺、龙头山云海、石泉古苗寨、河湾古寨、百里乌江画廊、翠屏山、金银山、巴尔盖国家森林公园、桃坡丹霞地质公园、笋岩大峡谷、大板营原始森林等。

↓ 龚滩古镇名景：酉阳名景“千里乌江，百里画廊”的起点。

↑ 就在酉阳县城边上的桃花源石灰岩溶洞景区。

05. 凉山彝族自治州 西昌市

一提到西昌，大家想到的应该都是蓝天白云的美丽邛海景致，或是在炎夏登泸山览美景、图清凉，也许想到的是邛海小渔村的烧烤美味……，殊不知今日西昌远在唐朝时就设置建昌府，元朝时设置建昌路，明朝改名为卫，到清朝雍正六年时设置西昌县，县名由来是今日的西昌城在唐代建昌旧城的西边而得名。

西昌是凉山彝族自治州州政府的所在地，因位于川南山地高原1500米上的安宁河平原中，因此冬无酷寒、夏季舒爽，气候宜人阳光普照，有“小春城”之称，对天气总是阴沉的成都地区、川西盆地来说，这里就是一个“太阳城”，时时充满让人愉悦的阳光。也因为气候适宜，加上地理位置恰当，这里的空气总是清新无瑕，到了晚上一抬头月亮是又圆又大，让西昌多了一个“月亮城”的名号。此外西昌的地理位置是发射火箭到太空的极佳位置，因而设有卫星发射基地，让西昌又名“航天城”。

↑美丽的邛海景致在蓝天白云的衬托下宛若仙境。

↑在彝族区，每个县市都有一个火把广场，是每年举行彝族火把节的地方。图为西昌的火把广场。

↑西昌市海南乡的青花椒种植区。

在市区对西昌的感受是一座繁华的休闲城市，置身其中很难想象其有蓬勃的农林业，加上众多的美景更让人忽略其农林业。只需走出西昌城区就会发现周边平原是重要的高海拔蔬菜产地，海拔1700米以下的低山缓坡区就分布着许多青花椒林，特别是邛海南边的几个乡镇，得益于邛海的水气，青花椒种植相对蓬勃。而上到海拔1800米以上的山地缓坡处，就有种西路花椒大红袍，但没有大规模的种植，以零星种植为主。

花椒的种植辛苦且耗费人力，相对收入也不是特别高，因此西昌地区的花椒产业发展呈现的是椒农各自努力的现象，因城市化及发达的旅游业，人们对于辛苦又费力的花椒产业兴趣不高，这是其发展较不积极的关键因素。虽然种花椒不积极，但吃花椒可一点也不含糊，这里的小吃饮食受云南的影响而喜欢吃米线，特别是肥肠米线，西昌的米线都是原汤原味端上来，连盐巴都不加，但在桌上你可以见到近10种调味料，有盐、味精、豆瓣酱、花椒粉、辣椒粉、糍粑辣椒、咸菜、醋、大蒜等。吃食的时候可以先喝一口原汤，接着才按个人喜好加入各种调料，可以咸鲜味美，也可以麻辣过瘾，难怪西昌人一天没吃米线就浑身不对劲。

西昌最引人注目的还是旅游，其特色是彝族风情特别浓郁，湖光山色特别美，到西昌最不能错过的是一年一度的彝族火把节狂欢，一般在每年的农历6月24日，只有参与过才能体会这俗称为“中国狂欢节”的魅力所在。

↑西昌市的红花椒多种植在海拔2000米左右的山上，且多属于家庭式小量种植。

↑可以咸鲜味美，也可以麻辣过瘾的米线，西昌人一天没吃就浑身不对劲。

若是想要享受西昌的安逸与悠闲，就要避开火把节。西昌一年四季都适合旅游，其中邛海景区是必游景点，邛海水质清澈透明，为四川省第二大淡水湖，离西昌市中心只有 7 公里，它的西边就是著名的泸山景区，登上泸山欣赏山光云影、千顷碧绿总能让人忘却烦忧。

邛海边的湿地保护区公园是享受西昌特色烤肉美食或彝族风情餐之后散步赏景的好去处，这里的风味菜如乳猪砣砣肉、酸菜土豆鸡、荞麦饼、彝家馍肉、连渣菜、彝家辣子鸡等都是推荐一尝的特色，傍晚时分凉风袭来，与三五好友散步其中，说说笑笑十分惬意。若是事前准备充分，建议大家可以将餐点、酒水备好，租艘船边游湖边享用美食美酒，美食、好酒、凉风与夕阳到月光摇曳，人间天堂不过如此啊！

↑散步邛海边可见农人在采菱角。

↑ 邛海边的湿地保护区公园规划相当完善，一步一景让人安逸。

产 地 资 讯

产地： 凉山彝族自治州·西昌市
花椒品种： 金阳青花椒
风味品种： 莱姆皮味花椒
地方名： 青花椒、麻椒、椒子。
分布： 海南乡、洛古波乡、磨盘乡、大菁乡等。
产季： 干花椒为每年农历 6 月中旬到 8 月上旬，大约是阳历 7 月中旬到 9 月中旬。
※ 详细风味感官分析见附录二，第 291 页。

地理简介：

西昌位于川西南，海拔介于 1500～2500 米高原上的四川第二大平原安宁河平原腹地上，四周高山环绕，呈盆地状的地形。

气候简介：

属于亚热带高原季风气候区，具有冬暖夏凉、四季如春、雨量充沛、降雨集中，日照充足、光热资源丰富等特点。白天太阳辐射强，昼夜温差大。

顺游景点：

邛海景区、泸山景区、西昌卫星发射基地、黄联关土林景区、凉山彝族火把节。

↑ 体验彝族风情只需一顿彝族餐，即可令人难以忘怀。

06. 凉山彝族自治州 昭觉县

昭觉县位于四川西南，是大凉山的腹心，在西昌东面100公里处，县城海拔高度约2080米。“昭觉”发音在彝语的意思是山鹰的坝子（平地、平原），是前往凉山州东边的美姑、雷波、金阳、布拖等县的必经之地，可说是凉山州东部的重要交通枢纽与物资集散地。昭觉也是全国最大的彝族聚居县，曾一度是凉山彝族自治州的州府所在地，彝族人的风俗民情古朴而多姿多彩，与特色鲜明的人文景观在这里汇聚、展现，有凉山彝族历史文化中心之称，有俗话说“不到昭觉不算到凉山”。

走在昭觉县城的街上，放眼望去尽是穿着彝族传统服饰的彝族人，那种既热情又神秘的彝族风情震撼让人难忘，记得一次在昭觉山上拍花椒时，因前天晚上下雨，满地泥泞，本想走上一个土丘，只见一位彝族的老大爷用生涩又腼腆的普通话轻轻说：“不要上去，地很滑”。说实在的当下真听不懂他说什么，只是对他微笑，就往土丘上走，没走几步路，人就滑倒了，还一路滑下来，基于摄影

↓昭觉是全国最大的彝族聚居县，一入县境就可感受到，到了县城更是风情浓郁。图为县城里彝族羊毛披毡传统作坊。

↑ 在山上拍摄花椒时，遇到多雨的天气总是会有“意外”！

师保护相机的本能，倒下去的瞬间让身体只有左边着地（右手持相机），却也因此搞得左半身和左半脸全是泥。这时彝族的老大爷二话不说走过来，就用他那毛帽帮我把脸上的泥巴擦干净，又简单地帮我把身上其他泥巴比较多的地方清理了一下，心里是一阵感动。临走时他还一直邀我到他屋里坐坐。

因为昭觉县境内平均海拔高度在2170米左右，因此可以说处处能种红花椒，但按土地的利用效益来说缓坡地是主要种植地，平坦的地方多是种植高冷蔬菜、土豆、水稻及彝族传统作物“苦荞麦”。全县苦荞麦平均年

◎ 产地风情

彝族特色产品有木制漆器餐具、酒具、茶具和民族民间工艺品四大类，颜色上以黑红黄为主。黑色代表彝族的诚实、忠厚，为主色，红色代表勇敢，黄色代表吉祥。

产 19000 吨，是全国最大的苦荞麦产区。苦荞麦含有各种维生素、微量元素、营养素及 18 种人体必需氨基酸，所含营养之丰富、完整被誉为“五谷之王”，是彝族人的主食，因为营养完整，彝族传统三餐就只吃肉和苦荞麦，几乎不吃蔬菜却人人健康，还有原因是早期高山上没什么蔬菜可吃。

昭觉主要种植西路红花椒，传统的种植方式多是在屋前屋后种上几十棵，经济开放后开始有较大面积的栽种，目前全县种植面积超过 5000 亩，主要分布在树坪乡、四开乡等。像是县城后方靠山的坡地上就零零星星种了一些，从四开乡到树坪乡，沿着公路就可以看到家家户户都种了红花椒，一些较缓的山坡上也种满了花椒。

因为山高、日照充足，昭觉的南路花椒带有些许独特的西路花椒腥异味，这气味会随时间明显变淡，一段时间后就只有南路花椒气味，但滋味具有木香味、木腥味鲜明，麻感、苦度明显的特色。昭觉县除高山平原外的山势普遍高陡，使花椒的发展受到局限，未开发的山地相对广大，却也使得野生药用植物资源相当丰富，目前已查明的药用植物有 65 个科、132 个品种，野生药蕴藏量估计超过 1800 吨，走在县城的市场中，就能见到山上农民自采售卖的野生天麻等多种药用植物。

◎ 产地风情

【传承彝族文化的布拖银饰工匠】

布拖是昭觉县南边的一个县，花椒种植相当零星，尚没有较具规模的经济种植。在布拖的县城里巧遇彝族传统银饰的隐世大师，他是祖传第 16 代，名叫“沙日勒古”，自豪地向我解释说彝语中“勒古”的意思就是技艺高超的工匠，他祖先就是因为工艺高超而被认可使用“勒古”为姓的银饰工匠。彝族银饰一般分为头片与胸片，手工打制一套银饰需要 1~2 个月。勒古师傅是布拖县保护级的工匠大师，常受政府的邀请出访并表演彝族的银饰工艺。

↓县城的晒坝全晒起了花椒，旁边也有零星的花椒摊。

产 地 资 讯

产地：凉山彝族自治州·昭觉县

花椒品种：南路花椒

风味品种：橘皮味花椒

地方名：花椒、大红袍花椒、红椒。

分布：树坪乡、四开乡、柳且乡、大坝乡、地莫乡、特布洛乡、塘且乡。

产季：干花椒为每年农历 7 月到 8 月，大约是阳历 8 月到 9 月下旬。

※ 详细风味感官分析见附录二，第283页。

▌地理简介：

昭觉县地形西高东低，有低山、低中山、中山、山间盆地、阶地、河漫滩地、洪积扇等地形。以山原为主，占总面积的九成左右，最高海拔 3873 米，最低海拔 520 米，平均海拔 2170 米。

▌气候简介：

属中亚热带气候滇北气候区，常年平均气温 10.9℃，降雨量 1021 毫米，年累积日照 1865 小时。气候复杂多样，随着海拔由低到高形成了中亚热带、北亚热带、南温带和北温带等多个气候带。

▌顺游景点：

可以体验昭觉“彝族服饰之乡”“彝族文化走廊”“骏马之乡”“彝族民间文化宝库”之风韵，还有军屯遗址、博什瓦黑岩画、昭觉科且土司衙门遗址、东汉石表、竹核温泉。

↓进入昭觉县四开乡后，沿着公路就可见家家户户都种了红花椒，较缓的山坡上也种满了花椒。

○雅安市 ○重庆市 ●凉山彝族自治州 ○攀枝花市 ○甘孜藏族自治州 ○阿坝藏族羌族自治州 ○青花椒产区 ○青花椒新兴产区

07. 凉山彝族自治州 美姑县

完全处于山区的美姑，其交通相当闭塞，从西昌到美姑虽然只有170公里，搭客运车却要花4~5小时。若从成都走乐山进美姑就要先经马边县再到美姑，“运气好的话”一天可以到达；还有第三种方式就是从宜宾坐车到雷波县，雷波往美姑一天有一班车，在雷波住一晚再坐班车到美姑，当时遇上行经路段在修路，对车辆采用分时段放行，加上路况极差，120公里坐了6小时车，只能安慰自己说，比走路快！好消息是乐山经美姑、昭觉到西昌的高速公路将于2025年通

↑ 因群山环绕而美的美姑县城，却受困于交通路况。

车，届时西昌或乐山到美姑都只要一个小时。

美姑目前也是土豆的重点产区，虽有花椒种植传统，农民也多少有花椒种植的经验，但产业发展历史不长，只有 30 多年，产业发展起来后产出的花椒质量都在水准之上，带有诱人的柑橘味，麻感也是爽麻巴适。

美姑地区总的来说花椒品质不差，但产地名气不高，因此许多人只知道美姑大风顶自然保护区有大猫熊，提到花椒就一脸茫然，即使是在西昌问干杂花椒商铺也一样，更不要说凉山州以外的大众会知道。目前美姑的花椒产量已经具有经济规模，鲜的红花椒年产量已经超过 100 万千克，约 1000 吨，在佐戈依达、巴普、龙门等乡镇都有规模种植红花椒，促进花椒产业规模的发展。

但美姑花椒受限于山区地形，加上主要经济作物仍然是玉米、土豆、苦荞麦等，成片种植得少，多半是在田边、缓坡或畸零地栽种花椒，因此种植分散，加上没有足够的平坝晒制花椒或设置烘干设备，一直以来美姑的椒农都是与收购商交易新鲜花椒，一般采收后最慢隔天就要背下山到县城的街上兜售，或是在公路边等收购商来收购，收购商在产季就沿着美姑唯一的交通主干道一路收购。依个人

↓ 美姑受限于地形及主要经济作物为玉米、苦荞麦等，多半是在畸零地栽种花椒，种植分散，交易方式为背下山到县城的街上兜售，或是在公路边等收购商来买。

浅见，整合资源、突出无公害环境优势、打出“美姑”这一品牌，是提升椒农收入的唯一方向。

除了红花椒，近几年美姑也开始发展青花椒种植，分别在海拔较低、年均温较高的乐约、柳洪等乡，主要利用沟坝河谷地带发展、建设青花椒基地。

美姑因为开发相对晚，保留了许多独特的生活饮食风情，像是过彝族年时杀的猪肉要用一种叫“圈鸡草”的草烧掉家禽家畜的毛，这祖传的程序，让肉吃起来有特别的好味道，即使用开水烫猪毛，烫好后还是要用圈鸡草烧一次。而现今生活条件较好，平日也会用这种方式处理鸡，但就不如彝族过年时讲究，主要就是用些草木或废纸生火，然后将放完血的鸡放上去烧，烧的时候还是有技巧的，只能让鸡毛刚好烧掉、皮略缩而不能焦熟，接下来就可以洗净烹调食用。

就在离开美姑时，发现客运车在偏远地区的另一个重要功能，就是当“快递”！因为交通不便、邮政功能有限，当只是要送点东西给亲朋好友时，人们就会在路边等客运车，将物品托付给开车师傅或随车售票师傅，并留下姓名电话麻烦他们在某地停一下有人会取，这算是客运车的另类便民服务。但遇过最特别的是有人把客运车当“运钞车”，托开车师傅“送钱”！一听是钱，开车师傅急忙将东西还给对方，直说钱这东西太敏感了，容易出乱子，一个劲地往外推。

↑美姑往西昌方向的公路沿着河谷而行，目前青花椒的种植也以河谷区为主。

◎ 产地风情

【美姑彝族年的风俗】

在美姑乡村，家家户户在秋收之后都要做百家泡水酒，以便在彝族年时饮用，所谓“百家”是指泡出来的酒要足够让百家以上的人尝到，这酒是代表主人家丰收、喜悦的酒，是好客的彝族人邀大家一起来享受主人家的喜悦与祝福的习俗。此外在彝族年宰杀的年猪不能用来做买卖；过年期间不许拿绿色或青色（包括青菜、白菜之类）的东西进屋；过年后的 7 天内不能使用磨子；过年期间人死了不唱哭丧歌；过年期间不能吵架或打架等。

产 地 资 讯

产地： 凉山彝族自治州・美姑县

花椒品种： 南路花椒

风味品种： 橘皮味花椒

地方名： 花椒、大红袍花椒、红椒。

分布： 巴普镇、佐戈依达乡、巴古乡、龙门乡、牛牛坝乡、典补乡、拖木乡、候古莫乡、峨曲古乡等。

产季： 干花椒为每年农历 7 月到 8 月，大约是阳历 8 月到 9 月下旬。

※详细风味感官分析见附录二，第 284 页。

▌地理简介：

美姑地处青藏高原东南部的横断山脉与四川盆地西南边缘交汇处，境内山峦起伏大，河流纵横。地势由北向南倾斜。东北部最高海拔 4042 米，东南部最低海拔 640 米。

▌气候简介：

境内属低纬度高原性气候，立体气候明显，四季分明，年均气温 11.4℃，常年日照充足，年累积日照 1790.7 小时。雨量充沛，年均降水量 814.6 毫米，但降水量北部多南部少，分布不均。冬季长达 135 天，年均无霜期 125 天。

▌顺游景点：

美姑大风顶国家级自然保护区、黄茅埂高原风光、纳龙风景区、燕子崖、美丽角湖、溜筒河大峡谷、美女峰、龙头山等景区。

↓俯瞰美姑县。

○雅安市 ○重庆市 ●凉山彝族自治州 ○攀枝花市 ○甘孜藏族自治州 ○阿坝藏族羌族自治州 ○青花椒产区 ○青花椒新兴产区

08. 凉山彝族自治州 雷波县

一般来说要进凉山州雷波县的话，从宜宾市进去相对方便一些，路况也好，特别是溪洛渡水电站修好后，因集水区水位上升，进雷波的公路全是新修的，2010 年从宜宾到雷波县城要 3.5 小时左右，现在大约只要 2.5 小时。出宜宾市后沿着金沙江河谷一路南下，经过溪洛渡水电站不久就开始上山，从海拔 400 米左右开始往上爬即可到达位于海拔 1200 米左右、开阔而平缓的半山腰台地上的雷波县城。

雷波这个地名还有故事，据说县西曾有个池塘水质清澈，到了夏天打雷时常打在这池塘，雷声的震波与雷光相激彝族人称其为“磨箕”，汉人则将这池塘叫作“雷波塘”，之后就以这特别的池塘名做县名。另一个故事是相传城内有一水池，夏天打雷常打在这里，电光与波光相激而名为“雷波氹”，雷波县因而得名。《雷波厅志》记载，雷波氹“形圆如规，周五十余丈，潴水清澈，四时不消”。

雷波小叶青花椒特点为皮厚色青、颗粒硕大、麻味纯正，其花香和柑橘香特别明显，是与金阳、江津地区花椒

↓位于海拔 1200 米左右半山腰、开阔而平缓的台地上的雷波县城。

最大的差异。雷波的青花椒树特征与金阳、江津地区也有多处明显的差异，就是花椒树的叶子宽度差不多，长度明显较短，叶尾较钝，生长寿命也短，多只有7~8年。据曾做过花椒苗生意的雷波人说雷波这种小叶青花椒其实与大红袍是相同品种，成熟度不一样而已，但据我的观察觉得不像，这问题还有待植物学专家确认。

雷波青花椒寿命短，使得经济回收效益差，为改善此现象，当地椒农指出他们会到山上找野生的花椒树，野生花椒树结的果是臭的，但可用来作为优质青花椒嫁接的砧木，有些农民甚至想办法自己种野花椒当砧木。雷波山区的野花椒十分耐旱，当地人称作“大叶花椒”或“贼火把”，野生花椒树的耐旱能力可以让嫁接上去的优质青花椒不容易枯死并延长收成年限为15~20年。

此外，雷波县也开发出独具特色的“石榨青花椒油”，不以高温炼制花椒油，而是改良彝族传统蘸水制作工艺，以压榨鲜菜籽油和鲜青花椒为原料，用石制“兑窝”（即石臼）加工后经过3个月的浸渍后过滤而成，成品风味独特、麻味纯正、鲜香四溢。

↑雷波青花椒的特点为叶子相对小而厚。

↑雷波人称作“大叶花椒”或“贼火把”的叶子明显较大而长，叶子正反面的中间都长刺。

↑因地形与水文影响，使金沙江边海拔 800~1000 米的半山腰缓坡是主要农林业区。

↑雷波往西昌、昭觉、美姑、金阳的路况极差，交通是时通时阻，还好堵住不动时有美景相伴。

据当地椒农反映，雷波地区最好的青花椒大多产自海拔 800~1000 米的山上，这高度带的青花椒最香麻。依据他们的经验，种在金沙江边的青花椒虽然离水近，但金沙江河谷属于干热河谷，因此越接近谷底就越热而干燥，让青花椒处于太过干热的地方，结出的花椒果实中美味成分较少。而在海拔 800~1000 米的地方恰好是白天谷底水气蒸腾到空中后，晚上水气回降、聚集的高度，因此沿金沙江河谷常可见到江边青花椒因缺水而无精打采，半山腰上的青花椒树却神采奕奕。

红花椒在雷波主要种在 2000 米上下的半山腰上，种植地区十分分散，种得较多的如北边的菁口乡与最南边的岩脚乡，两地直线距离相距近 60 公里，交通时间需要 3~4 小时。

多年前因溪洛渡水电站的修建，使得雷波往西昌、昭觉、美姑、金阳的路况极差，交通是时通时阻，曾经一早坐上 6 点 30 分的客运车开往美姑，在雨中晃荡约一小时到名为狮子口的地方就堵住不动，一堵就是 8 个多小时。

↑雷波的红花椒。

车上听一乘客无奈地说，前天路封了出不去，昨天车坏了出不去，今天又遇垮塌（塌方）堵在这。8 个多小时后原车回雷波县城，到客运站后绕至车后方取行李才发现客运车的行李车厢居然是破的，我的行李箱满是泥沙，就像从泥巴水里捞出来一样，里面有十几份搜集来的花椒样本，当下差一点流下眼泪。既定行程的不确定性，当天就决定反向走并改变所有行程，改从雷波到乐山，再到峨眉山搭火车进凉山，先去德昌县。若是同样进美姑，那就是原本 120 公里左右的路程变成近 1000 公里！

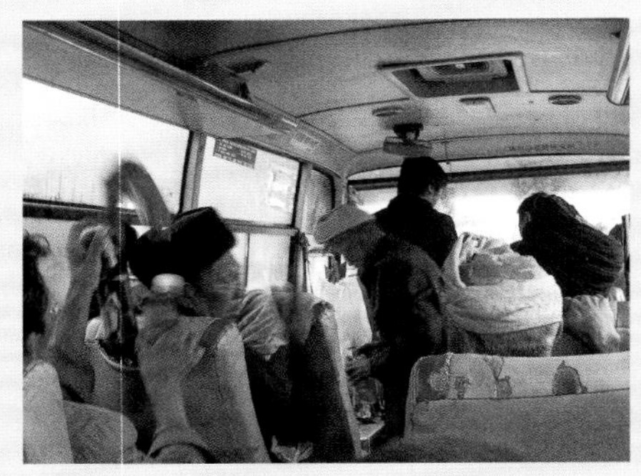
↑彝族人，在车上就像小孩出门郊游一样兴奋，才开车就开始发“啤酒”！不是饮料哦。

虽然沮丧，但在车上也见识到彝族人的乐天性格，早上一群中年彝族人上车后就像小孩出门郊游一样兴奋，车一开动，领头的就开始发“啤酒”，不是饮料哦！一路上聊天嬉笑，我是听不懂，车堵死了，他们还是一样开心地聊天，有人提议说我们“走过去”！走去美姑？我是满满的问号！不久出现了不知道哪里来的小贩，他们就买了些吃的，在车上“用起餐”来了。等久了无聊就在座位上睡了一会儿，恍惚中听到他们一阵吆喝人就往车外走，之后直到原车掉头要回县城了他们都还没出现，到今日我还在想他们真的在雨中走去美姑吗？

产 地 资 讯

产地：凉山彝族自治州·雷波县
花椒品种：雷波小叶青花椒
风味品种：黄柠檬皮味花椒
地方名：青椒、小叶青花椒、青花椒。
分布：渡口乡、回龙场、永盛乡、顺河乡、上田坝乡、白铁坝乡、大坪子乡、谷米乡、一车乡、五官乡、元宝山乡、莫红乡。
产季：保鲜花椒为每年农历5月到6月上旬，大约是阳历6月到7月下旬。干花椒为每年农历6月中到8月之间，大约是阳历7月中旬到9月中旬。
※详细风味感官分析见附录二，第292页。

花椒品种：南路花椒
风味品种：橘皮味花椒
地方名：花椒、大红袍、红椒。
分布：菁口乡、卡哈洛乡、岩脚乡。各乡镇海拔1800米以上的缓坡地，但种植面积较小而分散。
产季：干花椒为每年农历7月到9月，大约是阳历8月到10月。
※详细风味感官分析见附录二，第283页。

▌地理简介：

雷波县境内地形复杂，以山地为主，地势高低悬殊，西高东低，由西向东缓慢倾斜，最高海拔4076.52米（狮子山主峰），最低海拔325.2米（金沙江畔大岩洞谷底），也是全凉山州的最低点。

▌气候简介：

属亚热带山地立体气候，四季分明，垂直变化明显，年平均气温12.2℃，无霜期271天，降水量850.64毫米，全年累积日照1225.2小时。

▌顺游景点：

马湖风景区、黄琅古镇、省级自然保护区嘛咪泽、黄茅埂草场、世界第一高坝电站溪洛渡水电站、乐水湖。

↑从宜宾进雷波会路过世界第一高坝电站——溪洛渡水电站。

09. 凉山彝族自治州 金阳县

金阳县位于川南凉山彝族自治州的东边，隔着金沙江与云南昭通相望，地理上为金沙江北岸，县名就依古代地理分辨概念“山南为阴，水北为阳”命名。金阳县城是位于狮子山下一座叫黑猪洛山的半山腰平坝名“天地坝”的山城，全县的平坝和台地不足全县面积的1%。金阳早在唐宋年间就有青花椒相关记录，独特的经纬度、地理环境、气候和土壤等因素，让金阳成为发展青花椒产业的天然宝地，青花椒的质量、风味至今都是数一数二。

金沙江河谷地带海拔多在500~1500米，是金阳县的粮食和经济作物的主要产区，盛产白魔芋、青花椒、蜡虫，主要经济林木有花椒、油桐、女贞、生漆等。1970年起金阳县就大规模栽种青花椒，截至2019年青花椒种植已遍及全县28个乡镇，面积达100多万亩，年产量10000多吨，是农民主要经济收入，也是金阳县的主要经济产业。

↓位于狮子山下半山腰的金阳县城，又名“天地坝”。

2006年金阳县获得“中国青花椒第一县”和“中国花椒之都”的称号，经2012年的复审后继续保有以上两个称号的殊荣。20多年来青花椒风味菜品被餐饮市场广为接受且十分火爆，如青花椒煮肥牛、石锅三角锋等，质量俱佳的金阳青花椒可以说是市场上的抢手货。

金阳青花椒的品质极佳，交通却极为不便，距西昌200多公里车程却需要花费6~8个小时，从成都坐直达客运班车要12~14小时，从县城到任一个花椒基地的车程1~3小时不等，即使高品质让青花椒产地价维持在最高也未能建立花椒品牌辨识度，也不足以将当地的区域经济提升到足够的高度。欣闻四川凉山西昌至云南昭通的高速公路经过金阳县，预计西昌到金阳交通时间将缩减到1.5小时，期待交通的改善能为金阳县带来经济效益的提升。

↑因先天气候、地理环境与土壤因素让金阳青花椒的品质极佳。

↓派来镇青花椒基地全景。

↑第一次进金阳，从成都搭 11.5 小时火车快车到西昌，隔天从西昌市再搭客运车走 8 小时，最高海拔超过 3000 米的高原山路才到达金阳县城。

记得第一次进金阳花椒产地，是从成都搭火车快车 11.5 小时到西昌，再搭客运车走 8 小时的高原山路到金阳县城，途经最高海拔超过 3000 米的高原公路。从县城搭农村客运车到最近且具规模的派来镇花椒基地需要 1.5 小时，这样的车程时间已经可以将台湾绕超过 2 圈了！这次经验后发现花椒种植多在交通相对不方便的乡镇，并养成了每次出发前就找遍各县的客运交通资讯习惯，以期可以顺利衔接各产地之间的交通问题，其次再决定要在产地停留多久。

地处高原地区，加上金沙江支流的切割，海拔高低差大，金阳县具有亚热带山地立体气候特点，以旱作农业为主。对青花椒来说，该地区的雨量适中，日照时间长，土壤属于红壤土，排水性良好且矿物质含量丰富，各种地理与气候条件都极适合花椒树生长，且主要栽种在海拔 800~1800 米之间的河谷、山谷坡地。在金阳有种红花椒的传统，早期都是零星种植不成规模，近年来也开始在 2000 米以上不能种青花椒的坡地大力种植红花椒，目前以马依足乡的种植较具规模。

↑ 金阳派来镇政府所在地。

↓ 金阳青花椒的最大产地在红联乡，却是山高路险。

↑金沙江边通往县城以南的唯一公路在雷波溪洛渡水电站的修建期间，老公路不久将会被淹没，新公路还在半山腰修筑中，加上当时泥石流灾害刚过不久，路况极差，一路落石不断，心想下一颗落石会有多大？

目前多数青花椒基地都用上了新管理技术，其中的派来镇距县城只有30~40公里，先下到金阳河河谷再接到金沙江河谷南下，溪洛渡水电站修好后金沙江沿岸的新公路变得宽敞舒适，行车在海拔落差达1000米以上的金沙江河谷中，壮丽景观令人震撼！青花椒林也沿着金沙江河谷两岸蔓延。

早期因位于雷波的溪洛渡水电站的修建使得水位大幅上升，既有公路不久将被淹没而新公路正在半山腰修

建中，再加上偶发土石流，说是公路倒不如说是便道，路况极差，大坑小洞连绵不绝，车底不时传来蹦、哐啷的巨响！原来是车轮压到石头弹上来打到客运车底盘，忽然车顶又传来噼哩啪啦的声音！原来是峭壁上有小石头滚了下来，一路提心吊胆，心想下一颗落石会有多大？不远的30~40公里路也走了一个半小时。一转进往派来镇的上山公路，即可见到一片片青花椒林散布在山谷的溪边或斜坡上，往上再走约二十分钟，眼前突然一片开阔，是开阔、坡度相对平缓的山谷，也是派来镇政府所在地。

派来镇的山谷海拔800~1800米，就如捧起的双手，迎向太阳，独特的土壤养分，加上热情的阳光与温度让金阳青花椒麻、香极度诱人。阳光越强、温度越高青花椒的色、香、味越浓。金沙江谷底温度在夏天可高达40℃，加上采收时花椒上不能有露水，采摘时间必须是早上10点到下午6点之间阳光热烈的时段，椒农们必须在犹如烤箱并充满硬刺的花椒树林中穿梭工作，可以说碧绿、清香、爽麻的金阳青花椒是农民的热汗加上炙热阳光烤出来的！这辛苦的真相同时是花椒种植总在交通条件差或经济条件差的地区发展。

金阳县地处高原污染极少、病虫害也少，使得香麻的金阳青花椒近乎有机种植的标准，高品质在2006年被国家认定为“地理标志保护产品”，总体种植面积和产量、质量均位居全国前列而享有“中国青花椒第一县”的美誉。

◎ 产地风情

【金阳彝族风情】

在金阳县派来镇上巧遇当地汉人办儿子的满月宴，知道我是台湾来的，更是他们“亲眼”见过的第一位台湾人，所以希望和我同行的一行人可以入席接受他们的宴请，并带福气给他们，但因时间紧张，只能给予祝福，未能参与那欢庆的一刻。

林业局的朋友以彝族特色料理招待尽地主之谊，席间充分体验了彝族人大口吃肉、大口喝酒的热情。每块坨坨肉足足有2~3两重，是选用在山区天然环境中放养的幼猪煮制，嚼劲十足，肉质却极嫩，肉汁是香的、甜的，现在写来还是猛吞口水，对不习惯大量肉食的外地人而言却是承受不住，更不要说他们的传统坨坨肉一块最少一斤重！席后，彝族人还有个习俗，就是将煮制成坨坨肉这只猪的猪头送给主宾客带回，以示最高的礼遇，当下顺应习俗收了下来！之后林业局的朋友知道我一人在外拿着猪头到处跑十分困扰，才告诉我按彝族习俗可以转赠给好友、亲人，当下就送给朋友，化解了我要带一颗猪头回成都的尴尬。

按彝族的文化，依据莅临的贵客等级决定宰杀两只脚或四只脚的家禽或家畜，越多脚、越大只的礼数越够，而我是第一位到金阳采访的台湾人，是稀客也是贵宾所以意义非凡，他们坚持一定要为我宰四只脚的家畜，就在次日备了烤全猪大餐为我送行，让我倍感荣幸。据说彝族习俗最高规格是宰牛！

当地还有一道经典彝族风味菜——烤小猪。一般选用10~15千克的仔猪，宰杀去内脏并洗净后架在火上翻烤，一般要4~6小时。烤好的小猪，色泽金黄，香味扑鼻。将小猪切成“坨坨”蘸上佐料就可以食用。也可将烤好的全猪放在一个大盘上，我就是享受这种形式的美味，席间每人拿着刀自割自吃，烤小猪外脆里嫩、酥香可口、鲜美无比。

↑彝族风味宴客大菜——烤小猪。

↑每到青花椒采收季节的艳阳天，在山高路险、缺平坝的地区，椒农们就会将当天采摘的青花椒铺在屋顶坝子上晒，近年部分农民利用塑料膜架起小温室加速干燥且防小雨。

在金阳县，每到青花椒收成高峰期的艳阳天，椒农们就会将当天采摘的青花椒铺在洒满阳光的屋顶坝子上，大太阳下只要半天就能晒干青花椒。这在一天内采摘、晒干并全程吸饱阳光的青花椒被椒农们称为“一个太阳的花椒”，是风味、质量最佳的花椒。若不巧在收成期间遇到下雨，就要暂停采摘，而雨后三五天内采摘的质量也要差一些。晒干期间下雨，就要移到室内晾开阴干，并避免新鲜青花椒的水气聚集而长霉，或是用烘干设备将青花椒烘干，才能去籽与储存，这样的成品色香味都要差一些。

金阳青花椒的苗木一般栽种3~5年就会开始大量开花、挂果，达到具经济效益的挂果量。再通过每年收成后的树形修剪，可使枝桠间通风透光以获取早结、丰产的效果。金阳青花椒的果实颗粒大又圆，色泽浓绿、油润，油泡鼓实而且密集，出皮率高，其风味具有明显的凉爽感及爽朗明快的原野风格特质，气味清香干净、浓

↑位于派来镇的青花椒苗圃。

郁，麻感舒适，麻度从中上到高令人惊艳。

高质量的滋味让金阳青花椒的价格总是较其他产地高出近一倍，以 2011 年为例，当江津干青花椒每千克最高 60 元人民币时，金阳却是从最低每千克 60 元起，最高可以超过每千克 100 元。但这样的好行情却因气候的多变而年年不同，如 2010 年的西南大旱让相对耐旱的青花椒树也干死，对许多在金阳种了二三十年花椒的椒农来说也是头一遭，造成花椒收成的品质不佳、产量减少，但价格上扬使得一来一回间还能稳住基本收入。

这次的气候灾害还不是最大的，2008 年初的一场大雪让全金阳县损失了大约往年平均产量九成的花椒，至今金阳人提起这次天灾仍然是心有余悸。2012 年因为极端气候的因素，先是年初的旱灾，到了 7 月和 8 月时却是连下几场大雨，使得县内所有通乡公路中断，花椒产量虽没受到太多影响，但中断的交通加上不稳定的天气环境，让椒农求售心切，价格直落，最低时只有每千克 20 多元，价格好的也只有 60 元不到。

金阳地区花椒的交易都是以干花椒为主，因为交通不便的问题，青花椒的交易主要是订单采收的模式，近年交通改善后，县城周边陆续成立了固定的交易集市以满足更多的交易需求。出了县城的交易主要集中在金沙江边县公路上的场镇，如芦稿镇、春江乡、对坪镇等，其中春江乡受益于最大的青花椒产地红联乡加上连结金沙江对岸云南昭通的通阳大桥就在附近，对岸昭通的椒农会将花椒送到这里卖，成为交易最集中的场镇。天气稳定而佳时，这里是寸步难行，红联乡的彝族人将干青花椒一袋袋用马驮下山，收购商是一车车地运出去。早期因山路不通车，山上椒农几乎都用马将花椒驼下山，马多了就形成春江场一特殊

↑ 2015 年后金阳县城也在农贸市场中划了一块区域作为固定交易集市，后不再使用，又在城南租了一块空地作为定点交易集市。图为新交易集市。

↑ 2010 年的西南大旱连耐旱的青花椒树也干黄，对许多老椒农来说也是头一遭。

↑ 在交通不便的村庄，椒农们利用天然风力筛除干青花椒中较轻的碎叶、杂质。

◎ 彝族风情

彝族男性有喜爱留“天菩萨”的传统，即蓄长发编成辫子，视其为吉祥物，认为人的灵魂遇到鬼怪或是无意中受惊吓时，它能起到保身护魂的作用，且有延年益寿之效。因生活改变，现在较常见于男性幼儿、小孩，多是在额头上留一撮头发。留有“天菩萨”的人，不能随意剃光，长了也只能修短。

彝族忌别人抚摸自己的“天菩萨”，古时有“摸天菩萨赔九匹马”之谚语。

而传统的行业就是“看马”，一个低于地平面的马厩，一格格的马位，让我联想到城市里的“停车场”。只要1~2元，就能有专人看着你的马，并让他吃饱喝足。现在山路能通车后就没有这一独特风情了。

回到金阳城区，花椒产季时会有许多的椒农将新鲜花椒背进城里市场卖，这是住在产地的人们最幸福的一件事，可以尽情享受新鲜青花椒最丰富的香味、滋味，也可以买回家炼制青花椒油，或是买回家自己晒制成干青花椒，因为新鲜的青花椒价格一般是干青花椒的1/5到1/4，自己花点工既能省下不少钱，又能掌控晒制的品质。

产 地 资 讯

产地： 凉山彝族自治州・金阳县
花椒品种： 金阳青花椒
风味品种： 莱姆皮味花椒
地方名： 麻椒、香椒子、青花椒。
分布： 遍及全县28个乡镇，种植面积较大的多分布在金沙江边的乡镇，如派来镇、芦稿镇、对坪镇、红联乡、桃坪乡等。
产季： 保鲜花椒产季为每年农历6月至7月间，大约是阳历7月中旬到8月中旬。干花椒为每年农历7月至8月间，大约是阳历8月到9月下旬。

※ **详细风味感官分析见附录二，第292页。**

花椒品种： 南路花椒
风味品种： 橘皮味花椒
地方名： 大红袍花椒、红椒。
分布： 马依足乡及全县各乡镇，海拔1800米以上的缓坡地，但种植面积较小而分散。
产季： 干花椒为每年农历7月至9月中旬，大约阳历8月上旬到10月下旬前。

※ **详细风味感官分析见附录二，第284页。**

地理简介：

金阳县县境属于高原边缘褶皱地带，沟深、坡陡，干沟繁多，地势北高南低，海拔在460～3616.5米，金沙江河谷地带海拔多在500～1500米，山岭入口高低落差大，一般为1500～2000米，呈典型的高、中山峡谷地貌。

气候简介：

受地形、海拔高度等因素的影响，气候呈立体垂直带状分布。年平均气温15.7℃，平均降水量800毫米，无霜期300天左右。

顺游景点：

金沙江峡谷、西溪河峡谷、波洛云海、万亩高原杜鹃、狮子山雪峰和百草坡草场。

↓左：金沙江峡谷。右：金阳西溪河峡谷。

10. 凉山彝族自治州 越西县

越西县位于四川省西南部，凉山彝族自治州北部，东邻美姑县，西接冕宁，南接昭觉县、喜德县，北与甘洛县相邻，是“南方丝绸古道”的主要据点。

↑越西步行商业一条街。

进入越西可乘坐火车，火车走的是越西东边的纵谷，并非城关这边经济较发达的西边纵谷，若要进县城，坐火车只能选择北边的越西站下或南边的普雄站下，再搭客运车 1 个多小时才能到县城；另一选择是坐长途客

↓进出越西的通道都是南北向，且蜿蜒在山谷、河谷之间的公路及铁路。

↑花椒种植因为需保留枝条的伸展空间，因此即使是大面积种植，椒农们还会地尽其用，在椒树间种其他蔬菜、作物。

运车到越西县城，不论哪个方向都要经过险峻高山公路，对晕车的人来说十分痛苦。

越西为群山包夹，形成独特的小区域型气候，加上土壤适宜，使得越西的南路花椒质量相当好而以南路花椒种植为主。宋太宗年间（约公元 968 年）开始断断续续进贡花椒成为历史上的贡椒产地之一，主要分布在保安、普雄、乃拖、书古等海拔 2000 米上下的半山腰或谷地、平坝，但平坝地还是以粮食作物为主，坡地才是花椒的主要种植地，像保安乡就是一个 2000 多米高的盆地，或说山坳，花椒大面积的种植都在坡地上。

产季时常见椒农背着一大篓花椒，三三两两地从城外走来，进城后，椒农总是带着腼腆向人们推销他新摘的花椒。在越西只要家里花椒用得多的或是小馆子，多会向进城的椒农买新鲜花椒自己晒或是炼制花椒油，过程中免不了要来回讨价还价一番，因为就是想要省钱才自己晒花椒；另外一个好处是，用新鲜的花椒炼制的花椒油，香麻味更浓、更足。

越西因为有纵谷平坝，相对有空间晒制花椒，所以产季时花椒交易以干花椒为主，最大的集市位于县城北面、越西北半部的交通中心点上新民镇，产季时每 3~5 天会有一次集市，天刚亮就已经有椒农带着自家的花椒等收购商来看货。

◎ 产地风情

彝族人多半好客且热情大方，无论认不认识，到了彝家主人都会热情接待，又是杀鸡又是宰猪、宰羊地以大礼待客。习俗中若是有鸡，就要请客人吃鸡头；若是宰猪或宰羊，待客人将走时要送主客半边猪头或一块羊髈肉。彝族人喜爱喝酒，敬酒是普遍的礼俗，遇到熟人，那可就敬不完，因为他敬你半斤，你也必须回敬半斤，当地人称为“转转酒”，如果拒饮敬酒可是犯大忌！

↑花椒产季时，椒农们会背着一大篓花椒，进城向人们推销新摘的花椒。

↑天越来越亮，新民镇集市也越来越热闹，步行、马车、驴子驮的，也有三轮车载的花椒，鱼贯地挤进这小小的新民场。

天越来越亮，集市也越来越热闹，有自己背着花椒的，有马车拉的，有驴子驮的，也有三轮车载的，鱼贯地挤进这小小的新民场，收花椒与卖花椒彼此一来一回，又是看质量又是说价的。卖了好价钱是笑逐颜开，谈不拢的一哄而散，各自再找对象。其间卖早点、点心的小贩穿梭其中，让繁忙的椒农与商人都能充饥。当然在集市中也有当地人乘机来找便宜的好花椒，家用的量虽然不多，但当地人还是很认真地挑花椒，椒农们不会大小眼，都让他们尽情比较。据当地收购商估计，一个产季下来，单单在新民镇进出的干红花椒应该超过150吨。

新民场除花椒的交易风情，还可以见到许多乡村情调或具彝族风情的热闹景况，像是钉马蹄铁、兜售土鸡、当街补牙、贩售仔兔及仔猪的买卖等，那热闹场景宛若过大节。

↑兜售土鸡、买卖仔猪的商贩与当地乡民。

产 地 资 讯

产地：凉山彝族自治州·越西县
花椒品种：南路花椒
风味品种：橙皮味花椒
地方名：南椒、花椒、红椒、正路椒。
分布：普雄镇、乃托镇、保安藏族乡、白果乡、大屯乡、大瑞乡、拉白乡、尔觉乡、瓦普莫乡、书古乡、铁西乡。
产季：干花椒为每年农历6月中旬到8月中旬，大约阳历7月下旬到9月下旬。

※ **详细风味感官分析见附录二，第285页。**

地理简介：

越西县境内多山，地处康藏高原东缘，横断山脉的东北麓，属大凉山山系，山地占九成以上，以山谷相间的中山宽谷地貌为主要特征，山川南北纵立，地势南高北低，由南向北倾斜，境内最高海拔4791米，最低海拔1170米。

气候简介：

气候属西昌巴塘亚热带气候区，天气凉爽，雨量充沛，春季气温回升快，四季不太分明。海拔1600~2100米地区，年均气温为11.3~13.3℃，年累积日照时数1612.9~1860小时，无霜期225~248天。

顺游景点：

景点集中在“南方丝绸古道”周边，县城以北有“树衔碑”“天皇寺”；城南有“零关古道”“文昌帝君诞生地（文昌宫）遗址”。

↓从冕宁进越西的盘山公路。

11. 凉山彝族自治州 喜德县

喜德县名源自彝语地名“夕夺拉达”，意指制造铠甲的地方，在1953年设县时因汉语“喜德”与彝语“夕夺”近似而成为县名。喜德最出名的就是彝族漆器、民族服饰等工艺制品，其做工精良、色泽鲜艳，已经成功申报彝族漆器纳入大陆国家级非物质文化遗产名录中。

县城位于光明镇背山面河的扇形缓坡上，海拔约1843米，城区呈扇形分布而有扇城之称。成昆线铁路穿城而过形成独特的景观，县境内山地地形超过九成，经济开发沿孙水河河谷发展，花椒的主要分布也沿着河谷两岸。花椒产业发展时间不长，但喜德山高沟深、人均耕地少而有更多可开发种植花椒的坡地多，土壤适宜、气候宜人、光热水资源丰富利于花椒种植，加上经济发展的关键——交通便捷解决了销售问题，喜德距离西昌市只有约60千米，加上部分路段有高速公路可利用，因此县城到西昌的交通时间只有1小时左右。

喜德地区因为地势关系，红花椒都种在山地上，加上发展时间较短，当地居民尚未备有平坝或在屋顶上留平坝晒制花椒，花椒交易以鲜花椒为主。椒农们多是一大早将前一天采好的新鲜花椒从山上背下来，聚集在交

↑在喜德扇形城区的正中央，以彝族神话和漆器概念为主轴的步行景观道。

↑产季时椒农每天早上5点半就陆续从三个方向聚集到交通要冲金河大桥的桥头做新鲜花椒的交易。

↓←喜德因地理环境欠缺平坝空地而特许花椒可以在公路上晒制。

↑铁路的两侧修了步道，在这里散步相当安逸，且风景优美。步道旁也可以见到一整排的青花椒，既能绿化又具推广效果。

通要冲金河大桥的桥头交易。产季时椒农每天早上 5 点半就陆陆续续从三个方向聚集过来，到 6 点半，这桥头就成了热闹的新鲜花椒集市，也吸引了一些卖早点与日用杂货的摊贩聚集。在收购高峰，新鲜花椒称重后不是堆满货车就是堆在地上的帆布上像小山一样。

收购商收新鲜花椒通常也负责晒制与筛选，花椒晒制多集中在城关周边的平坝空地与部分较宽敞的公路路段。喜德县政府早期为大力发展花椒产业特别单独开放公路空间给椒农、椒商晒花椒，现在则是扶持烘干设备的设置，目前投产的花椒种植面积近 10 万亩，规划发展到 20 万亩。

几次进喜德，让人印象深刻的是一进县境，民居墙上都画着彝族漆器特色图案或图腾，在县城更是把彝族漆器特色图案或图腾放大成为立体雕塑作为城区的装饰艺术。在扇形城区的正中央建有步行景观道，往下走到底就是成昆铁路，因班次不多，铁路的两侧修了步道，晚餐后到这里散步相当安逸，而且居高临下风景优美。

喜德虽然主力发展红花椒，然而靠西昌、海拔较低的鲁基、红莫等乡则发展青花椒种植，以金阳品种为主，在县城步道旁也可以见到一整排的青花椒，兼具绿化与推广效果。红花椒的发展中心是县城东边的沙马拉达乡，依次往外扩展到尼波镇、巴久乡、米市镇、依洛乡、两河口镇等。

在喜德县城的菜市场中与卖花椒的老板们聊起喜德花椒，他们都说目前以沙马拉达乡的质量较佳。前往沙马拉达乡的觉莫村花椒基地时与当地

↑甘主村农民一家人正忙着采收花椒。花椒种植对部分农民来说存在两难，因盛产时间与传统农作物苦荞的成熟期相重叠。

↑↓沙马拉达乡的花椒基地全景。觉莫村椒农阿尔都古说他们这边因为日照足，花椒质量明显比较好。

椒农阿尔都古聊起花椒质量与环境的关系，他说到乡里花椒种得早的是对面山头，但当他们这边开始种之后，发现花椒质量明显比对面山头的好，之后的种植重心就转往他们村的这片山坡上，依他们观察应该是因为对面山坡是面北，日照时间相对较少、年均温偏低的影响。

另一座山上的甘主村花椒种植面积也很大，椒农马海伍日也指出日照时间确实对花椒品质有关键性的影响。他也指出花椒种植面临的困境，就是喜德地区红花椒盛产时间与传统农作物苦荞成熟期重叠，每到产季他们全家大小、老老少少都是夜以继日地在苦荞收成与采摘花椒之间劳作，一般这样的日子要持续1~1.5个月，每年都因人力不足加上以粮食苦荞为重而会有二三成的花椒来不及采收。

喜德花椒经济发展时间不长，但选的品种优良，加上土壤、地理、气候的配合，让喜德花椒品质相对优良，橘皮香中带淡淡橙皮香、麻度高而细致、有回甜感且杂味低，这些优点让花椒产业值得永续发展。

↑有土壤、地理、气候的配合，喜德花椒规模种植虽然发展得晚，但花椒品质相对优良。

产地资讯

产地：凉山彝族自治州·喜德县

花椒品种：南路花椒

风味品种：橘皮味花椒

地方名：红椒、大红袍、南椒、南路椒、双耳椒。

分布：巴久乡、米市镇、尼波镇、拉克乡、两河口镇、洛哈镇、光明镇、且拖乡、沙马拉达乡、依洛乡、红莫镇、贺波洛乡、鲁基乡。

产季：干花椒为每年农历6月中旬到8月中旬，大约阳历7月下旬到9月下旬。

※详细风味感官分析见附录二，第285页。

地理简介：

喜德县境内多山，以中山为主，占总面积的75%属低纬度高海拔地区，最高海拔4500米，最低海拔1600米。

气候简介：

属亚热带季风气候，冬暖夏凉，四季分明，无严寒和酷暑，气候宜人，昼夜温差大。气候温和湿润，年平均气温14℃，年降雨量约1000毫米。常年无霜期255天。

顺游景点：

喜德彝族漆器为国家级非物质文化遗产。公塘子温泉、小相岭风景区、则莫溶洞、登相营古堡。

↑进入喜德，家家户户的墙上都有彝族漆器图样的彩绘。

○雅安市 ○重庆市 ●凉山彝族自治州 ○攀枝花市 ○甘孜藏族自治州 ○阿坝藏族羌族自治州 ○青花椒产区 ○青花椒新兴产区

12. 凉山彝族自治州 冕宁县

从成都到冕宁县城，自雅西高速公路通车后只要 4.5 小时左右，从凉山州州府所在地西昌到冕宁走高速公路更用不了 1 小时。冕宁的平均海拔超过 2000 米，有 4000 米以上的高山，在雅砻江与安宁河的切割与冲积下山势相对缓和，在境内形成东西两个南北向河谷，其中东边的安宁河河谷较宽而成平原，且一直延伸到西昌市，因此经济发展较好，西边的河谷较为狭窄，加上与东边平原隔了一座大山，因此经济发展以农林业为主。

冕宁海拔高度高，无论平地、坡地都能种花椒，以南路花椒种植为主并具规模，青花椒也在快速发展中。近几年青、红花椒种植总面积超过 10 万亩，但因人力不足，干花椒总产量 3000 吨，主要分布在雅砻江河谷的乡镇，如和爱藏族乡、锦屏乡、麦地沟、联合乡等；其次就是县城以北的惠安乡、彝海乡、拖乌乡等。

↑冕宁县多数城镇家户的屋前屋后会种上几棵花椒。

↑在冕宁，海拔高一点的家户基本上都有种花椒树。

↓冕宁县城位于平原区地带，在凉山州里是少数让人感觉开阔的县城，但出了县城还是以山地为主。

◎ 产地风情

彝族火把节历来出名，彝族人不分男女老少在火把节时都会换上节日盛装，年轻的姑娘们更是披金挂银，将能挂的、能戴的全上身，从头到脚可以用琳琅满目来形容，因为火把节除了狂欢之外还有一个重头戏就是选“美女”。而服装和饰品搭配的好坏也是成为“美女”的重要条件，所以姑娘们可是费尽心思。每年在火把节期间辛苦装扮之后被大家公认为“美女”的回报就是像当红明星一样被四处宣传，且各地英俊潇洒、条件优秀的小伙子都将慕名而来求爱，络绎不绝。

↑雅砻江河谷较高处红花椒种植密度高。

因为冕宁的城镇都设在河谷平坝之处，加上公路也都是沿河谷平坝开设，在冕宁如果不往山上走，基本上见不到大片花椒，常见的就是家户的屋前屋后总会种上几棵或几十棵，主要都是自己用，多的就拿到市场卖，大面积种植基本上都是在1800~2500米的缓坡或山上。

在海拔高一点的彝海，场镇马路边就种了一整排花椒树，一路上也可见田坝里头成片地种植，但相对稀疏，因为还会在田地里穿插种一些粮食作物。稍微往山边走，家户的田地里头基本上就是种花椒树，这边海拔还是低了一些，2000米左右，花椒采收得早。上到彝海这边更高的村子反而只见稀稀疏疏地种了一些，主要以畜牧为主。

若是走在冕宁县西边雅砻江边的路上就会发现花椒种植密度较高，但仍是东一块、西一块地散落在田地中，成片的在更高的山上。江边已开始发展青花椒种植并渐成规模，可以感觉到农民积极想要突破山区发展困境的努力。

↑彝海景区周边因为地理原因，以畜牧为主。

彝族人虽然是目前凉山州种植花椒的主力，但吃花椒的传统与习惯较少，对辣椒却是情有独钟，特别是炕过后带有浓浓煳辣香的干辣椒。他们喜欢使用桩成粗粉状的辣椒粉，只要是肉肴都要加上一些，许多调味都是盐、葱段、煳辣椒粉的简单组合，但高山上各种放养鸡、猪肉都特别香甜，简单的调味就能让人回味再三。

冕宁还有一种特产“火腿”，其名气可以说与金华火腿齐名。走进农贸市场就能闻到火腿的醇香气息扑面而来，只见那火腿切面红亮诱人，在咸香味中带有乳酪香且回味悠长，两年以上的火腿心还可以直接生吃，那滋味之鲜、香、滋润就不摆了，因此到冕宁时不要忘记品尝一下著名的冕宁火腿。

↑冕宁著名的火腿切面红亮诱人，滋味特色是在咸香味中带有乳酪香，且回味悠长。

产 地 资 讯

产地：凉山彝族自治州·冕宁县
花椒品种：南路花椒，灵山正路椒
风味品种：橘皮味花椒
地方名：南椒、正路椒。
分布：麦地沟乡、金林乡、联合乡、拖乌乡、南河乡、和爱藏族乡、惠安乡、青纳乡、先锋乡、沙坝镇、曹古乡、彝海乡、锦屏乡、马头乡。
产季：干花椒为每年农历 6 月中旬到 8 月中旬，大约阳历 7 月下旬到 9 月下旬。

※ 详细风味感官分析见附录二，第 285 页。

地理简介：

冕宁县地处横断山脉，东部边缘层峦叠嶂。安宁河、雅砻江纵贯全境，南垭河源于北境，西部雅砻江峡谷区山高谷深，东部安宁河沿岸平坦宽阔。

气候简介：

气候干湿分明，冬半年日照充足，少雨干暖；夏季云雨较多，气候凉爽。低纬度，高海拔形成昼夜温差大，年温差小，年均气温 16~17℃，年累积日照量达到 2400~2600 小时。

旅游景点：

灵山寺、彝海景区、冶勒省级自然保护区。

○雅安市 ○重庆市 ●凉山彝族自治州 ○攀枝花市 ○甘孜藏族自治州 ○阿坝藏族羌族自治州 ○青花椒产区 ○青花椒新兴产区

13. 凉山彝族自治州 盐源县

↑俯瞰盐源县城。盐源也是西南地区最大的苹果生产基地。

↑翻过磨盘山，就进入盐源县，到金河乡之前的公路是沿着峡谷而行。

盐源县位于青藏高原东南缘，雅砻江下游西岸，全县多数平原谷地海拔介于2300~2800米，境内物产丰富，气候适宜，民风朴实。在历史上曾因“南方丝绸之路”而繁荣，著名的泸沽湖因为摩梭人的走婚习俗而远近驰名，让摩梭人社会有神秘的“女儿国”之称。

盐源的高山平原面积相对广大，因此盛产高冷蔬菜水果，其中以苹果最为著名，且是西南地区最大的苹果生产基地，全年苹果产量可以达到28万吨。搭客运车一进卫城镇，即进入高山平原区，触目所及几乎都是苹果林。

青花椒与南路红花椒在盐源的产量都相当大，最多的还是南路红花椒，据当地花椒收购批发商指出，在盐源一年有5000多万吨的干红花椒，

↑金河乡青花椒大多是与其他作物混合种植。

↑就在公路边，“鸡心湾”那大片大片的红花椒林看了让人激动。

青花椒则是50多万千克并持续增加中。因此一进盐源县就会先经过金河乡，并见到青花椒林散布在海拔1500~2200米的山上，金河乡种植青花椒的历史在四川地区算是长的，有几十年历史。这里有一种特殊现象就是因种植地高度变化大，采收时间随着海拔上升而递延的现象明显，因此当地椒农可以较轻松地安排采收时间，多数居民的主要经济收入靠花椒，是靠天吃饭的传统农业区。

这里位于大山中，难以从外地购入足够的粮食，因此花椒种植在缓坡的区块大多是与玉米、土豆等粮食作物混合种植，在坡度较陡、高的区块就全种青花椒，单单金河场周边看得到区域的青花椒分布，目测高度差估计有350~500米。

乘客运车继续往县城方向走会经过青花椒、红花椒都有的平川镇，翻过高山后就进入卫城镇的范围，其中经过一处叫作“鸡心湾”的山区，就在公路边，那大片大片的红花椒林看了会让人激动。再往前走，一开始以为会看到

↓盐源县卫城的花椒林风情。

↑对农民来说花椒树是最好的副业经济林，对土地的要求较低，边角余地、山包陡坡等，只要不积水都能种。

更多的花椒林却全是苹果林，花椒树被当作围篱一般地种在苹果林的外围。

进到县城，办好住宿后往城边一走，哇！满是花椒林。隔天到卫城镇才发现花椒树切不断的宿命，只要与周边经济作物相比效益较低，花椒树就要退到边角余地、山包陡坡的区块去，因此大片平坝都让给了苹果，小片平坝让给蔬菜、粮食等作物，最后将远观像杂树的花椒塞满可利用的土地空隙，对花椒树来说有点委屈，但对农民来说却是最好的副业经济林，因为花椒树对土地的要求相对较低。

回到县城，习惯性地找菜市场逛并四处走走，就这么巧，遇到了花椒收购批发商兰敬菊女士，她的厂房里正忙着筛干净收来的新花椒。兰女士是成都人，但她说因为盐源及木里、盐边的花椒量十足，让她一年要在山上待超过300天，四处收花椒再发货出去。她自家也有店面在成都批发市场且由她女儿在经营。

◎ 产地风情

传说盐源县城里最早发现的白盐井盐水，是古时当地摩梭人的一位牧羊女发现的，据传这位摩梭牧羊女在牧羊时，经常看到羊群们争饮这里的水，她一尝发现有咸味，才知道羊是因为需要盐才争着饮用，盐也是人所必需的，因缘巧合下她向汉人说出这盐井的地点，结果吸引汉人来开采这座盐井制盐。传统的摩梭人责怪牧羊女将这个秘密说了出去，引诱汉人来到盐井地区，势必影响摩梭人的传统文化，而处死了这个牧羊女。后来，创办盐井的汉人抱着回馈的心为这个摩梭牧羊女建庙，纪念她发现盐井的功劳，因此盐源县县城所在地才叫“盐井镇”。

产 地 资 讯

产地：凉山彝族自治州·盐源县

花椒品种：南路花椒

风味品种：橘皮味花椒

地方名：花椒、南椒。

分布：盐井镇、卫城镇、平川镇。

产季：干花椒为每年农历 6 月下旬到 9 月，大约阳历 8 月到 10 月中旬。

※ 详细风味感官分析见附录二，第 286 页。

椒品种：金阳青花椒

风味品种：青椒、麻椒。

地方名：青椒、麻椒。

分布：金河乡、平川镇、树河镇。

产季：干花椒为每年农历 6 月中旬到 8 月，大约阳历 7 月下旬到 9 月中旬。

※ 详细风味感官分析见附录二，第 292 页。

地理简介：

盐源全县海拔一般在 2300～2800 米，最高海拔 4393 米，最低海拔 1200 米。地形以山高、坡陡、谷深、盆地居中为总特征。

气候简介：

全县冬春干旱，夏秋雨量集中，雨热同季，具有明显的立体气候特征。四季分明，年温差小，日温差大，全年无霜期 201 天，平均气温 12.1℃，最高温度 30.7℃。有效日照 1700 余小时，年均降水量为 855.2 毫米。

旅游景点：

泸沽湖、草海、黑喇嘛寺、末代土司王妃府、沿后龙山脊的转山古道。

↓盐源县卫城镇。

↑盐源是苹果大县，若不方便带新鲜苹果，当地的苹果干滋味丰富、天然，值得一试。

14. 凉山彝族自治州 会理县、会东县

会理、会东地区花椒种植历史悠久，小农形态的小规模种植为主，此地产的南路花椒具有独特、明显的凉香感与柑橘、陈皮混合滋味，让人印象深刻，加上颗粒小，当地人昵称为小椒子，发展潜力十足，但花椒色泽较差、颗粒小，市场知名度低，全县半山腰皆有种植但不成规模。

会理小椒子的分布主要在县城北边，海拔较高的山地区域，如益门、槽元、太平等地，盛夏的会理槽元乡，红花椒盛产季节屋前屋后、村旁埂边的花椒树是处处飘香，家户的院子晒坝多晾晒着鲜艳夺目的红花椒。这些地处山区的乡镇虽山高坡陡，但降雨充足，年累积气温也够，产出的花椒颗粒扎实、油泡饱满、滋味鲜明，成为山区彝族乡民的“摇钱树”。目前也在金沙江沿岸乡镇积极发展青花椒种植。

↓ 会理的城区围绕着古城发展。

↑ 小椒子打成花椒粉后掺入乳白的羊肉汤可以说是绝配，味道特色既有川味，又带滇风。

要品味会理小椒子的特色风味，就不能错过用会理出名的黑山羊炖煮的羊肉米线，小椒子的风味与那乳白的汤可以说是绝配，风味特色既有川味，又带滇风。因为这里隔着金沙江就是云南，受川滇文化交融的影响，会理的当地方言、民风民俗、各类小吃，如羊肉粉、鸡火丝、油茶、稀豆粉、熨斗粑等的滋味也都是川滇交融。只是会理虽与攀枝花市相邻，但对花椒的偏好是两个极端，会理偏好红花椒，特别是当地的小椒子，说到青花椒人人都摇头说那个味道太难吃了。在攀枝花恰好反过来，到餐馆点来的菜会让你觉得攀枝花好像没有红花椒，连红卤蹄花飘的都是青花椒的浓香味。

会东红花椒风味特点与会理相近并具发展潜力，全县半山腰皆有种植但因卖相不佳市场接受度低，当前发展集中在县城东北部海拔较高的山地区域，如新街、红果及沿着大桥河的多个乡都有种植。花椒在早期交通不发达的时候，只是会东人当作护院围篱并保持自家每年有花椒可用而已，从没有规模种植的概念。现今大环境的市场需求变大，交通不再是问题后，田埂、山边全种上了花椒并因此得到额外的好处。花椒树的根系密集让过去一遇雨天就常垮塌的田埂不再垮塌，山边的陡坡地也不再动不动就泥浆下冲摧毁庄稼。

在传统红花椒产业发展之余，会东县也开始在小岔河乡试种金阳青花椒，经过 5 年的努力已获得成功，现在也开始积极向全县推广，特别是金沙江边的多个乡镇，其气候及地理条件都与花椒盛产地金阳或云南昭通相近，更具发展潜力。

↓会理、会东的山区，大面积的山坳缓坡处主要种粮食作物及烟草，周边坡地、畸零地才是红花椒的地盘，此地区红花椒风味虽然极具特色，但粒小色重而不受市场青睐，近年发展渐趋萎缩且粗放，让人感到惋惜。

产地资讯

↑会理是历史文化名城，可以在城里多花点时间体验思古幽情。

产地：凉山彝族自治州·会理县
花椒品种：南路花椒
风味品种：橘皮味花椒
地方名：小椒子，小花椒，小米红花椒。
分布：益门镇、槽元乡、三地乡、太平镇、横山乡、小黑箐镇。
产季：干花椒每年农历 6 月中旬到 8 月上旬，大约阳历 7 月下旬到 9 月中旬。

※ 详细风味感官分析见附录二，第 286 页。

地理简介：

会理县全县地形呈北高南低的狭长山间盆地，境内河流分属金沙江和安宁河水系。海拔最高点为东北部 3919.8 米的贝母山，最低为芭蕉乡 839 米的蒙沽村，多数地区相对高差 800~1000 米。

气候简介：

属中亚热带西部半湿润气候区，总体特点是干、湿季节分明，雨季雨量充沛而集中，旱季多风少雨而干燥。年温差较小，昼夜温差大，年均气温 15.1℃；平均无霜期 240 天。气候垂直变化突出，地方性气候特征较为明显。

顺游景点：

会理县城历史建筑和风貌、龙肘山万亩杜鹃、国家皮划艇高原训练基地。

产地：凉山彝族自治州·会东县
花椒品种：南路花椒
风味品种：橘皮味花椒
地方名：小椒子，小花椒，小米红花椒。
分布：新街乡、红果乡、岩坝乡。
产季：干花椒每年农历 6 月中旬到 8 月上旬，大约阳历 7 月下旬到 9 月中旬。

※ 详细风味感官分析见附录二，第 287 页。

地理简介：

会东县地形复杂，海拔高度相差悬殊，最高海拔 3331.8 米，最低海拔仅 640 米。地势中部高，西部缓展，北部绵延，东南陡峭，山地占总面积的九成，山原、平坝、台地只有一成。

气候简介：

属中亚热带湿润季风气候区。年累积日照数约为 2322.8 小时，四季不分明，无霜期 279 天，昼夜温差大。干湿季分明，年平均降水量约 1058 毫米，气温较高的夏秋为雨季。地貌气候复杂多样，垂直差异十分明显。

顺游景点：

“长江滩王”老君滩、以老君洞为代表的钟乳溶、两岔河沿岸峡谷景观、张家湾森林公园、大崇温泉。

↑位于山区的会东，沿路风光无限。

○雅安市 ○重庆市 ○凉山彝族自治州 ●**攀枝花市** ○甘孜藏族自治州 ○阿坝藏族羌族自治州 ○青花椒产区 ○青花椒新兴产区

15. 攀枝花市 盐边县

攀枝花市盐边县属典型的山区地形，今日的县城是一座新建的移民城，建在雅砻江畔的安宁乡，当地人习惯称新盐边；旧县城在渔门镇，已因为二滩水库的建成而淹去大部分，成为今日盐边人口中的老盐边。弄清楚新旧县城这点对外地人来说很重要，因新盐边在盐边县东边，老盐边在盐边县西边，两地相隔近 100 公里，若从攀枝花市中心出发到新盐边只有 30 多公里，去老盐边则将近 80 公里。

盐边县的花椒产业成熟度高，目前盐边主要种植区为渔门镇、国胜、共和及其周边乡，目前种植面积超过 3 万亩，年产鲜花椒超过 1000 多吨。

盐边的青花椒风味有别于金阳、江津，滋味相对馨香，麻感偏强，生津感鲜明，一般来说青花椒的生津感都偏弱。

↑←青花椒产季，攀枝花的菜市场中几乎每摊卖海椒的都要卖新鲜青花椒。

或许是这独特味感让攀枝花市偏好青花椒味，加上整个攀枝花市各县区都有青花椒种植，年产量超过 3000 吨的影响，可以说是痴迷青花椒的滋

↓攀枝花市一景。

味。分别在攀枝花市及盐边新县城观察后发现，两地超市里头青花椒陈放的面积与量估计是红花椒的 10 倍；在传统菜市场中也是差不多，若刚好是青花椒产季，几乎每摊卖海椒、姜、蒜的摊子都放上一两箩筐新鲜青花椒，卖干花椒的干杂店也是青花椒摆得比红花椒多。

对应到餐馆菜品，就是各种菜品都有青花椒的参与，炒菜、烧菜、拌菜都可见青花椒，烹制的滋味还很巴适，就是有种让人误以为攀枝花做菜没红花椒可用的感觉，特别是我在四川、重庆跑这么多地方还是第一次碰上这种状况，也或许是运气好碰上了一家“青花椒风味餐馆”！

目前新兴的花椒种植地是永兴镇与红果乡，因刚开始规模种植还是混着传统的粗放管理方式，树势较大且枝条茂密，而新种的树龄小看起来就是较稀疏的感觉。

↑ ↓ 盐边新兴的花椒种植地基本沿着雅砻江的二滩水库分布。图为花椒林里眺望二滩水库一景。

◎ 产地风情

到了盐边一定要尝尝极具特色的盐边菜，盐边菜讲究“原形”。鸡是整只，鱼是整条，肉更是整块，烹调上较不重刀工而重火工，因此较少见花哨的摆盘。调味上在煨、炖、煮的火工下让食材自然出味，调料自然入味，因此成菜后的滋味以醇厚绵长为主。

其次讲究“原色”，即注重成菜后保持食材的本色，故不太用酱油之类会影响食材原色的调味料，以盐边的“干拌”菜来说就极少用红油、复制酱油等。我想攀枝花地区好用青花椒是否受盐边菜讲究“原色”这个传统的影响，因为青花椒烹调后多半可保有其浓绿色泽。

最后是“原味”，就是不加修饰、食物本身最原本真实的味道。盐边秀美山川所生产的丰富优质食材原料恰好支持这样的一个烹调特色，盐边菜认为自然之味就是大美之味，只需适当烹调即成至味。

盐边菜传统要求“原形、原色、原味”的特点，正好符合现代人追求自然、朴实的健康饮食价值观，因而在餐饮市场有持续增长的现象。

↑运气好！在攀枝花碰上了一家“青花椒风味”餐馆，每道菜都有青花椒且香麻滋味鲜明。

产 地 资 讯

产地： 攀枝花市·盐边县

花椒品种： 九叶青花椒

风味品种： 柠檬皮味花椒

地方名： 青椒、青花椒、麻椒。

分布： 渔门镇、永兴镇、国胜乡、共和乡、红果乡。

产季： 保鲜花椒为每年农历5月上旬到6月中旬，大约阳历6月上旬到7月上旬。干花椒为每年农历6月中旬到8月上旬，大约阳历7月中旬到9月上旬。

※详细风味感官分析见附录二，第294页。

▌地理简介：

盐边县境内地形四周以高山峡谷为主，中部则是丘陵盆地，一般海拔在2300~2800米，最高海拔4393米，最低海拔1100米。

▌气候简介：

属南亚热带干河谷气候区，冬暖、春温高、夏秋凉爽；气温年差较小，日照充足，四季分明，区域性小气候复杂多样。由低海拔到高海拔呈立体气候特征分布。年均降雨量1065.6毫米，年平均气温19.2℃，年平均累积日照数为2307.2小时。

▌顺游景点：

二滩国家森林公园、择木龙杜鹃花海景区、红格阳光温泉休闲度假旅游区。

↑二滩水库一景及码头。

16. 甘孜藏族自治州 康定县

↑上折多山后，海拔4000多米的公路上即可远眺四川第一高山“贡嘎山”。

甘孜州康定县在三国蜀汉时期称为“打箭炉”，但让人们普遍认识康定，却是20世纪40年代四川宣汉人李依若与康定人女友结伴到康定跑马山玩耍时，根据湘西“溜溜调”编的一首《跑马歌》，就是现今著名的《康定情歌》。因为这一首歌让人们对康定有了许多浪漫的遐想。

回到现实，康定县距成都360公里，通高速前的交通时间大约是6~8小时，现雅安到西康的雅康高速公路已通车，交通时间缩短为4.5小时以内。康定县境位于四川盆地西缘山地和青藏高原的过渡地带，地形变化大。其中大雪山中段将康定分成了东西两大部分，东部为高低落差大的高山峡谷，海拔7556米的四川最高峰贡嘎山在康定的东南方；西部和西北部地形则是平均海拔3200米以上稍微和缓的丘状高原及高山深谷区。

↓康定县姑咱乡。

↑康定的花椒种植区以河谷平坝或缓坡地为主，但这里的地质特性让坡地几乎都是巨石，种植花椒只能迁就这些巨石。

↑康定的花椒种植有西路花椒大红袍与南路花椒宜椒个别种植，但混着种的更多一些，让成熟期错开，可以让人力不足的问题获得解决。

康定县城位于海拔2560米的炉城镇，康定花椒的分布基本上就是县城以东2500米以下的乡镇地区，也就是沿大渡河及其支流的河谷分布。县城以东就完全不用想，实在太高了，海拔多是4000米以上。

↑ 康定县城景观特殊，有雅拉河与折多河在县城里会合后成为康定河。

在康定主要以大红袍与南路花椒宜椒为主，种植上多数是混合种植，再加上多崩塌地形，因此坡地上几乎都是巨石，只要是种植在坡地上的花椒只能迁就这些巨石，较难有规模地种植。在康定地区南路花椒宜椒又被称为迟椒，因为晚西路花椒大红袍花椒一个多月才成熟，但一般来说接受度佳的还是南路花椒宜椒，因为康定西路大红袍花椒的挥发性的腥异味特别强，麻度也高且强，苦味明显，对有些花椒产地来说可归为臭椒了，但只有新晒干的西路大红袍花椒有这问题，一般只要放个 2 个月让这挥发性的腥异味散去，康定西路大红袍花椒也不失为个性十足的花椒。

青花椒在康定的孔玉也有少量种植，但质、量都还需要时间通过培育来适应康定的土壤、气候与高海拔，以得到更稳定而优质的风味。

藏族饮食没有使用花椒的传统也不吃辣椒，但因多食用牛羊肉而跟汉人学会了用花椒除腥的技巧，不过成菜后不能有花椒味。藏餐的独特性多数人难习惯而康定又旅游业旺盛，形成满街川菜馆的餐饮现象，一眼望去都是以“成都”“宜宾”“乐山”“自贡”等地名命名的川菜馆，犹如四川一条街。

藏族人一样喜欢进川菜馆吃饭，这些餐馆老板都知道要先问吃不吃辣，多半是完全不吃。也许是做惯了藏人的习惯口味，康定川菜的麻与辣感觉比较轻淡却不会让人觉得寡薄，或许是高山上优质食材的鲜美弥补了减少的麻辣滋味，让整体滋味还是丰富的。

↑ 县城里满街的川菜馆都以四川地名命名，犹如四川一条街。

产地资讯

产地：甘孜藏族自治州·康定县

花椒品种：南路花椒

风味品种：橘皮味花椒

地方名：迟椒、宜椒、南椒。

分布：炉城镇、孔玉乡、捧塔乡、金汤乡、三合乡、麦崩乡、前溪乡、舍联乡、时济乡。

产季：干花椒为每年农历 6 月下旬到 9 月上旬，大约是阳历 8 月上旬到 10 月上旬。

※ 详细风味感官分析见附录二，第 288 页。

花椒品种：西路花椒

风味品种：柚皮味花椒

地方名：花椒、大红袍花椒。

分布：炉城镇、孔玉乡、捧塔乡、金汤乡、三合乡、麦崩乡、前溪乡、舍联乡、时济乡。

产季：干花椒为每年农历 5 月下旬到 7 月上旬，大约是阳历 7 月上旬到 8 月上旬。

※ 详细风味感官分析见附录二，第 300 页。

花椒品种：金阳青花椒

风味品种：莱姆皮味花椒

地方名：青椒、麻椒。

分布：孔玉乡、舍联乡、麦崩乡。

产季：干花椒为每年农历 6 月中旬到 8 月上旬，大约是阳历 7 月下旬到 9 月上旬。

※ 详细风味感官分析见附录二，第 294 页。

地理简介：

康定县境地势由西向东倾斜，多数山峰在 5000 米以上，海拔最高点为贡嘎山主峰 7556 米，最低点是大渡河的鸳鸯坝 1390 米。

气候简介：

按地理纬度，康定属亚热带气候的青藏高原亚湿润气候区，但由于地形复杂，最高海拔 7556 米到最低处 1390 米，为立体气候十分鲜明的高原型大陆性季风气候。

顺游景点：

跑马山、塔公草原、贡嘎山、木格措、玉龙溪草原、泉华池、莫溪沟生态旅游区。

↑在康定城里，抬头一望即可见到山上藏传佛教的大型佛像壁画。

◎ 产地风情

献“哈达”是藏族人普遍的一种礼节。在西藏，婚丧节庆、迎来送往、拜会尊长、觐见佛像、送别远行等，都有献“哈达”的习惯。献“哈达”是向对方表示纯洁、诚心、忠诚、尊敬的意思。

哈达所用的布料，因经济条件不同而有差异，通常不计较材质的好坏，只要能表达良好祝愿就行，一般是白色的。另有五彩哈达，颜色为蓝、白、黄、绿、红，五彩哈达只在特定的情况下用。

献哈达的基本方法是要用双手捧哈达，高举与肩平，然后再平伸向前，弯腰献给对方，以表示对对方的尊敬和最大的祝福。

○雅安市 ○重庆市 ○凉山彝族自治州 ○攀枝花市 ●**甘孜藏族自治州** ○阿坝藏族羌族自治州 ○青花椒产区 ○青花椒新兴产区

17. 甘孜藏族自治州 九龙县

前往甘孜州九龙县常见的走法是从成都搭车经冕宁进九龙，但我是先进康定，所以是从康定进九龙县，这段路远比我想象的要远得多，约 250 公里坐了 8 个小时左右，还经过这段公路的最高点，在折多山的山口有海拔 4298 米，更一睹四川最高峰海拔 7556 米的贡嘎山的雄伟真貌。据资料指出 1971 年以前九龙县境内一条公路都没有，所有物资运输全靠人背、马驮走“马”路。

九龙县的地形是北高南低，平均海拔高，县城的海拔高度就约 2900 米，整体沿长江上游金沙江支流雅砻江的支流九龙河河谷而建，县旁狮子山的半山腰有一个观景亭，距县城所在的垂直高度大约是 100 米，爬上观景亭就是站在 3000 米的高度上，这里的视野极佳，可以往南远眺，县城更是一览无遗。县名源自设九龙治时，所辖地区里有菩萨龙、三安龙、麦地龙、墨地龙、三盖龙、八阿龙、迷窝龙、洪坝龙、湾坝龙九个大寨都含有“龙”字而得名，另有取境内九龙山之名及“九龙”是“黎语”的音译等说法。

位于深山中的九龙县花椒颇有好酒不怕巷子深的特质，自九龙县境在清朝初期归康定明正土司家管辖后，其优异的香气和滋味让明正土司年年到九龙巡察，并指定将九龙的花椒进贡到当时的清朝廷，自此九龙花椒有了“贡椒”“雪域贡椒”之称。更珍贵的是因为天然地理屏障，使得花椒种植历史悠久的九龙县成为全大陆少有的花椒母本种源地。

经济种植以“正路椒”“大红袍”“高脚黄”的品种为主，全县花椒种植面积超过 5 万亩，九龙花椒于 2012 年顺利成为“地理标志保护产

↓九龙县城全景。

品”，2020年获得中国绿色食品博览会暨第十四届中国国际有机食品博览会金奖。花椒种植的分布基本上顺着雅砻江，从县城呷尔镇一路往南分布。在九龙因为西路大红袍花椒与南路花椒都有，要辨识一般是看花椒树的长势，大红袍粗枝大叶、较高大；南路花椒枝、叶相对细、小，树的高度也较矮。其中乃渠镇所产的花椒才是历史意义上的“贡椒”，因乃渠恰好位于最佳的海拔高度带，花椒种植产业多集中在乃渠以南的县境乡镇。

↑↓高山深谷的天然地理屏障，使得九龙县是全大陆少有的花椒母本的种源地。

↑九龙引进金阳的青花椒品种。

青花椒是九龙的新产业，引进的是金阳的青花椒品种，种植面积尚不大，主要分布在烟袋乡、魁多镇、小金乡、朵洛乡等海拔较低的河谷地。

九龙县除了花椒出名外，还有就是“九龙藏刀”，原以为著名只是一个旅游纪念品的炒作而已，却在闲逛藏刀的店铺时，见一个藏民匆忙的走了进来说：“真恼火，打车时将刀忘在车上了，那把刀跟了我好几年了！”这时才发现是自己认识不足并认真地照资料了解“九龙藏刀”。九龙县产民族特色工艺藏刀的第一品牌创始于 1902 年（清光绪二十八年），有一百多年的历史，在九龙县城是人人皆知，现更部分打造成为可以搭配藏族服饰佩戴的工艺品。一把锋利无比的上好藏刀是藏民生活必需的随身刀具。藏刀拔出来时感觉不出它的锋利度，但当用它割帆布带时才发现就像割纸一样轻松。另在乃渠采风时巧遇藏民宰牦牛，旁边就只见一大一小两支九龙藏刀，可见其实用性之高，也让人对这一“旅游特产”感到实至名归。

↑锋利无比的上好工艺藏刀，是藏民生活必需的随身刀具。巧遇藏民在宰牦牛，旁边就只见一大一小两支九龙藏刀。

↑在藏族地区，有水的地方，旁边常可见到“水经轮”的设置，藏民希望透过水力能将利益众生的意念无时无刻地传播出去。

↑九龙县花椒重点产区乃渠镇一景。

↑九龙县城狮子山上的观景亭。

产 地 资 讯

产地：甘孜藏族自治州・九龙县
花椒品种：西路花椒
风味品种：柚皮味花椒
地方名：大红袍花椒、小红袍花椒、红椒。
分布：呷尔镇、乃渠镇、乌拉溪镇、雪窪龙镇、烟袋乡、子耳乡、魁多镇、三垭镇、小金乡、朵洛乡。
产季：干花椒为每年农历 6 月上旬到 7 月上旬，大约是阳历 7 月到 8 月上旬。

※ 详细风味感官分析见附录二，第 295 页。

花椒品种：南路花椒
风味品种：橘皮味花椒
地方名：南椒、迟椒、红椒。
分布：呷尔镇、乃渠镇、乌拉溪镇、雪窪龙镇、烟袋乡、子耳乡、魁多镇、三垭镇、小金乡、朵洛乡。
产季：干花椒为每年农历 7 月到 9 月上旬，大约是阳历 8 月上旬到 10 月上旬。

※ 详细风味感官分析见附录二，第 289 页。

花椒品种：金阳青花椒
风味品种：莱姆皮味花椒
地方名：青花椒、麻椒。
分布：烟袋乡、魁多镇、小金乡、朵洛乡。
产季：干花椒为每年农历 6 月下旬到 8 月中旬，大约是阳历 7 月下旬到 9 月上旬。

※ 详细风味感官分析见附录二，第 301 页。

▌地理简介：

九龙县拥有高山原、极高山、山地、峡谷四大地貌，北高南低，最高达 6010 米，谷地一般在 2000~3200 米，最低 1440 米。由于河流切割深度大，山势陡峭，主要河流支流的下游多为悬崖峭壁。

▌气候简介：

高原型副热带气候，海拔高度相差悬殊，地形复杂，典型的立体气候。年平均气温 8.9℃。夏季凉爽湿润；降雨集中在 6 月至 9 月。

▌顺游景点：

伍须海、牛鼻子洞、老人峰石林、溶洞、温泉、十二姐妹峰等。贡嘎山侧小卡子云海、野人庙、吉日寺、鸡丑沟、托奶山，以及浓郁的藏、汉、彝民俗风情等。

○雅安市 ○重庆市 ○凉山彝族自治州 ○攀枝花市 ●甘孜藏族自治州 ○阿坝藏族羌族自治州 ○青花椒产区 ○青花椒新兴产区

18. 甘孜藏族自治州 泸定县

泸定县位于甘孜藏族自治州东南部，东边与雅安的天全县、石棉县相连，川藏公路经过东北部，是四川进出西藏的交通要道。现雅西高速公路开通后进泸定多是从石棉进，从成都或雅安市进泸定另有走川藏公路经天全县的客运车，雅康高速通车后可从雅安直接走高速公路到泸定。曾经从汉源进泸定是经石棉县，坐车大约要4.5小时。泸定县县城汉化程度高，几乎没有藏族风情。

地处青藏高原东部的泸定县，因大渡河由北向南纵贯全境而成为川西高山高原“最深陷的峡谷区”，谷深壁陡，许多山峰都在4000米以上，其中主峰是与康定县接壤的贡嘎山海拔7556米，为四川最高峰。泸定地区之所以被称为“最深陷的峡谷区”，就是因贡嘎山主峰到大渡河河谷水平直线距离只有不到10公里，高度差居然达到6500多米。

因为地形的特殊性，让高山、峡谷、冰川、雪峰、森林、湖泊等自然景观十分密集，造就泸定县旅游事业的发达，最著名的就是海螺沟冰川国家森林公园，拥有世界上距离大城市（成都）最近，也是最容易进入的冰川。

泸定县虽位于群山中历史却极为悠久，长达2000多年的历史，最著名的历史古迹就是清朝康熙皇帝亲赐、康熙年间建造的“泸定桥”。泸定桥以结构特殊加上康熙皇帝亲笔题字命名而闻名，泸定县也因此桥而闻名于世。桥身长101.67米，宽2.9米，使用13根碗口粗的铁链组成，每

↓泸定县城及周边地貌全览。

根铁链由862~977节铁环相扣，均由熟铁锻造，横跨大渡河造福百姓达300多年。

受限于地理环境，泸定县的花椒产业就只能沿着大渡河河谷发展，由北往南分别是岚安乡、烹坝乡、泸桥镇、冷碛乡、兴隆乡、得妥乡，主要栽培品种为南路花椒。在泸定，早期花椒的栽种主要为小规模形式，栽种于河谷平坝或适当海拔高度的向阳坡，再就是于田边地角或与玉米、土豆等各种农作物混种，少有大面积种植单一花椒的情况。近年泸定全力发展花椒种植，以冷碛乡、兴隆乡、得妥乡为中心发展，至今已有约4万亩。近年也引进青花椒的种植，整个花椒产业动了起来，但青花椒刚起步，尚处于扩张的阶段，观望的气氛还很浓厚。

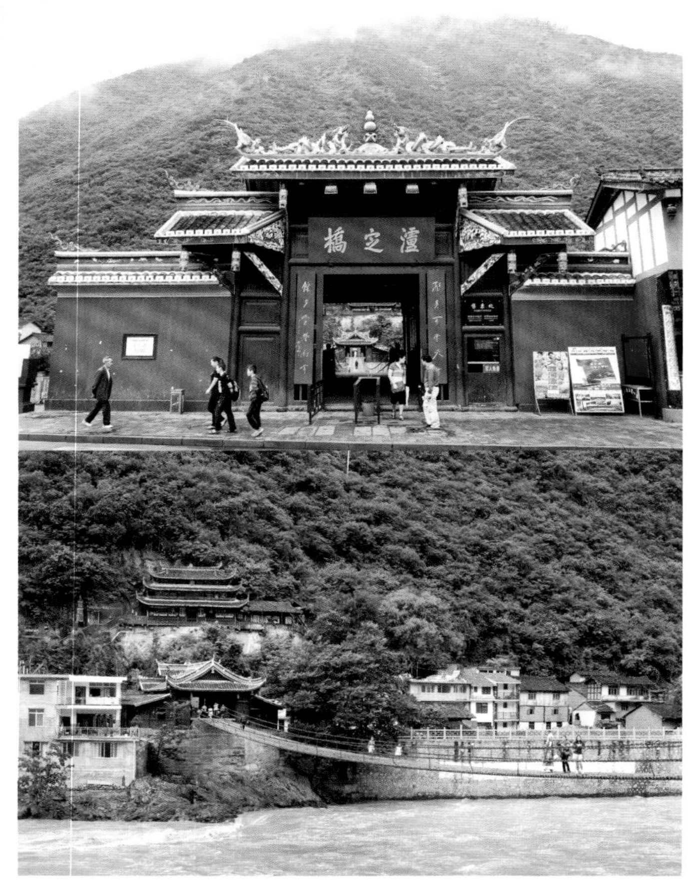

↑清·康熙年间建造的“泸定桥”，泸定桥以结构特殊，加上康熙皇帝亲笔题字命名而闻名。

↓泸定红花椒主要栽种于适当海拔高度的向阳缓坡，多是小规模种植。

↑泸定青花椒主要栽种于向阳河谷地或缓坡。

产 地 资 讯

产地： 甘孜藏族自治州·泸定县

花椒品种： 南路花椒

风味品种： 橘皮味花椒

地方名： 大红袍、红椒、正路椒子。

分布： 岚安乡、烹坝乡、泸桥镇、冷碛乡、兴隆乡、得妥乡。

产季： 干花椒为每年农历 6 月下旬到 9 月上旬，大约是阳历 7 月下旬到 10 月上旬。

※ 详细风味感官分析见附录二，第 289 页。

花椒品种： 九叶青花椒

风味品种： 柠檬皮味花椒

地方名： 青花椒。

分布： 泸桥镇、冷碛乡、兴隆乡、得妥乡。

产季： 干花椒为每年农历 5 月下旬到 7 月上旬，大约是阳历 7 月上旬到 8 月上旬。

※ 详细风味感官分析见附录二，第 295 页。

▌地理简介：

泸定县境位于青藏高原东部边缘，岭谷相间，坡面短，山高谷深，坡斜壁陡，属川西高山高原最深陷之峡谷区。山体呈南北走向，许多山峰在 4000 米以上，贡嘎山是主峰，海拔 7556 米，为全川最高峰。

▌气候简介：

地处四川盆地到青藏高原过渡带上，气候垂直差异明显，海拔 1800 米以下属于干热河谷地区。冬无严寒，夏无酷暑，年平均气温 16.5℃，年平均无霜期 279 天，年均降雨量 664.4 毫米。

▌顺游景点：

泸定桥、海螺沟冰川国家森林公园、二郎山森林公园、贡嘎山燕子沟、贡嘎山雅家埂等生态旅游区、唐蕃古道、岚安乡历史文化旅游区等。

↑泸定县城。

19. 阿坝藏族羌族自治州 茂县

茂县对多数人来说多少都有印象，特别是曾去九寨沟旅游的朋友，早期交通不佳时前往九寨沟多半要在茂县住一晚，现在交通路况变好了，虽不需住一晚，但位于路程中点的茂县依旧是重要的休息站。

地形上茂县境内西高东低，经济及交通发展主要沿着岷江河谷，西部最高峰是万年雪峰海拔 5230 米，最低海拔 890 米是在东部土门河下游谷底，而土门乡一带是茂县目前发展青花椒种植的重点基地，此地区以外的海拔高度基本上都偏高。

↑ 从茂县县城眺望坪头羌寨。

↓ 县城以北约 15 公里处的沟口乡及其周边为大红袍花椒的主要种植区域。

↑叠溪镇和太平乡的海拔在 2000~2500 米，在公路边就能看到成片成片的大红袍花椒林。

据当地椒农说，茂县地区西路花椒从 20 世纪 70 年代起就大规模地经济种植，主要栽种代表品种——“大红袍”花椒，全县海拔 1800~3000 米的缓坡、平坝或河谷地都有大红袍种植，其中以沟口乡及其周边是最为主要的种植区域，这一区域每年的产量几乎占了茂县总产量的 1/10。

在茂县若想要轻松地参观花椒种植基地就要到叠溪镇，这里的谷地平坝的海拔在 2000~2500 米，在公路边就看到成片成片的花椒，而这两个乡镇以外的种植区都是在相对高的半山腰上，像是著名的沟口镇花椒种植区，公路、乡政府都是在海拔 1600 米左右，而花椒是种在海拔 2000~2200 米的山腰上，要上山就只能包车或是走路，包车要碰运气，走路就随时出发，以平地走路的速度上去大概要花 2.5 小时。

沟口乡刁林村是一个半山腰上的山坳地带，在 2017 年以前几乎整片山坡都种上了花椒，目前则全是李子树，因茂县土地特性致使花椒无法在同一块地上连续种植，树龄 15~20 年老化后就要改种其他如李子等果树。

↑沟口乡山上的椒农欠缺平坝，因此都物尽其用，将屋顶完全净空作为晒花椒的平坝。

↑茂县县城的菜市场就在古城门的街上，一边是传统沿街摆摊式市场，一边是集中的“现代化”菜市场。我个人只偏好传统摆摊式市场，更有地方风情与人情味。

2017 年以前在花椒协会的支持下，改善种植技术、提升品质也让收入相对有保障。当时花椒收获的季节，多是花椒协会的人开车上山收晒干的花椒，也让椒农们不需要烦恼花椒的运送与销售问题。

据村里的椒农说，山上到公路边垂直高度差即使只有 400 米左右，但早期村里有三轮摩托车的人少，路况也差，进出多只能靠双脚，来回一趟脚程再快也要近 4 小时，除非遇到必需亲自办理的事否则很少下山，若有一些日用、粮油的需求就托要下山的邻居帮忙采买带上山。现在通村公路已修缮完成，加上汽车、机车的普及，这问题已改善很多。

↑要上刁林村只有包车或走路，生活在山上除非有重要的事，否则就尽量托下山的人帮忙处理或购买日用品。

在没有花椒协会的整合协调前，沟口乡椒农都是依靠一些小型的收购商贩上门收购花椒。这些商贩在花椒的销售流通过程中，常是一层层转手导致末端的销售成本不断增加，收购商为了维持利润，就反过来一层层压低收购的价格，最后倒霉的就是椒农，因为他们对末端市场的销售情况不了解，只能任由收购商压低价格。

若只是价格问题也就算了，毕竟良好的品质还是能让价格稳定在一定的水准。然而更糟的是这些商贩为增加自己的利润，常见的是将外地低价质差的花椒与高质量的茂县花椒混在一起卖，甚至还有在花椒中掺水增重，让本来质量俱佳的茂县大红袍，到消费者手里变成了霉花椒。

为保护茂县花椒形象才有“茂县六月红花椒协会”的设立，而建立自有品牌成为必须完成的任务，有了自有品牌，才能在市场上产生影响力，且令花椒市场规范，从而有效地保护茂县花椒名声。茂县的大红袍花椒，因结果成熟较早，在农历 6 月时就红艳熟透，且风味质量俱佳，故而在 2008 年为茂县大红袍花椒注册“西羌六月红”品牌，以利在市场上推广销售。2009 年为增加大红袍花椒的附加价值，茂县的花椒合作社引进了最先进的鲜花椒油生产技术，建成一条可年产 700 吨花椒油的生产线，进行花椒油的生产。“西羌六月红”不仅增加附加价值与品牌打造，还加入茂县特有的羌族特色，使用羌绣作为“西羌六月红”礼品花椒或花椒油的包装，进一步增加了羌族妇女的经济收入，也拓宽了农民的收入渠道。

↑椒农刘师傅很热情地邀我在山上享受一顿正宗、美味的农家饭。

在县城，菜市场位于和古城门同一条街的街底，往古城门漫步过去，沿路的叫卖声此起彼落，却让人发思古幽情，像是进入时光的隧道，觉得百年前的我就曾漫步在这条街上。到茂县多次，我喜欢向一位阿婆买花椒，虽然不是最好的大红袍却也都是水准以上，重点是换她那无价的温暖慈祥的笑容！

花椒产季时，街上卖花椒的贩子特别多，可以一摊摊地闻、抓、尝，一路试过去，然后再回头买那试过后觉得最好的，通常可以找到等级相当不错的大红袍花椒，色艳、粒大、麻度足、杂味少，更重要的是带有强烈的香水感，让人想要一闻再闻。

2011年初，国家市场监督管理总局发布令对茂县花椒实施地理标志产品保护，以突出大红袍花椒茂县产地的独特性与优质性。这是阿坝州继金川秦艽，九寨沟的刀党、松贝后，又一获得地理标志保护的农产品。至今，茂县大红袍花椒种植规模超过5万亩，年产量超过1000多吨，优质花椒也因此畅销大陆各省市。

↑花椒产季时，古城门前后摆摊卖花椒的特别多，可以一摊摊边闻、边尝地试过去。

↑茂县古羌城景区的碉楼。

产 地 资 讯

产地：阿坝藏族羌族自治州·茂县
花椒品种：西路大红袍椒
风味品种：柚皮味花椒
地方名：六月红、大红袍、花椒、红椒。
分布：叠溪镇、渭门镇、沟口镇、黑虎镇为主，其他乡镇也都普遍种植。
产季：干花椒为每年农历5月下旬到7月上旬，大约是阳历6月下旬到8月上旬。

※ 详细风味感官分析见附录二，第301页。

花椒品种：九叶青花椒
风味品种：柠檬皮味花椒
地方名：麻椒、青椒、青花椒。
分布：土门乡。
产季：干花椒为每年农历5月上旬到6月中旬，大约是阳历5月下旬到7月中旬。

※ 详细风味感官分析见附录二，第295页。

地理简介：

茂县西北高、东南低，地貌以高山峡谷地带为主。县境山峰多在海拔4000米左右，农业经济活动范围在1500~2800米，西部最高海拔5230米，东部土门河下游谷低海拔仅890米，是县内最低点。

气候简介：

气候具有昼夜温差大、地区差异大、干燥多风，冬冷夏凉的特点。县城年均气温11.2℃，平均日照数1557.1小时，无霜期215.8天。年降水量490.7毫米。

顺游景点：

坪头羌寨景区、中国古羌城景区、叠溪古城地震遗址、黑虎羌寨碉楼群遗址、营盘山新石器时代文化遗址、松坪沟风景名胜区、九顶山风景区、宝鼎自然保护区。

20. 阿坝藏族羌族自治州 松潘县

松潘古名“松州”，是四川省的历史名城，县城位于海拔约2850米进安镇，也是大陆国家级重点文物保护单位“松潘古城墙”的所在地，距成都335公里，距州府马尔康431公里，南邻茂县，地处岷山山脉中段，经济、交通沿岷江及岷江支流的河谷发展。

据历史记载，地处边陲的松潘是古代军事重镇，是四川盆地与西羌吐蕃茶马进行交易的集散地，有“高原古城”的称号。公元前316年秦朝灭了蜀国后，在今天川主寺镇的位置建立“湔氐县”，是松潘地区建县之始，至今已有2300多年历史。

↑↓松潘是四川省的历史名城，也是大陆国家级重点文物保护单位“松潘古城墙”的所在地，现已经依历史格局与建筑形式建设成完整的“复古”县城，行走其中可以感受古时茶马交易集散地的繁荣景象。

因松潘县境的平均海拔高，花椒的分布主要集中在县城以南2800米以下的乡镇，如小姓乡、岷江乡、镇江关乡及种植面积较大的镇坪乡。在花椒成熟的时间上，松潘产地的海拔较高，相对低的镇坪乡海拔也有近2400米，因此收成时间比茂县晚半个月至1个月，茂县多数在7月就成熟并采收完，到松潘是8月中旬最晚9月初才全部收完，而种植最高海拔3000米的安宏乡云屯堡村花椒多半到8月下旬才成熟。

松潘椒农们对于花椒风味、质量的好坏有另一套看法，当地老椒农依

↑松潘县境平均海拔高，花椒成熟时间比茂县慢半个月至 1 个月，在海拔 2800 米的大红袍花椒，到了 8 月下旬都还没完全成熟。

↑松潘县的回民相对多，因此许多大城镇都有清真寺。

↑松潘古城的东门“觐阳门”，及其对面的一个广场。

其经验指出所谓的六月椒（农历，阳历约为 7 月），因为环境相对暖、湿，成熟的快因此色泽纯而艳，但风味上就不足一些。像松潘地区 8 月熟的椒子（大红袍花椒）色重、味浓，吃起来让人更觉过瘾。

在唐朝被称为松州的松潘县城位于进安镇，自古就是川、甘、青三省的商贸集散地，南来北往的人们各民族皆有，基于这样的历史背景成为多民族杂居的地区并被誉为“川西北文化走廊”，也是阿坝州多元民族结构与文化的缩影。

今日松潘，一进城关就可见完整的“松潘古城”，位处高山、一千多年历史的“松潘古城墙”遗迹相对完整，据记载有七道门：东门“觐阳”，南门“延熏”，西门“威远”，北门“镇羌”，西南山麓的城门称为“小西门”，外城则是有两座城门，东西向的城门称为“临江”，南北向城门称为“阜清”。今日的古城是松潘政府在“松潘古城墙”遗迹的基础上全面复原“松潘古城”，不只城墙也包括城内的建筑、格局都尽可能地复古，形成一座现代古城。一进“松潘古城”就像进了时光隧道，让人分不清古今、真假，既有现代的便利又有历史的味道，十分值得细细品味。

在松潘因为民族多元，饮食风格也相当多元，松潘汉人制作的牛肉干，香麻辣而滋润，大红袍的花椒本味鲜明，让人印象深刻。

此外回民的酸菜面块也是一绝，酸菜香极浓而微辣，烹煮时飘出的酸菜香就已让人两颊生津，老板腼腆而谦虚地说酸菜是自制的，发酵足加上适当的炒香而已。面块入口薄而有劲，越嚼越香，向老板请教回族关于花椒的使用习惯，老板说，就是增香除膻为主，不吃麻味，而增香的部分也以花椒的香气不突出为原则。离开松潘前在街上买了一个用青稞粉、牛酥油与独特香料做的大“光锅”（清真大烤馍），往九寨沟的一路上继续回味松潘的滋味。

↑松潘的卤牛肉嚼劲与肉香十足，得力于大红袍产地的好花椒，大红袍香麻滋味鲜明而深刻。牦牛肉则又是另外一回事，对没吃过的人来说，“牛”味太重。

↑用青稞粉、牛酥油与独特香料做的大“光锅”（清真大烤馍）。

产地资讯

产地： 阿坝藏族羌族自治州·松潘县

花椒品种： 西路花椒

风味品种： 柚皮味花椒

地方名： 大红袍、花椒、红椒。

分布： 镇坪乡、镇江关乡、岷江乡、小姓乡。

产季： 干花椒为每年农历6月中旬到8月，大约是阳历7月中旬到9月上旬。

※详细风味感官分析见附录二，第302页。

地理简介：

松潘地处青藏高原东缘。地貌东西差异明显，以高山为主，地形起伏显著，最低处海拔1082米，最高5588米。境内有岷江、涪江、热务曲河、毛尔盖河、白草河等大小支流200余条，大小江河汇成岷江与涪江两大水系。

气候简介：

松潘由于地形复杂，海拔高度相差悬殊，导致松潘的气候具有按大小河流域明显变化的特点，各地降水分布不均，干雨季分明，雨季降水量占全年降水量的七成以上。大部分地区寒冷潮湿，冬长无夏、春秋相连。年平均气温5.7℃，年极端最低气温为零下21.1℃，年平均降水量720毫米。

顺游景点：

黄龙风景名胜区、牟尼沟自然风景区、丹云峡、红星岩、雪宝鼎、扎嘎瀑布、嘎里台草原、百花娄森林公园。还有松潘古城墙、清真北寺、安宏烽火台、影子岩防洪堤、古松桥、映月桥、通远桥、七层楼、光照拱北、隐仙拱北等众多古建筑与本钵教、藏传佛教寺院15座。独特而丰富的藏族、羌族、回族风情文化资源。

↑ “松潘古城”与古松桥。

○雅安市 ○重庆市 ○凉山彝族自治州 ○攀枝花市 ○甘孜藏族自治州 ●阿坝藏族羌族自治州 ○青花椒产区 ○青花椒新兴产区

21. 阿坝藏族羌族自治州 马尔康市、理县

马尔康是以藏族为主的市，为阿坝藏族羌族自治州人民政府所在地。“马尔康”在藏语里意为“火苗旺盛的地方”，引申为“兴旺发达之地”。马尔康市以原嘉绒十八土司中卓克基、松岗、党坝、梭磨四个土司属领地为基础因此又称“四土地区”。地形呈不规则、东西向的长方形，地势由东北向西南逐渐降低，境内最高海拔达约5000米，最低是在河谷地，海拔还有2300米左右。

因为平均海拔高，除红花椒外林业类特产还有云杉木、桦木等，境内森林多菌菇，松茸产量也颇丰，而名贵中药材贝母、虫草等更是特色物产。马尔康红花椒的分布以2600米以下的低海拔河谷、平坝为主，分布在全县8个乡镇总面积超过1万亩，栽种品种西路花椒与南路花椒都有。

↑→马尔康市城风情。

↑马尔康大红袍花椒种植分布相当广而分散。

↑理县县城在“5·12”大地震全被震垮，今日的县城是由湖南省对口援建。

↑→理县花椒种植区。

◎ 产地风情

【羌族人独特的“还工互助”习俗】

“还工互助”是羌寨子里由来已久的传统习俗，就是谁家有事，全寨的人都来帮忙。若是像结婚、丧葬、修房子这种家庭大事，就要先找本姓的族人议完事后，再通知全寨的人。通常一个家庭最少要出四个工（“一个工”是指一个家庭来一个人、帮一天忙，四个工可以是一人帮四天、四人帮一天或四人各帮一天），没有任何代价和报酬，能做什么就做什么，但也从不会有人偷懒、打混。这种习俗几乎存在于所有的羌寨，差异性只在“一个工”的计算方式。

↑常见的锅庄舞多达 25 种，包含带有娱乐、游戏色彩的“游戏锅庄”。

马尔康的花椒种植区分散，规模都不大但品质佳，属于小农式的花椒经济，在城区的菜市场或周边可见许多的椒农带着自家的花椒在兜售。整个马尔康市城沿着梭磨河两岸发展，呈现中间广两头尖的城区轮廓，因为腹地有限，对于第一次到马尔康的人来说，其新建的客运站离城区之远让人有点难以想象，搭出租车出城区后大概还要将近 10 分钟才能到。

从马尔康到理县县城所在地杂谷脑镇，坐客运车一般要近 3 个小时才能到达，因为阿坝州拥有许多世界级或国家级的景区，州里旅游经济相当发达，公路也修得很好。此外 2008 年 5 月 12 日汶川大地震就是在阿坝州境内，当时不只是震毁房屋造成百姓伤亡，也震坏了相当多的公路甚至改变了地形，阿坝州绝大部分公路的重建都是直接依未来需求而修建。

话说理县县城所在地杂谷脑镇在“5・12”汶川大地震也是全被震垮，今日所见的县城是由湖南省对口援建。县治杂谷脑镇是藏语“扎西郎”的谐音，意思是“吉祥之地”，在高原上，理县经济、农业发展都是沿着群山的河谷夹缝中求生存，因此理县红花椒主产于县境西边的河谷地，包含杂谷脑河的支流河谷，如甘堡乡、薛城镇、通化乡、蒲溪乡等地，种植面积约 4200 亩，年产量超过 100 吨，主要品种有西路花椒与南路花椒。数量上以大红袍为主，南路花椒为辅，采用混杂种植的模式。

理县属于羌族人为主的县治，羌民喜跳锅庄舞，当地又称“农节舞”。像是“俄约纠”节在农历 5 月上旬举行，祈求山神不降冰雹，不闹洪水，祈求风调雨顺之意，跳的舞叫作“神前忙”锅庄，以低身绕脚拍手的动作为主。农历五月初五端午节不仅是汉族的大节日，对理县一带的羌寨而言也是重要节日，这天就要跳“瓦沙瓦足贴”舞，跳舞动作是双脚交替向左、右迈步，双手随着脚步上下舞动。还有一种娱乐性高、带有游戏色彩的锅庄舞，称为“游戏锅庄”……，常见的锅庄舞多达 25 种。

产 地 资 讯

产地：阿坝藏族羌族自治州·马尔康市
花椒品种：西路大红袍花椒
风味品种：柚皮味花椒
地方名：大红袍。
分布：松岗镇、脚木足乡、木耳宗乡、党坝乡。
产季：干花椒为每年农历6月中旬到7月下旬，大约是阳历7月上旬到9月上旬。

※ **详细风味感官分析见附录二，第302页。**

花椒品种：南路花椒
风味品种：橘皮味花椒
地方名：狗屎椒、南椒、红椒。
分布：松岗镇、脚木足乡、木耳宗乡、党坝乡。
产季：干花椒为每年农历6月下旬到8月中旬，大约是阳历7月中旬到9月下旬。

※ **详细风味感官分析见附录二，第289页。**

地理简介：

马尔康位于四川盆地西北部，青藏高原东部，属高原峡谷区，地势由东北向西南逐渐降低，地面海拔2180~5301米，地质构造复杂。

气候简介：

属高原大陆季风气候，干雨季明显，四季不分明，大部分地区无夏，日照充沛，温差较大。全年平均气温8~9℃，年降雨量753毫米左右，日照1500小时以上，无霜期120天左右。

顺游景点：

草登乡保岩热水塘温泉、草登寺、卓克基乡的白诺扎普天然岩洞、松岗乡的直波古碉与田园藏寨、卓克基土司官寨。

↑羌族地区最具标志性的建筑——碉楼。图为马尔康市著名的八角碉楼。

产地：阿坝藏族羌族自治州·理县
花椒品种：西路大红袍椒
风味品种：柚皮味花椒
地方名：六月红、大红袍。
分布：甘堡乡、薛城镇、通化乡、蒲溪乡。
产季：干花椒为每年农历6月中旬到7月下旬，大约是阳历7月上旬到9月上旬。

※ **详细风味感官分析见附录二，第303页。**

花椒品种：南路花椒
风味品种：橘皮味花椒
地方名：南椒、正路椒、红椒。
分布：甘堡乡、薛城镇、通化乡、蒲溪乡。
产季：干花椒为每年农历6月下旬到8月中旬，大约是阳历7月中旬到9月下旬。

※ **详细风味感官分析见附录二，第290页。**

地理简介：

理县境内海拔1422~5922米，是典型的中高山峡谷区，地势由西北向东南倾斜，最高为四姑娘山，海拔6250米，最低点在东南部岷江出口处，海拔780米。

气候简介：

因海拔高低差悬殊，垂直气候差异显著，冬季降水稀少，日照强烈，多大风，春秋两季多雨，夏季天气稳定，多晴天，年降雨量650~1000毫米，河谷地带年均气温6.9~11℃。

顺游景点：

米亚罗红叶风景区、古尔沟“神峰温泉”、桃坪羌寨、毕棚沟景区等。

22. 阿坝藏族羌族自治州 金川县

位于马尔康西南的金川距离成都约 490 公里，乘坐大巴一般需要 10.5 小时，但路况相当好，比起甘孜州与凉山州多数县际道路来说好太多了，加上地形有足够的空间将路修得较宽而平缓，因此除了时间长之外，到金川算是轻松，以甘孜州的康定到九龙为例，250 公里左右就要 8 个多小时，相较之下就可以想见路况差异。

金川县位于川西北高原，县境的地势由西北向东南倾斜，西北部为海拔 4000 米左右的高原地带，东南部为峡谷区，经济、交通沿着东南部峡谷发展。金川花椒种植规模超过 11 000 亩，还有花椒的好搭档辣椒也很出名，在金川种植的品种主要有墨西哥辣椒、二荆条、牛角椒等。其中的墨西哥辣椒甜辣香脆，皮深肉厚，耐储耐泡，特别适合做成泡椒，在泡菜坛子里泡上数年，依旧是香脆如新。花椒、辣椒“两兄弟”都上火，另一金川的名产则是生津润燥、果肉脆嫩化渣、汁多味甜的“金川雪梨”，可以在吃香喝辣后清爽一下。

在金川，人们普遍不喜欢大红袍的气味，其颜色虽然

↓俯瞰金川县地理景致。

↑金川县藏族、羌族等少数民族人口占多数。图为藏族佛塔。

诱人但觉得其气味和滋味很奇怪，闲聊间还有人跳出来说那个就是臭椒。而他们所钟爱的是“狗屎椒”，这是金川人对南路花椒的称呼，因为南路花椒的枝干上容易附生白白绿绿的苔藓就像干狗屎一样，干花椒颜色虽不如大红袍诱人，但其花椒属于柑橘皮的清鲜香气，滋味浓郁，不易发苦。干货店老板也指出金川当地狗屎椒的价格多半比大红袍贵，虽然卖相差些但识货的人就不觉得贵，据介绍，当地花椒分布是越往金川南边走种得规模越大。

干货店老板还点出狗屎椒比较贵的另一个原因，就是狗屎椒的采收比大红袍费工，因为大红袍花椒结果时，是一根基柄上分岔成数十上百的分柄，这些分柄上再各自结果。可是狗屎椒，即南路花椒，一根基柄多半只分出2~3个分柄，上面再长个2~4颗椒子，这先天差异造成采大红袍花椒的时候，是捏着基柄一大把地采，采狗屎椒时就只能捏着基柄一小撮一小撮地采，人工成本差异就成了价格差异的关键。

但是这样的差异出了产地就不见了，因为一般消费者完全不了解采收工作量的差异，对滋味的理解、辨识多半不如产地的人们，就产生大众市场中颜色好的卖得贵而味道好的卖得便宜的现象。

↑↓金川南路花椒的地方名为“狗屎椒”，源自枝干上容易长绿白色苔藓。

↑金川全县山区多半种有花椒，然而吸引人的还有她那宁静的美。

到金川虽远但不累，也因为距离使所谓的“繁华”十分遥远，在县城里你能体验到独特的宁静，走过这么多地方第一次有这种感觉，或许是因为地方小！也或许是因为没有那些虚幻的霓虹灯！又或许因为这里虽然是山区，但在县城不太需要上上下下，少了自己气喘吁吁与心跳快跑的感觉吧！难得休息的心就在上车离去的那一刻被扯回现实。

◎ 产地风情

金川为藏族为主的县，高原大山上资源缺乏，故修建房子时就产生了许多有创意的特色，习惯根据自己的生活方式与周边自然条件，修建不同风格的房屋。山上什么不多就石头多，因此石料成为金川藏民修建房子的主要材料，取石头和着黄泥堆砌成墙再用巨木为樑后横搭杂木并盖上具黏性的土，干燥后就能滴水不漏。

藏民的房子一般有三层，第一层较低矮，主要作为放置大型农具和圈养牲畜的空间；第二层就是以全年不熄的火塘作为中心的“锅庄”，这是整个房子的心脏部位，这个空间同时具有厨房、饭堂、客厅等多种功用；第三层则是经堂和阳台，即顶层是神的居所，中层为人的住处，底层则是牲口的天地，这样的格局与藏传佛教的世界观相合。此外每年腊月十五家家户户都要把房子粉刷上象征诚实、纯洁的白色，再于其上描绘出天、地、日、月、星、辰还有各种动物和宗教等图案，祈求来年吉祥平安。

产地资讯

产地： 阿坝藏族羌族自治州·金川县
花椒品种： 西路大红袍花椒
风味品种： 柚皮味花椒
地方名： 大红袍、臭椒。
分布： 观音桥镇、俄热乡、太阳河乡、金川镇、沙耳乡、咯尔乡、勒乌乡、河东乡、河西乡、独松乡、安宁乡、卡撒乡、曾达乡。
产季： 干花椒为每年农历 6 月中旬到 7 月下旬，大约是阳历 6 月下旬到 8 月中下旬。

※ 详细风味感官分析见附录二，第 303 页。

花椒品种： 南路花椒
风味品种： 橘皮味花椒
地方名： 正路椒、狗屎椒、南椒。
分布： 观音桥镇、俄热乡、太阳河乡、金川镇、沙耳乡、咯尔乡、勒乌乡、河东乡、河西乡、独松乡、安宁乡、卡撒乡、曾达乡。
产季： 干花椒为每年农历 7 月上旬到 8 月下旬，大约是阳历 8 月上旬到 9 月中下旬。

※ 详细风味感官分析见附录二，第 290 页。

▌地理简介：

金川县位于阿坝藏族羌族自治州西南部，大渡河上游。地势由西北向东南倾斜，境内海拔在 1950～5000 米，西北部为海拔 4000 米左右的高原地带，东南部为峡谷区。

▌气候简介：

属明显的大陆性高原气候，受亚热带气候影响，境内气候温和，日照充沛，年均降水量 616 毫米，年均气温 12.8℃，年累积日照 2129 小时，无霜期 184 天。

▌顺游景点：

索乌山风景区、嘎达山天然东巴石菩萨、阿科里长海子、雪域高原第一碑“御制平定金川勒铭噶喇依之碑”、广法寺、“中国碉王”——关碉、土基钦波观音庙、金川老街、悬空古庙群。

↓金川县是藏族、羌族混居，就有了这佛塔、碉楼在一起的风景。

○雅安市 ○重庆市 ○凉山彝族自治州 ○攀枝花市 ○甘孜藏族自治州 ○阿坝藏族羌族自治州 ●**青花椒产区** ○青花椒新兴产区

23. 眉山市 洪雅县

洪雅县位于四川盆地西南边缘，成都市、乐山市、雅安市所包夹的三角地带，地形上则是被北、西、南三面的大小山地所包夹，包含峨眉山、瓦屋山等名山，从西南向东北由高而低地形成高山到平坝都有的多样化地貌，总的来说以山地丘陵为主，占县境面积约七成，平坝分布在青衣江、花溪河两岸，因此洪雅的地貌被概括形容为“七山二水一分田”。

藤椒又名香椒子，在洪雅的种植历史十分悠久，据文献研究指出，洪雅地区的花椒记载历史最长可追溯到两千年前。藤椒香气浓、麻味轻，晒干后入菜显得滋味不足，于是洪雅地区就衍生出以油炼制的藤椒油食俗，每年藤椒成熟时尽快采摘并趁鲜用热菜籽油炼制成藤椒油，经过长时间的经验累积与精益求精而形成不同于一般的独特炼制工序，称为“閟制”。2006 年洪雅县被封为“中国藤椒之乡”。

时至今日，独特的藤椒文化依旧深植于洪雅人的生活中，走入洪雅乡间可见家家户户在屋前屋后都种有藤椒，每年农历 5 月藤椒成熟之际，走在乡间、路过农家，你就会闻到那清新爽神的藤椒香或正在“閟制”藤椒油的浓郁爽香味。

↑深植于洪雅百姓生活中的藤椒食用文化，形成今天到洪雅乡间依旧可以普遍见到家家户户在屋前屋后种藤椒。

↑当藤椒的食用传统变成一个产业后，要保有地方饮食文化的独特性需要一个愿景。图为农村朴实风情浓郁的藤椒种植地。

藤椒味在餐饮市场上普及的功臣，首推洪雅县第一个将藤椒油商品化的幺麻子公司创办人赵跃军。他家祖祖辈辈都是经营餐馆，当他接手时发现许多外地人对洪雅的传统藤椒油风味十分喜爱，常在用餐后想要购买，于是在经营餐馆同时自 2002 年正式跨入食品调味料产业，设立公司卖起藤椒油。因为风味独特、品质佳，很快就销售到全川及全大陆，目前拥有 70% 的藤椒油市场，是规模最大的专业藤椒油生产商，专注于藤椒油的生产与提升，不做不擅长的产品。家传祖业“幺麻子钵钵鸡”餐馆也更新换代改名“德元楼”继续经营，与中国藤椒文化博物馆及生产厂区相邻，许多游客到了洪雅德元楼不只能吃到钵钵鸡，还同时能了解藤椒油制作与文化。

↑规模化的种植需要充足的技术与人力，采花椒则是需要人力但不太费力，比较辛苦的是要在大太阳下采摘。

洪雅藤椒产业的发展几乎就是因幺麻子的发展壮大而蓬勃，目前洪雅县藤椒种植主要分布在止戈、余坪、洪川、东岳、中山等乡镇，加上洪雅等周边区县的种植规模达 10 万余亩，到 2020 年为止成都、绵阳、达州等 18 个市州陆续开发藤椒种植面积超过 50 万亩。赵跃军先生指出就在藤椒产业未发展起来之时，生产藤椒油所需的新鲜藤椒需要到乡下挨家挨户地收，当时种得比较多的就是止戈、余坪、中保等乡镇，但因为都是家户自种自用，就是多种也不会多太多，对照今日以规模种植为主并成为许许多多乡亲的致富产业，真的是不可同日而语。

◎ 产地风情

瓦屋山是中国历史文化名山，古称居山、蜀山、老君山，唐宋时期就与峨眉山并称“蜀中二绝”，瓦屋山更是全球最高大的“桌山”，因地质作用东西两边略为下倾，所谓的“山顶”是感觉突兀的巨大平台，远观就像“瓦屋”顶而得名。瓦屋山山顶平台平均高度约海拔2750米，最高处2830米，平台面积大约11平方公里，比内蒙古海拔681米的“桌子山”高，平台面积也远大于南非开普敦桌山。现规划为瓦屋山国家森林公园，以原始、古朴、神奇著称，自然景观与人文景观并长。

远在西周末年瓦屋山就已经被开发，据记载，蜀国开国君王蚕丛——青衣神就是葬在瓦屋山，之后的古羌人则是在此修建规模巨大的庙堂用以祀青衣神，即著名的“青羌之祀”。

其次瓦屋山与道教的文化、传说更是关系紧密。如春秋末期太上老君西行到位于瓦屋山的青羌之祀访道隐居；汉朝末年张道陵在瓦屋山下传道创教而留下《张道陵碑》；元末明初，道教历史名人张三丰到瓦屋山修行创立了“屋山派”，到明朝时却被诬陷为“妖山”而予以封山，但朝山游人仍然络绎不绝，可以与峨眉山相媲美。

↓世界上最高大的“桌山”——瓦屋山

◎ 产地风情

中国藤椒文化博物馆占地3000平方米，是眉山市第一家民营企业筹建的博物馆，以展现地方历史文化和藤椒物种发源历史文化为主。

主展馆将两千多年的藤椒文化从历史、溯源、栽培、应用等各个角度，通过文物或模拟的方式呈现与说明，让你在最短的时间内对藤椒文化历史有一定的认识。

全馆收藏有各级文物、精品千余件，包含古印度贝叶经，三星堆四面立人石像，汉螭龙带钩，新石器时代石锛、石斧，西周大篆铭文砖，清道光七年《康熙字典》全本，全国旅游门票近千张，各时期洪雅老照片……

馆址：四川省洪雅县止戈五龙路，免费参观。

↑博物馆特别完整收藏并呈现几乎已经消失的传统榨菜籽油作坊的设备与情境。

产 地 资 讯

产地：眉山市·洪雅县

花椒品种：藤椒

风味品种：黄柠檬皮味花椒

地方名：藤椒、香椒子。

分布：止戈镇、余坪镇、洪川镇、东岳镇、中山乡等。

产季：干花椒为每年农历4月中旬到6月中旬，大约阳历5月下旬到7月下旬。

※详细风味感官分析见附录二，第296页。

▍地理简介：

洪雅县地形由西南向东北高低梯次变化，地貌以山地丘陵为主，河谷平坝分布在青衣江、花溪河两岸。全县最高海拔3090米，最低海拔417.5米。

▍气候简介：

县内气候温和湿润，年降雨量1435.5毫米，年累积日照约1006小时，年均无霜期307天，年平均气温16.6℃。

▍顺游景点：

瓦屋山国家森林公园、柳江古镇、高庙古镇、槽渔滩水电站。

←柳江古镇最迷人的地方在其朴实、安逸。

24. 乐山市 峨眉山市

峨眉山市原名“峨眉县”，1988年改以山为名而成为峨眉山市地，处于盆地到高山的过渡地带，地势起伏大，地理地貌多样。峨眉山市建置的历史可追溯到隋朝时设置峨眉县。因地处佛教四大名山之峨眉山东麓且是峨眉山的主要出入口而得名。而峨眉山之名又是因为大峨山与二峨山两山相对，就像两眉相对而得名。加上远观大峨山与二峨山的线条柔美而细长，于是有“峨眉天下秀”的说法。

藤椒原只是峨眉山及周边县市地区的土特产，是一个地方风味极为浓厚的调辅料，就在20世纪90年代青花椒的风潮吹起后，属于青花椒兄弟的藤椒也顺势在市场上冒出了头。峨眉山市因为环境有其独特之处，让藤椒虽是青花椒的兄弟，却有着截然不同的风味个性。

↓佛教四大名山之峨眉山，不只景色多变，其独特的环境更是藤椒奇香的源头。

↑以前半野生藤椒都是零零星星地长在低山坡上，现今已被成片的人工种植取代。

↑藤椒因枝条长如藤而得名，现经改良培育后，挂果之多，还要用竹竿撑住枝条。

据当地最大的藤椒油企业的研究人员指出，峨眉山市的土壤中天然氮肥较其他地方多1%~2%，其次是自然肥用得多，让藤椒的养分达到优质的多元化。早期藤椒尚未成为产业之时，大多长在低山的山坡上，属于半野生状态，每年农历5月前后，藤椒成熟时当地人会依自己的需要上山适量采摘，当时主要是炼成藤椒油，且只在自己家里用，算是上不了台面的农家调味品。

在市场风潮影响下，种植环境优良而让成品相对自然健康的藤椒油，其独特风味与清爽成了餐饮市场的抢手货。现今峨眉山市多数靠山的乡镇不只是山坡上种，平坝也种，甚至原本的水田地都因藤椒的经济效益而改种藤椒。

藤椒产业的发展时间不长，带动跳跃式发展的是当地的藤椒油龙头企业——万佛绿色食品有限公司，从2005年起大规模地种植并成功地打出品牌，销售到全国。所以峨眉山市的藤椒种植从原本半野生的种植形态，到目前种植面积超过2.5万亩，涉及10多个镇乡。在产业的发展中，经过近10年的研究、育种与改良，培育出产量、风味都极佳的“峨眉一号”品种，目前峨眉山地区新种的藤椒都是以“峨眉一号”为主。

藤椒有一特殊之处就是晒干后香气的散失十分严重，但以新鲜藤椒入油炼制得到的藤椒油却是异香扑鼻，也因而形成以藤椒油为主的食俗；其次是早期藤椒、青花椒算是“野味”，不为官方饮宴与馆派川菜所使用而令藤椒的使用就局限在峨眉山的周边县市。

↑峨眉山地区新种的藤椒都是以“峨眉一号”为主，并建有多个标准化基地。

↑ 藤椒结果的质量好坏需从育苗做起，种苗培育都有专人照顾。

目前市场上的藤椒油可以分成两种，一种为浓香型藤椒油，另一种为纯香型藤椒油，这两种藤椒油在滋味上有根本的区别。浓香型的藤椒油是以菜籽油作为基础油炼制，因此除了藤椒的麻香味外，还混合并散发菜籽油的浓郁香味，属于经典而传统的风味。纯香型的藤椒油则是以精制过、脱色脱味的沙拉油作为炼制的基础油，因此风味上以彰显藤椒的清新麻香味为主。

↓ 罗目镇花椒基地全景。

◎ 产地风情

峨眉山是中国佛教四大名山之一，从晋代开始一直是佛教的普贤道场，佛教文化在这里已有一千多年的历史。峨眉山比五岳都还要高而秀甲天下，山势雄伟而景色秀丽，山高地广形成“一山有四季，十里不同天”的独特环境，并拥有独特的“雄、秀、险、神、奇、幻”六大特色。清代诗人谭钟岳将峨眉山佳景概括出十景：“金顶祥光”“象池夜月”“九老仙府”“洪椿晓雨”“白水秋风”“双桥清音”“大坪霁雪”“灵岩叠翠”“罗峰晴云”“圣积晚钟”。

产 地 资 讯

产地：乐山市·峨眉山市

花椒品种：峨眉一号

风味品种：黄柠檬皮味花椒

地方名：藤椒、油椒、香椒子。

分布：罗目镇、沙溪乡、龙门镇、高桥乡、峨山镇、黄湾乡等 10 多个镇乡。

产季：干花椒为每年农历 4 月中旬到 6 月中旬，大约是阳历 5 月下旬到 7 月中旬。

※ **详细风味感官分析见附录二，第 297 页。**

▍地理简介：

峨眉山市东北与川西平原接壤，西南连接大小凉山，是盆地到高山的过渡地带，地貌类型多样，地势起伏大，海拔在 386~3099 米，以山地为主，占峨眉山市总面积约六成。

▍气候简介：

属亚热带湿润性季风性气候，气候宜人，年平均气温 17.2℃，年均降雨量 1555.3 毫米。

▍顺游景点：

峨眉山风景区、罗目古镇。

↑罗目古镇的朴实风情。

25. 泸州市 龙马潭区

泸州市古称江阳，位于四川省东南部，长江和沱江的交汇处，是著名的酒城，闻名遐迩的泸州老窖和郎酒的产地。泸州市位于四川盆地与云贵高原接合的地区，既有盆中丘陵地貌，也有盆地周边山地地貌。青花椒在泸州市的发展相当蓬勃，种植较多的有龙马潭区、合江县、泸县等。

位于泸州市中心北面的龙马潭区属于全丘陵区地貌，平均海拔 300 米左右，以浅丘宽谷为主，流经本区的河川主要有长江、沱江、龙溪河、濑溪河。龙马潭区雨量充沛，日照比省内同纬度地区偏多，冬暖春早，整体地理环境特别适合种植花椒，既确保有足够的水分又可避免积水，因为青花椒树最怕积水，是不怕偶尔缺水的耐旱树种。目前龙马潭区的青花椒以金龙乡为中心往外发展，品种以九叶青花椒为主。

↑龙马潭区金龙乡主要经济农作物是供应泸州老窖酿酒的高粱，其次是青花椒。

↑好环境让西坛青花椒具有极具特色的风味，有其他产地少有的凉香感与柑橘香。

龙马潭区青花椒产业始于2002年，其中金龙乡先后利用退耕还林等多种机遇，对乡里利用度低的柴草山包和残林进行林业转换，种起成片的九叶青花椒。目前转换种植最积极的数西坛村，已有近八成的柴草山包和残林成片改种九叶青花椒。适应规模生产与销售的需要成立了西坛村花椒专业合作社，有策略地引导农民大力发展花椒产业，种植方面引进“短枝法”等新的椒树管理技术，以提高“九叶青”的花椒品质和产量；营销方面申请注册了“西坛青花椒”商标，并导入专业行销包装公司为花椒包装，同时推动花椒批发和进入超市销售，综合以上努力，“西坛青花椒”已经成为超过水稻、高粱种植收入的新兴产业。

金龙乡的花椒基地最大特色就是离城区近，距离约15公里，却有着世外桃源般的宁静、安逸，加上大面积种植长年浓绿的青花椒林，使得乡村绿意景色特别的浓郁舒爽，每个山包就像是铺上了绿色绒毯，丘陵地貌让风景更有高低层次，十分适合开发长住型的农家乐，30分钟就可以到城里，在瞬间又能回返享受世外桃源般的安逸。优质的环境让西坛青花椒拥有极具特色的风味，如明显的凉香感与金橘香，杂味又少，其他产区少有，相当适合用于需要细致滋味的菜品调味中。

↑高低起伏、层次多变的西坛青花椒种植区，尽是一片翠绿。

↑目前建造最早（始建于公元1573年）、连续使用时间最长、保护最完整的酿酒老窖池群位于泸州市区的泸州老窖观光酒厂，可从观光通道看到利用老窖池酿酒的实况。

产 地 资 讯

产地：泸州市・龙马潭区

花椒品种：九叶青花椒

风味品种：柠檬皮味花椒

地方名：青椒、青花椒、九叶青、麻椒。

分布：金龙镇、石洞街道、胡市镇。

产季：保鲜花椒为每年农历4月上旬到5月上旬，大约是阳历5月到6月上旬。干花椒为每年农历5月上旬到6月上旬，大约是阳历6月上旬到7月中旬。

※详细风味感官分析见附录二，第298页。

地理简介：

龙马潭区地貌全属于丘陵地形。泸州市地处四川盆地与云贵高原接合地带，大体以长江为界，南侧为中、低山，北侧除少部分低山外，均为丘陵地形。

气候简介：

龙马潭区属中亚热带湿润季风气候，区内全年累积温度高、雨量充沛，日照比省内同纬度地区偏多，区内年均气温18℃。

顺游景点：

洞窝风景区、泸州九狮旅游区、石洞花博、龙马潭公园、犀牛峡。

○雅安市 ○重庆市 ○凉山彝族自治州 ○攀枝花市 ○甘孜藏族自治州 ○阿坝藏族羌族自治州 ●青花椒产区 ○青花椒新兴产区

26. 自贡市 沿滩区

沿滩位于自贡市区的东南方，又名“升平场”，是当年自贡盐业运输大动脉釜溪河的三大码头之一（邓井关、沿滩、邓关）。据史书记载此处“沿河滩多”因此地势、水势非常险峻，早期没有足够的工程技术进行河道整治，当时运盐的船行经釜溪河沿滩段时都要加倍小心，地名也由此而来。

↑沿滩区的农业种植沿着丘陵起伏而上下，低丘、山包全都被开垦成蔬菜、粮食作物的田地。

在过去的盐业荣景消逝后，沿滩区的经济活动也归于平淡，多数人回归农业生产。沿滩地形特点是西北高东南低，溪沟多，山丘广布，各种农业种植基本上沿着丘陵起伏而上下，今日进入乡间就可以发现低丘、山包全都被开垦成蔬菜、粮食作物的田地，可以用光秃秃来形容，因此只要有较大的雨势，就容易发生垮塌或泥石流。因此 2002 年全面启动退耕还林工程，至今各地仍持续实施。

然而退耕可以，还需引导农民在还林时也能有经济收入，多种方案中以江津青花椒发展的成功模式得到了各地效法与推崇。沿滩地区夏天是旱涝交错，夏旱、伏旱频率

↓自贡市当年盐业运输大动脉釜溪河，今日市区段的全景。

都高，到了秋季绵雨多、日照少，到冬季降雨偏少，而青花椒的适应性强而耐旱，加上管理容易，因此从2002年起沿滩区就积极发展青花椒产业，到2018年全区种植面积已超过8.5万亩，预计发展到10万亩以上，已挂果投产面积超过3.5万亩，年产鲜椒超过8000吨。种植较集中的有王井、九洪、联络、刘山、永安等乡镇，占沿滩区青花椒种植面积的六成以上。

2012年在刘山乡采风时巧遇当地领导前来考察，并指出要再扩展5000亩的花椒林，当时刘山乡已有5000亩的花椒林。这么多的花椒要卖到哪里去？如何确保椒农的收益？沿滩区政府做法是大力支持发展种植青花椒的同时，辅导成立多个青花椒专业合作社，负责帮农民解决种植问题与销售问题并配合招商引资，吸引相关食品企业到沿滩设厂或采购。依靠种植销售一条龙的策略，让沿滩区的花椒种植发展在20年内，从开始的没有种植发展到8.5万亩以上。

↑↓沿滩区联络、刘山一代的花椒产区，虽然只有10年的时间，种植成效相当突出。

◎ 产地风情

【西秦会馆】

自贡因盐设市，经营盐业的商人来自各省市，因此发展出兴盛的会馆文化，类型可分为同乡会馆、行业会馆、同乡兼行业会馆。

其中最为著名的是西秦会馆，位于自贡老城自流井区的解放路，盐业历史博物馆就设在会馆内。馆内设有武圣宫主奉关帝神位，也称关帝庙，俗称陕西庙。自贡西秦会馆为中华会馆之最，由清朝乾隆初年在自流井经营盐业的陕西籍盐商们发家致富后集资修建，今天的自贡市盐业历史博物馆已成为自贡盐业史的标志。

【沿滩的升平场】

升平场镇子不大，有着明显的现代与传统相容的特点。升平场的发展明显地分为两半，靠近釜溪河的老街部分，地势崎岖不平却最为兴盛。老街上方以新街为主的地势却显得十分平坦而大气，四川到云南的川云公路则横穿其间，因此升平场镇自清朝以来水陆交通发达、物资充足而集结了许多富商并在镇上修建了不少会馆寺庙。

↑↓自贡市西秦会馆，盐业历史博物馆就设在会馆内。

产 地 资 讯

产地：自贡市·沿滩区

花椒品种：九叶青花椒

风味品种：柠檬皮味花椒

地方名：青椒、青花椒、九叶青、麻椒。

分布：刘山乡、九洪乡、王井乡、永安镇、联络乡。

产季：鲜花椒为每年农历4月上旬到5月上旬，大约是阳历5月到6月上旬。干花椒为每年农历5月上旬到6月上旬，大约是阳历6月上旬到7月中旬。

※详细风味感官分析见附录二，第298页。

▌地理简介：

自贡市盐滩区区境轮廓呈饱满的三角状，地貌以丘陵为主，平均海拔300~400米，无成形山脉。

▌气候简介：

属副热带季风气候，四季分明，气候温和，雨量充足，常见阴云天气。年平均气温17.5~18.0℃，年累积日照约1150小时，年降雨约1000毫米。

▌顺游景点：

仙市古镇、金银湖旅游风景区、长恩寺、观音寺、玉黄寺。

↑在自贡市的城区范围内还有许多盐文化的古迹或遗迹值得一探。

27. 绵阳市 盐亭县

位于绵阳市东南部，目前是川西北青花椒规模种植较早的地区，种植面积已超过 8 万亩。

盐亭县古时称为潺亭，东晋时（公元 405 年）建置万安县，是盐亭建县之始。公元 535 年又更名为潺亭县，后来境内发现许多盐井，盐卤产出丰富，于是在公元 554 年更名为盐亭县后一直沿用至今。

八角镇地处中高丘陵地带，平均海拔约 500 米，有乌马河、龙洞河等两条嘉陵江支流流经镇境，是目前盐亭县青花椒的发展中心，2007 年成立的盐亭县八角镇花椒专业合作社就设于八角镇政府旁，其他主要种植乡镇还有富驿镇、黄甸镇、金孔镇等。此外合作社为串联各个青花椒种植地的力量，邀请涪城区的两个乡镇、北川一个乡镇有种植青花椒的农户加入花椒合作社。

八角镇花椒专业合作社的青花椒产业策略是采取“生产、加工、销售”一条龙的模式，在辅导农民的同时，申请注册了“川椒王子”品牌，并且统一花椒收购价格、加工与销售，一来兼顾椒农的基本收入，二来掌控青花椒品质，确保品牌形象并累积品牌价值。统一销售则能在市场上掌握议价的主动权，对于获利大有帮助，这些获利盈余最后都会分配到椒农手上，因此椒农只要认真将种花椒的工

↓ 盐亭县青花椒的发展中心在八角镇。图为盐亭县城。

作做好就能获取相当的收入，对农民的生活改善有很大帮助，藤椒种植也成为近几年扶贫政策的主要项目。

回到盐亭县城农贸市场，却问不到盐亭县哪里种青花椒，这一现象对于品牌形象来说是一个大问题，一个当地人都不清楚的青花椒产业，外地人就会怀疑这里产的花椒是否不为当地人认同！因此如何做好敦亲睦邻的营销工作，对品牌的长远发展是十分重要的，让产地县的人们了解并认同家乡土地产出的青花椒，这无形且无价的口碑效应将十分惊人。

↑前往花椒种植基地的路上风光。花椒种植地交通不便一直是个问题，从八角镇街上到较大面积的种植基地需要坐 30~40 分钟的摩托车。

↑盐亭县青花椒规模种植已发展十多年，在规模、种植与质量上有一定的水准。

盐亭除了青花椒，县城最引人注目的是火烧馍，一出车站，目之所及的都是卖火烧馍的商贩。盐亭人十分喜爱吃火烧馍，因用火烧制而成得名，原本是回民的主食，俗称锅盔、烧饼、干饼子，用较具体的形容就是有北方扛子头的形状，成都白面锅盔的口感与香气。

满街飘荡的香味让人忍不住买了两块来尝，一甜一咸，咸的是椒盐味，口感稍硬，大红袍椒香气浓，面香味足；而甜的是混包白糖的，口感带劲而较滋润，面香的甜香味丰富。虽然在县城待的时间不长，但也尝了 4~5 摊的火烧馍，发现出车站左边进城区的廊桥上，大约 1/3 的位置有个门面极小的店，一位上了年纪的大爷做的火烧馍是我觉得最好吃的，就在回成都之际，也是这次采风告一个段落之间，买了 10 多个带回台湾与家人分享这朴实的人间美味。

↑八角镇传统美食“血皮”的家庭作坊，蒸熟、切条，晒干后即成。食用方法与面条一样。

↑廊桥上的小铺子里，大爷做的火烧馍最让我回味。

◎ 产地风情

盐亭是嫘祖的故乡，而舞蚕龙是盐亭所独有的民间祭祀嫘祖的民俗活动。通常蚕龙的长度约6.5米，是由白色绸缎精缝而成。蚕头硕大，蚕身修长而有蚕纹。一般由八位青年妇女舞动蚕龙。舞蚕龙的人一律脚蹬厚底短扣的靴子，穿绿色衣服。舞蚕龙时，人们一字长蛇阵排开，伴随着锣鼓，踏着节奏，跳跃腾挪，此起彼伏，将蚕龙舞得生动。

↑位于盐亭客运站斜对面的凤灵寺。

产 地 资 讯

产地：绵阳市·盐亭县

花椒品种：藤椒

风味品种：黄柠檬皮味花椒

地方名：藤椒、青椒、青花椒、麻椒。

分布：八角镇、黄甸镇、高渠镇、富驿镇、玉龙镇、文通镇。

产季：鲜花椒为每年农历4月上旬到5月上旬，大约是阳历5月到6月上旬。干花椒为每年农历5月上旬到6月中下旬，大约是阳历6月上旬到7月中下旬。

※ 详细风味感官分析见附录二，第299页。

▌地理简介：

盐亭县属川北低山向川中丘陵过渡地带，海拔700米左右，分布于县境北部，占总面积约四成；深丘和中丘分布于中部至南部，占全县面积约六成；平坝分布于梓江两岸，约占总面积的2%。

▌气候简介：

盐亭属亚热带湿润季风气候区，年平均降水量825.8毫米，年平均气温17.3℃，无霜期294天，气候温和，雨量充沛。

▌顺游景点：

岐伯故里、岐伯宫、岐伯史绩馆、嫘祖陵、嫘祖殿、凤灵寺、龙潭文物保护区。

28. 广安市 岳池县

岳池位于四川盆地东部广安市的西边，为渠江和嘉陵江汇合的三角台地，因地势平缓水源充足，盛产优质水稻而素有“银岳池”的美誉，也间接造成岳池丘陵地的开发相对薄弱，从 2005 年左右部分乡镇才开始零零星星地引进青花椒种植。目前广安市青花椒种植较多的除了岳池县以外，还有广安区、华蓥市。

↑ 岳池县热闹的市场。

岳池县在多个乡镇的多年经验累积后，根据气候和地理环境适合花椒生长的优势开始大力发展，其中粽粑乡的杨小兰于 2007 年回乡带领粽粑乡农民种植九叶青花椒成功获利后再次加速发展，粽粑乡农民成功通过农民专业合作社注册岳池县首个由农民创建的品牌商标“麻广广”九叶青花椒，让粽粑乡的乡亲们发现种植青花椒的价值。现在更成为粽粑乡重点发展的青花椒产地之一，到 2019 年为止已种植超过 15000 亩。

草创初期，杨小兰在大龙山上租了一间简单的民房后，就开始整地种椒苗，加上她做过花椒批发的生意，了解江津青花椒的种植技术，心想只要安稳地等待花椒树 3 年的成长期即可开始收成，却没想到首批 4 万多株的九叶青花椒苗栽下地，因经验不足，当年椒苗就死了一半，损失惨重。有了惨痛的经验，第二年就战战兢兢地要求农民按规范补种椒苗，顺利地让大龙山花椒基地成为粽粑乡发展青花椒产业的标准。

目前岳池县除了粽粑乡外，还有白庙、兴隆、镇裕镇等都有种植青花椒，全县种植面积按不完全统计已经超过 10 万亩，特别是一些交通不便或是天然环境较差的乡村，农民受惠于青花椒的适应力强、管理相对粗放、经济效益明显而在经济上获得改善。

↑岳池粽粑乡大龙山上建有水泥路，方便农作机械进出和运输，或可打造成农家乐的健康步道。

◎ 产地风情

岳池米粉的历史悠久，已有三百多年历史，从清康熙年间开始，岳池人家自制米粉，既能当主食早餐，也能待客。岳池米粉滋味鲜美，质地细软，不易断碎。而米粉类小吃最早开始于清光绪初年东外街的肥肠粉馆，今日以羊肉粉最受顾客好评。在岳池不少人把米粉作为早餐的第一选择，特别是寒冬和初春，略带麻辣味的米粉让人吃完后顿时热和。

↓岳池粽粑乡重点发展青花椒种植，五六年就发展超过 6000 亩。

在广安市，青花椒种得较早的是广安区，2000年就开始种植，目前种植面积已经发展超过15万亩，主要分布在观塘镇、代市镇与虎城乡。

另外前锋区、华蓥市、邻水县也都在规模化发展青花椒产业，这几个区市县位于四川盆地东缘，华蓥山脉中段西麓，是四川以东进出重庆必经之地，在地形上，以华蓥山为界，西部多低丘，东部则是山地为主，青花椒种植的分布主要在西部低丘地区。

产 地 资 讯

产地： 广安市·岳池县
花椒品种： 九叶青花椒
风味品种： 柠檬皮味花椒
地方名： 青椒、青花椒、九叶青、麻椒。
分布： 粽粑乡、白庙镇、兴隆、秦溪镇、镇裕镇。
产季： 鲜花椒为每年农历4月上旬到5月上旬，大约是阳历5月到6月上旬。干花椒为每年农历5月上旬到6月中下旬，大约是阳历6月上旬到7月中下旬。

※ **详细风味感官分析见附录二，第299页。**

地理简介：

岳池位于四川盆地东部，渠江和嘉陵江汇合处的三角台地，北部为山区，东南为丘陵区。

气候简介：

岳池属典型的中亚热带季风气候区，四季分明，受地形影响，北部低山区气温较低且雨水偏少，东南丘陵区气温较高而雨水偏多。

顺游景点：

翠湖景区、金城山、象鼻河、红岩湖、凤山公园、顾县古镇、金马湖生态旅游区、越江河瀑布。

↓ 华蓥市天池镇。

29. 青花椒新兴产区

绵阳市三台县

花椒品种： 藤椒

风味品种： 黄柠檬皮味花椒

地方名： 青椒、青花椒、麻椒。

种植规模： 2012 年开始种植，至 2020 年已规模开发种植藤椒超过 22 万亩，并建有藤椒产业园。

分布： 全县普遍种植，较集中种植的有芦溪镇、西平镇、万安镇、紫河镇等。

产季： 鲜花椒为每年农历 4 月上旬到 5 月上旬，大约是阳历 5 月到 6 月上旬。干花椒为每年农历 5 月上旬到 6 月中下旬，大约是阳历 6 月上旬到 7 月中下旬。

▌地理简介：

三台县境内海拔高度 307～672 米，属川中丘陵地区，地势北高南低，地质构造简单。

▌气候简介：

三台县地处北亚热带，四季气候分明，年平均气温 19℃，冬春降水少而夏秋降水集中，年日照 1376 小时，降雨量 1050 毫米上下

▌顺游景点：

三台云台观、郪江古镇、潼川古城墙、西平古镇、琴泉寺。

↑新开辟的藤椒林。　↑三台县乡村风情。

↑藤椒。

↓三台县万亩藤椒产业园。

巴中市平昌区

↑白衣镇青花椒基地。

花椒品种： 九叶青花椒

风味品种： 柠檬皮味花椒

地方名： 青椒、青花椒、九叶青、麻椒。

种植规模： 2012 年开始种植，2013 年投入规模种植，2015 年成为平昌县的重点发展项目，截至 2019 年已规模开发青花椒种植 35 万亩并已有 10 多万亩花椒开始挂果投产。

分布： 云台镇、白衣镇、土兴镇、龙岗镇、得胜镇、大寨镇、江家口镇。

产季： 鲜花椒为每年农历 4 月上旬到 5 月上旬，大约是阳历 5 月到 6 月上旬。干花椒为每年农历 5 月上旬到 6 月中下旬，大约是阳历 6 月上旬到 7 月中下旬。

地理简介：

平昌县属四川东部山区，比邻大巴山，最高海拔 1338.8 米，最低 350 米，农耕地一般在海拔 700 米左右，丘陵分布在海拔 380~480 米之间。

气候简介：

平昌县属四川盆地中亚热带湿润季风气候区，四季分明，气候温和，平均气温为 16.8℃，年降水夏多冬少，平均日照时数 1366 小时，全年雾多、风速小、雨量充沛，空气湿润。

顺游景点：

佛头山森林公园、驷马水乡、镇龙山国家森林公园、得胜古镇。

↓→澌滩青花椒基地与九叶青花椒。

达州市达川区

花椒品种： 九叶青花椒

风味品种： 柠檬皮味花椒

地方名： 青椒、青花椒、九叶青、麻椒。

种植规模： 从2013年开始发展花椒产业，至2020年为止全区花椒种植面积已达20万亩。

分布： 九岭、罐子、渡市等乡镇为中心辐射发展。

产季： 鲜花椒为每年农历4月上旬到5月上旬，大约是阳历5月到6月上旬。干花椒为每年农历5月上旬到6月中下旬，大约是阳历6月上旬到7月中下旬。

地理简介：

达川区地处四川盆地东部平行岭谷区，地势西北高东南低，以丘陵、低山地形为主，海拔介于260~900米之间。

气候简介：

夏热多雨，春秋宜人，冬无严寒，年均降雨量约1100毫米，年平均气温17.3℃，年总日照时数为1146.5小时，属亚热带山地季风气候。

顺游景点：

九龙湖风景旅游区、雷音铺森林公园、真佛山风景区、铁山森林公园、一佛寺塔、仙女山、乌梅山风景区。

↑九岭青花椒种植区。

↑九叶青花椒。

↑九岭地貌风景。

↓九岭青花椒种植区。

附录一

其他省份花椒产地一览

01. 甘肃省陇南市武都区

主要花椒品种： 西路花椒——大红袍、无刺大红袍

种植规模： 2020 年已在区内 34 个乡镇和 3 个街道发展花椒种植面积超过 90 万亩，干花椒产量超过 2.5 万吨。

2012 年“武都花椒”实施地理标志产品保护。2015 年获得“甘肃省著名商标”，“花椒综合丰产栽培技术试验示范专案”被中国林业产业联合会评为“创新奖”。

产季： 干花椒为每年农历的 6 月上旬到 7 月下旬，大约是阳历 7 月中旬到 9 月上旬。

02.

甘肃省陇南市文县

▌主要花椒品种：西路花椒——大红袍、无刺大红袍

▌种植规模：截至 2018 年种植发展面积超过 30 万亩，干花椒年产量超过 3200 吨。

▌产季：干花椒为每年农历 6 月上旬到 7 月下旬，大约是阳历 7 月中旬到 9 月上旬。

03.
陕西省宝鸡市凤县

主要花椒品种：西路花椒——大红袍、无刺大红袍

种植规模：凤县花椒又名“凤椒”，先后获得“地理标志产品”“AA级绿色食品认证”“陕西著名商标”“中国花椒之乡”“陕西名牌产品”等殊荣。2020年全县花椒留存面积达到6.7万亩，年产干花椒1500吨左右。

2012年设立花椒试验示范站，由西北农林科技大学、宝鸡市政府和凤县县政府三方合作共建，进行花椒相关技术研究与推广工作。

产季：干花椒为每年农历6月上旬到7月下旬，大约是阳历6月中旬到8月下旬。

04.

陕西省渭南市韩城市

主要花椒品种：韩城大红袍之“狮子头”“无刺椒”和“南强一号”品种

种植规模：中国轻工业联合会授予韩城“花椒之都”称号，截至2020年总种植面积超过55万亩，年产干花椒超过2.6万吨。“韩城大红袍”为“中国驰名商标”“中国农产品区域公用品牌价值百强”，陕西省省级名牌。

2018年陕西省林业科学院在韩城市设立“中国（韩城）花椒研究院”，国家林业局花椒工程技术研究中心设立了“韩城基地”。

产季：干花椒为每年农历6月中旬到8月上旬，大约是阳历7月下旬到9月上旬。

05.
山东省莱芜市

主要花椒品种：西路花椒——大红袍、小红袍

种植规模：1971 年莱芜被列为山东省花椒商品基地县，目前全区完成并建立花椒种植标准、管理标准，2019 年面积达到 14.19 万亩，干花椒产量超过 7500 吨。

莱芜大红袍花椒在第三届中国农业博览会上被评为名牌产品。1998 年莱芜市莱城区被命名为“中国花椒之乡”。

产季：干花椒为每年农历 6 月中旬到 8 月上旬，大约是阳历 7 月下旬到 9 月上旬。

06.
贵州省黔西南布依族苗族自治州贞丰县

主要花椒品种：顶坛青花椒

种植规模：目前青花椒种植面积超过 8 万亩，2020 年生鲜花椒产量 6000 吨。顶坛青花椒为地理标志保护产品。2017 年贞丰县被命名为“中国花椒之乡”。

产季：干花椒为每年农历 5 月中旬到 7 月上旬，大约是阳历 6 月下旬到 8 月上旬。

↓北盘江一景，照片右上角的大桥为六座著名的北盘江大桥之一：关兴公路北盘江大墙。

07.
云南省昭通市鲁甸县

▌**主要花椒品种：**云南青花椒——鲁青 1 号、鲁青 2 号
▌**种植规模：**2020 年全县青花椒种植面积超过 30 万亩，年产量超过 9800 吨。“鲁甸青花椒”已注册为地理标志商标，并于龙头山镇成立西南最大青花椒交易市场。2019 年以花椒产业成为云南省“一县一业”特色县。
▌**产季：**干花椒为每年农历 5 月上旬到 7 月上旬，大约是阳历 6 月中旬到 8 月上旬。

↑ 鲁甸县境也有种植少量的南路花椒。

08.

云南省昭通市彝良县

▍**主要花椒品种**：云南青花椒

▍**种植规模**：2020 年全县青花椒种植面积达超过 35 万亩，年产干花椒超过 9000 吨

▍**产季**：干花椒为每年农历 5 月上旬到 7 月上旬，大约是阳历 6 月中旬到 8 月上旬。

09.

云南省曲靖市麒麟区

▌主要花椒品种：云南小红袍

▌种植规模：目前种植面积超过 1 万亩，年产干花椒 1800 吨。

▌产季：干花椒为每年农历 6 月中旬到 8 月上旬，大约是阳历 7 月下旬到 9 月下旬。

附录二

花椒风味感官分析

南路花椒

青花椒

西路花椒

花椒风味感官分析

南路花椒

01. 雅安市汉源县

主要品种：南路花椒——清溪椒

风味类型：橙皮味花椒——柳橙皮味

学名：花椒（*Zanthoxylum bungeanum*）

地方名：贡椒、黎椒、清溪椒、椒子、红花椒。

分布：清溪镇（含原建黎乡）、富庄镇（含原西溪乡）、宜东镇（含原梨园乡、三交乡）。

产季：农历7月到8月，大约是阳历8月上旬到9月下旬或10月上旬。

【感官分析】

▌**汉源牛市坡花椒**外皮的颜色以鲜深红到暗红褐色为主，牛市坡椒农形容为鲜牛肉色，内皮米白偏黄。

▌直接闻盛器中的花椒时会感觉到干净的柳橙皮甜香及爽香感。

▌随手抓一把起来可以感觉到花椒粒干爽、疏松的粗糙感。

取5颗花椒握在手心提高些许温度后，花椒散发出的气味转为明显的爽香感和柳橙皮甜香混合微量陈皮香。

▌将手中的花椒握紧搓5下后，柳橙皮甜香及爽香感变得突出并夹带着可感觉到的橘皮香及少量而舒服的木香味。

▌取两颗花椒粒放入口中咀嚼，先感觉到干净爽利的柳橙香，接着是明显而清新爽口的熟甜香，香气感往上冲并带有舒服的香水感。凉麻感轻，生津效果强，麻感持续时间长。整体滋味苦味低、回甜感明显，在口中全程都有明显甜味与甜香味，木香味最后出现且让人感到舒服。

▌麻度高到极高而有劲，麻度上升缓，麻感增强缓和，属细致柔和的柔毛刷感。

▌整体香与麻风味可在口中持续约30分钟。

▌**牛市坡以外的汉源花椒**外皮的颜色以暗红到深红褐色，内皮为米白偏黄。

▌直接闻盛器中的花椒时会感觉到爽香而浓的橙皮香味，凉香感轻微及可感觉到的木香味。

▌随手抓一把起来可感觉到花椒粒的质感为干燥、疏松带硬的粗糙感。

▌取5颗花椒握在手心提高些许温度后，在鲜明的橙皮爽香味有橘皮味与陈皮味。

▌将手中的花椒握紧搓5下后，转变为清新橙皮香为主，夹有轻微橘皮香味与木香味。

▌取两颗花椒粒放入口中咀嚼，一入口即可感觉到明显的橙皮的白皮苦味，接着是鲜明的橙皮甜香味与甜味感，爽香感特别明显，有轻回甜感，让人满口生津，麻感后段有凉爽感。轻微的木香味贯穿在整体风味中。

▌麻度高到极高，麻度上升适中偏快，麻感增强适中，属于细中带粗的毛刷感，前舌上颚都会有麻感。

▌整体香与麻风味可在口中持续约30分钟。

02. 凉山彝族自治州昭觉县

主要品种：南路花椒

风味类型：青橘皮味花椒

学名：花椒（*Zanthoxylum bungeanum*）

地方名：大红袍花椒、红椒。

分布：树坪乡、四开乡、柳且乡、大坝乡、地莫乡、特布洛乡、塘且乡。

产季：农历7月到8月，大约是阳历8月到9月下旬。

【感官分析】

▌昭觉南路花椒的外皮为暗红色到红紫色，夹杂着红褐色，其内皮是米黄带微绿。

▌直接闻盛器中的花椒时，熟甜香的橘皮味中透着柚皮味与花椒特有腥味，带有干柴味。

▌抓一把在手中可以感觉到昭觉南路花椒颗粒为干松的扎手感。

▌取5颗花椒握在手心提高些许温度后，橘皮味中透出甜香味，淡淡柚皮味，有微凉感及花椒特有腥味，干柴味依旧。

▌将手中的花椒握紧搓5下后，香气转为偏甜的青橘皮味，凉香感与甜香感明显，花椒特有腥味感觉变淡。

▌取两颗花椒粒放入口中咀嚼，可感觉到青橘皮味浓，花椒本味窜出，回甜感明显，苦味也明显，生津感强，夹有淡淡的柚皮香及木腥味。花椒的本味、生津感与苦味的综合浓度高，让人有轻微恶心感。回味甜香感明显。

▌麻度中上到强，麻度上升快，麻感增强偏快，属于细刺的细中带粗毛刷感，明显的凉麻感并麻到喉咙。

▌整体香与麻在口中持续时间约30分钟。

03. 凉山彝族自治州美姑县

主要品种：南路花椒
风味类型：橘皮味花椒
学名：花椒（*Zanthoxylum bungeanum*）
地方名：大红袍花椒、红椒。
分布：巴普镇、佐戈依达乡、巴古乡、龙门乡、牛牛坝乡、典补乡、拖木乡、候古莫乡、峨曲古乡等
产季：农历7月到8月，大约是阳历8月到9月下旬。

【感官分析】

▌美姑南路花椒的外皮为黑红色到暗红紫色或红褐色，内皮为米黄色。

▌直接闻盛器中的花椒时，橘皮甜香味浓，带明显凉感，木香味舒服并有成熟的果香味。

▌抓一把在手中，可以感觉到美姑南路花椒颗粒为舒爽干燥的疏松感。

▌取5颗花椒握在手心提高些许温度后，凉感、过熟的橘皮甜香味增加，混合舒服的木香。

将手中的花椒握紧搓5下后，香气转为浓橘皮熟甜味的熟果香，淡淡香水感，凉香味舒服，木香怡人。

▌取两颗花椒粒放入口中咀嚼，橙皮甜香味鲜明，苦味略多带有涩味，苦中带甜，回甜感明显而快，木香味偏多。

▌麻度中上到高，麻度上升偏快，麻感增强适中偏快，属于细刺，后韵中出现凉爽的麻感。

▌整体香与麻在口中持续时间约25分钟。

04. 凉山彝族自治州雷波县

主要品种：南路花椒
风味类型：橘皮味花椒
学名：花椒（*Zanthoxylum bungeanum*）
地方名：大红袍、红椒。
分布：菁口乡、卡哈洛乡、岩脚乡。各乡镇海拔1800米以上的缓坡地，但种植面积较小而分散。
产季：农历7月到9月之间，大约是阳历8月到10月。

【感官分析】

▌雷波南路花椒的外皮为暗红褐色到暗褐色，夹带一些黄褐色，内皮为米黄色。

▌直接闻盛器中的花椒时，有着干橘皮味加木香味的混合味。

▌抓一把在手中可以感觉到雷波南路花椒颗粒为扎实的粗松感。

▌取5颗花椒握在手心提高些许温度后，转为干橘皮味浓，木香味尚可，少许干柴味。

▌将手中的花椒握紧搓5下后，香气转为新鲜橘皮味带淡淡甜香，有轻微凉感，木香味尚可，有干柴味。

▌取两颗花椒粒放入口中咀嚼，可感觉到清鲜橘皮味中夹有柚子味和干柴味，滋味为淡淡的熟果香味与中等程度的苦味，涩感明显。后韵有干柴味，回味时苦中带微甜。

▌麻度中到中上，麻度上升适中，麻感增强适中偏快，为略显尖锐的细中带硬毛刷感。

▌整体香、麻、滋味在口中持续时间约20分钟。

05. 凉山彝族自治州金阳县

主要品种：南路花椒
风味类型：橘皮味花椒
学名：花椒（*Zanthoxylum bungeanum*）
地方名：大红袍花椒、红椒。
分布：马依足乡及全县各乡镇，海拔1800米以上的缓坡地，但种植面积较小而分散。
产季：农历7月至9月中旬，大约阳历8月上旬到10月下旬前。

【感官分析】

▌金阳南路花椒的外皮为暗红到深紫红、褐红色，内皮为米黄色偏深。

▌直接闻盛器中的花椒时，金阳南路花椒的熟莓果味明显中混合陈皮味与木香味加一点干柴味。

▌抓一把在手中，其颗粒为粗糙带酥的颗粒感。

▌取5颗花椒握在手心提高些许温度后，花椒的陈皮味与干柴味变得明显。

▌将手中的花椒握紧搓5下后，香气转为明显的熟橘皮清香味，带有淡淡的甜香味与木香味，隐约有木腥味。

▌取两颗花椒粒放入口中咀嚼，可以感觉到橘皮的挥发性清香明显，苦味也偏明显，之后唇舌的麻感就上来，混合着轻微的木腥味，接着木香味变得明显，开始有回甜感与凉麻感，回味时干柴味明显。

▌麻度为中到中上，麻度上升适中偏快，麻感增强适中，属粗中带细的毛刷感。

▌整体香、麻、滋味在口中持续时间约20分钟。

06.
凉山彝族自治州 越西县

主要品种：南路花椒
风味类型：橙皮味花椒——柳橙皮味
学名：花椒（*Zanthoxylum bungeanum*）
地方名：南椒、花椒、红椒、正路椒。
分布：普雄镇、乃托镇、保安藏族乡、白果乡、大屯乡、大瑞乡、拉白乡、尔觉乡、瓦普莫乡、书古乡、铁西乡。
产季：农历6月中旬到8月中旬，大约阳历7月下旬到9月下旬。

【感官分析】

▌越西南路花椒的外皮为深红棕色到暗红褐色，内皮呈鲜米黄色。

▌直接闻盛器中的花椒时，有清新甜香带香水感的橙皮味，熟果香明显，木香味轻。

▌抓一把在手中可以感觉到越西南路花椒颗粒为粗糙且微扎手的疏松感。

▌取5颗花椒握在手心提高些许温度后，转为带凉感的柳橙甜香味，令人舒服的果香味，木香味适中。

▌将手中的花椒握紧搓5下后，香气转为甜香的柳橙皮味加上明显的甜果香味，香水感明显，木香味轻。

▌取两颗花椒粒放入口中咀嚼，可感觉到苦味先出现夹有挥发感，接着出现可感觉的木腥味混合浓郁柳橙白皮味，回甜感中等。在口中后期风味中柳橙皮甜香开始明显，带有令人愉悦的香水感。生津感中等，木香味明显，苦涩感中等。

▌麻度高到极高，麻度上升适中，麻感增强适中，属于细密带微刺细毛刷感。

▌整体香、麻、滋味在口中持续时间约30分钟。

07.
凉山彝族自治州 喜德县

主要品种：南路花椒
风味类型：橘皮味花椒
学名：花椒（*Zanthoxylum bungeanum*）
地方名：红椒、大红袍、南椒、南路花椒、双耳椒。
分布：巴久乡、米市镇、尼波镇、拉克乡、两河口镇、洛哈镇、光明镇、且拖乡、沙马拉达乡、依洛乡、红莫镇、贺波洛乡、鲁基乡。
产季：农历6月中旬到8月中旬，大约阳历7月下旬到9月下旬。

【感官分析】

▌喜德花椒的外皮颜色为深红带橙色到暗褐色，其内皮为米黄色。

▌直接闻盛器中的花椒时有清爽的橘皮味，熟甜香清新中带水果香，木香味轻，可感觉到的凉爽香水味。

▌抓一把在手中可感觉到喜德花椒颗粒为疏松的颗粒感。
取5颗花椒握在手心提高些许温度后，呈现出干橘皮味与甜香味及相对明显的木香味。

▌将手中的花椒握紧搓5下后，香气转为凉爽橘皮味，甜香感清新，带有少许凉爽香水味，木香味在尾韵中明显。

▌取两颗花椒粒放入口中咀嚼，会感觉到木香味先出现，木腥味与苦味同时被感觉到，接着是甜味与麻感一起出现，中期以后才开始出现浓郁舒适的橘皮香与甜香。后韵在橘皮味中夹有木香味。

▌麻度中上到高，麻度上升偏快，麻感增强适中偏快，属微刺的细中带粗的毛刷感。

▌整体香与麻在口中持续时间约30分钟。

08.
凉山彝族自治州 冕宁县

主要品种：南路花椒——灵山正路椒
风味类型：橘皮味花椒
学名：花椒（*Zanthoxylum bungeanum*）
地方名：南椒、正路椒、灵山椒。
分布：麦地沟乡、金林乡、联合乡、拖乌乡、南河乡、和爱藏族乡、惠安乡、青纳乡、先锋乡、沙坝镇、曹古乡、彝海乡、锦屏乡、马头乡。
产季：农历6月中旬到8月中旬，大约阳历7月下旬到9月下旬。

【感官分析】

▌冕宁南路花椒的外皮为深红色到暗红褐色，内皮为米黄色偏深。

▌直接闻盛器中的花椒时木香味及干柴味浓，夹带着陈皮味与些许橘皮味。

▌抓一把在手中可以感觉到冕宁南路花椒颗粒为粗而扎手的疏松感。

▌取5颗花椒握在手心提高些许温度后，气味转为陈皮、橘皮的混合味，木香味偏浓、偏干柴味。

▌将手中的花椒握紧搓5下后，香气转为清新橘皮味，中间有明显的柠檬皮香及舒适的甜香气，木香味适中，带一点点挥发性木腥味的味感。

▌取两颗花椒粒放入口中咀嚼，可以感觉到橘皮味先出现，接着出现苦味、麻感，夹带有干柴味，最后出现中等橘皮香以及舒服的甜香与回甜感，生津感中上，回味时有着陈皮甜香味，凉麻感鲜明。

▌麻度中上到高，麻度上升适中偏快，麻感增强适中，属于绵刺的细中带粗毛刷感。

▌整体香与麻在口中持续时间约25分钟。

09. 凉山彝族自治州盐源县

主要品种：南路花椒
风味类型：橘皮味花椒
学名：花椒（*Zanthoxylum bungeanum*）
地方名：花椒、南椒、大红袍。
分布：盐井镇、卫城镇、平川镇。
产季：农历 6 月下旬到 9 月，大约阳历 8 月到 10 月中旬。

【感官分析】

▌盐源南路花椒的外皮为暗褐红色到暗紫红色或黑褐色，内皮为米白色。

▌直接闻盛器中的花椒时，橘皮味明显中带柠檬香及明显的熟果香，带些许甜香味，有微凉感与木香味。

▌抓一把在手中可以感觉到盐源南路花椒颗粒为颗粒状的粗糙感。

▌取 5 颗花椒握在手心提高些许温度后，橘皮香中夹带熟果香与舒服凉香感，有轻木香味。

▌将手中的花椒握紧搓 5 下后，香气转为清新的橘皮香混合熟果香，木香味适中。

▌取两颗花椒粒放入口中咀嚼，先感觉到带苦的橘皮味，之后出现麻感，接着出现浓郁橘皮味，甜味感明显，苦涩感偏明显，明显的木香味。回味中，甜香夹橘皮味。

▌麻度为中到中上，麻度上升适中偏快，麻感增强适中偏快，属于凉爽的粗中带细毛刷感。

▌整体香、麻、滋味在口中持续时间约 25 分钟。

10. 凉山彝族自治州会理县

主要品种：南路花椒
风味类型：橘皮味花椒
学名：花椒（*Zanthoxylum bungeanum*）
地方名：小椒子、红椒。
分布：益门镇、槽元乡、三地乡、太平镇、横山乡、小黑箐镇。
产季：农历 6 月中旬到 8 月上旬，大约阳历 7 月下旬到 9 月中旬。

【感官分析】

▌会理南路花椒的外皮为深红褐色到暗褐黄色，内皮是米黄带点绿。

▌直接闻盛器中的花椒时，是熟甜香感的果香味与甜香橘皮味，带着轻微的凉感，轻度的挥发性香水味。

▌抓一把在手中可以感觉到会理南路花椒颗粒为粗糙的颗粒感。

▌取 5 颗花椒握在手心提高些许温度后，熟甜橘皮味转浓且带果香，明显的凉香感，适中的木香味。

▌将手中的花椒握紧搓 5 下后，香气转为成熟的清甜橘皮味加少许果香，凉香感明显，木香味感减少，出现明显、舒服的挥发感香水味。

▌取两颗花椒粒放入口中咀嚼，感觉到轻微的橘皮香后就出现明显苦味，之后带出凉香感明显的浓郁柠檬苦香味与橘皮甜香味，生津感明显。中后韵转为清新橘皮甜香，苦味变得不明显，但有涩感。

▌麻度为中上到高，麻度上升适中偏快，麻感增强适中，属于凉爽感突出的细中带粗的毛刷感。

▌整体香、麻、滋味在口中持续时间约 30 分钟。

11. 凉山彝族自治州会东县

主要品种： 南路花椒
风味类型： 橘皮味花椒
学名： 花椒（*Zanthoxylum bungeanum*）
地方名： 小椒子、红椒。
分布： 新街乡、红果乡、岩坝乡。
产季： 农历 6 月中旬到 8 月上旬，大约阳历 7 月下旬到 9 月中旬。

【感官分析】

▌会东南路花椒的外皮为偏黑的暗红到暗褐红色或褐红带黄，内皮为米黄色偏深。
▌直接闻盛器中的花椒时，青橘皮味中有木香味与轻微的熟果味与极轻的油耗味。
▌抓一把在手中可以感觉到会东南路花椒颗粒为粗糙的松泡感。
▌取 5 颗花椒握在手心提高些许温度后，以干橘皮味加干柴味为主，仍可闻到轻微油耗味。
▌将手中的花椒握紧搓 5 下后，香气转为鲜香橘皮味中带甜香感与轻微凉香感，可感觉到熟果香，带淡淡木香味。
▌取两颗花椒粒放入口中咀嚼，可感觉到突出的橘皮香与凉香感及有微甜感的明显甜香感，凉麻感、回甜感明显，有舒服的木香，生津感中等，回味时橘皮味明显。
▌麻度中上到高，麻度上升适中，麻感增强适中偏快，属于微刺的细中带粗毛刷感。
▌整体香、麻、滋味在口中持续时间约 25 分钟。

12. 凉山彝族自治州甘洛县

主要品种： 南路花椒
风味类型： 橘皮味花椒
学名： 花椒（*Zanthoxylum bungeanum*）
地方名： 大红袍、红椒、椒子。
分布： 尼尔觉乡、蓼坪乡、两河乡、海棠镇、斯觉镇、阿尔乡、乌史大桥乡、团结乡、苏雄乡。
产季： 农历 6 月中旬到 8 月中旬，大约是阳历 7 月上旬到 9 月上旬。

【感官分析】

▌甘洛南路花椒的外皮为浓红色到暗红褐色，内皮为米黄色。
▌直接闻盛器中的花椒时，以清新橘皮味为主加轻微木香味。
▌抓一把在手中可以感觉到甘洛南路花椒颗粒为干爽的疏松感。
▌取 5 颗花椒握在手心提高些许温度后，橘皮味变得更明显并出现果香味及木香味。
▌将手中的花椒握紧搓 5 下后，香气转为凉香感的橘皮味及带甜香的果香味，有舒服的木香味。
▌取两颗花椒粒放入口中咀嚼，可感觉到明显熟甜香的橘皮味，苦涩味明显，木香味适中。回味是陈皮香的橘皮味。
▌麻度中到中上，麻度上升偏快，麻感增强适中偏快，为粗中带细的毛刷感。
▌整体香、麻、滋味在口中持续时间约 20 分钟。

13. 凉山彝族自治州德昌县

主要品种： 南路花椒
风味类型： 橘皮味花椒
学名： 花椒（*Zanthoxylum bungeanum*）
地方名： 香椒子、红椒、小椒子。
分布： 前山乡、王所乡、巴洞乡、南山傈僳族乡、茨达乡、乐跃镇、金沙傈僳族乡、铁炉乡、马安乡、大湾乡、大山乡、大六槽乡、热河乡。
产季： 农历 6 月中旬到 8 月下旬，大约阳历 7 月下旬到 9 月下旬。

【感官分析】

▌德昌南路花椒的外皮为暗褐红色到暗黑红带黄色，内皮为米白而微黄。
▌直接闻盛器中的花椒时，熟橘皮香加明显熟果香，甜香味浓中夹有莓果香味。
▌抓一把在手中可以感觉到德昌南路花椒颗粒为粗糙的颗粒感。取 5 颗花椒握在手心提高些许温度后，熟橘皮香中出现木香味，甜香味依旧明显。
▌将手中的花椒握紧搓 5 下后，香气转为浓郁熟橘皮香，木香味减少，甜香味增加。
▌取两颗花椒粒放入口中咀嚼，可感觉到清新的橘皮味，苦味明显，过程中木香味与甜香感慢慢出来。回味是木香味加少许橘皮味，回甜感轻，生津感中等。
▌麻度中到中上，麻度上升快，麻感增强偏快，属于细密微刺的细中带粗毛刷感。
▌整体香、麻、滋味在口中持续时间约 20 分钟。

14. 凉山彝族自治州普格县

主要品种：南路小椒子
风味类型：橘皮味花椒
学名：花椒（*Zanthoxylum bungeanum*）
地方名：红椒、大红袍。
分布：大槽乡、特补乡、洛甘乡、五道箐乡、月吾乡、东山乡。
产季：农历 6 月中旬到 8 月下旬，大约阳历 7 月下旬到 9 月下旬。

【感官分析】

▌普格南路花椒的外皮为暗红色到红褐、黑褐色，内皮为米黄色。
直接闻盛器中的花椒时，橘皮香浓郁中有熟甜香味，木香气轻。
▌抓一把在手中可以感觉到普格南路花椒颗粒为扎实的粗糙感。
▌取 5 颗花椒握在手心提高些许温度后，呈现出浓郁鲜橘皮香及淡淡柠檬凉香味，木香味舒服。
▌将手中的花椒握紧搓 5 下后，香气转为橘皮香浓郁、甜香明显并透出熟果香，有淡淡的凉香味。
▌取两颗花椒粒放入口中咀嚼，可感觉到甜香的橘皮味，有微苦感及明显的柠檬气味，回甜感明显，熟果味明显。后韵是舒爽的果香感。
▌麻度为中上到高，麻度上升适中，麻感增强适中偏快，为粗中带细的毛刷感，生津感强，麻感充斥全口到喉咙。
▌整体香、麻、滋味在口中持续时间约 25 分钟。

15. 凉山彝族自治州木里藏族自治县

主要品种：南路花椒
风味类型：橘皮味花椒
学名：花椒（*Zanthoxylum bungeanum*）
地方名：红椒、花椒。
分布：白碉苗族乡、倮波乡、卡拉乡、克尔乡、西秋乡。
产季：农历 7 月至 9 月中旬，大约是阳历 8 月下旬到 10 月下旬。

【感官分析】

▌木里南路花椒的外皮为暗红到偏黑的暗褐色，内皮为米黄色偏深。
▌直接闻盛器中的花椒时，以轻熟果香味与甜香味为主，橘皮味很淡，带轻微凉香感，淡淡木香气中带陈皮味。
▌抓一把在手中可以感觉到木里南路花椒颗粒为粗糙的疏松感。
取 5 颗花椒握在手心提高些许温度后，陈皮味、果香味与橘皮味变得突出，具有微凉感，带少量干柴味与木香味。
▌将手中的花椒握紧搓 5 下后，香气转为橘皮味混合柚皮味，有明显陈皮味，凉香感轻。
▌取两颗花椒粒放入口中咀嚼，可感觉到木腥味与苦味先出现，之后一起感觉到涩味与麻感，苦味跟着增强，花椒本味在此出现加上明显的熟橘皮味混合陈皮味，有回甜感，后韵橘皮甜香气明显。
▌麻度中等，麻度上升偏快，麻感增强适中偏快，凉麻感明显，属于粗中带细的毛刷感。
▌整体香、麻、滋味在口中持续时间约 20 分钟。

16. 甘孜藏族自治州康定县

主要品种：南路花椒
风味类型：橘皮味花椒
学名：花椒（*Zanthoxylum bungeanum*）
地方名：迟椒、宜椒、南椒。
分布：炉城镇、孔玉乡、捧塔乡、金汤乡、三合乡、麦崩乡、前溪乡、舍联乡、时济乡。
产季：农历 6 月下旬到 9 月上旬，大约是阳历 8 月上旬到 10 月上旬。

【感官分析】

▌康定南路花椒的外皮为深红色到暗红褐或暗褐色，内皮为偏浓的米黄色。
▌直接闻盛器中的花椒时，陈皮味明显，橘皮香与甜香味适中，有轻微的凉香感，木香感明显。
▌抓一把在手中可以感觉到康定南路花椒颗粒为粗糙微扎手的疏松感。
▌取 5 颗花椒握在手心提高些许温度后，陈皮与橘皮混合味变得明显，干柴味明显，凉香感轻微。
▌将手中的花椒握紧搓 5 下后，香气转为橘皮清甜香明显，陈皮味次之，凉香感变明显，木香感明显。
▌取两颗花椒粒放入口中咀嚼，可感觉到橘皮清香鲜明，回甜感强，苦味不明显，甜香明显，木香味轻而舒服，生津感强，涩味中等。后韵麻感明显，甜香与木香为主。
▌麻度中到高，麻度上升偏快，麻感增强快，属于粗中带细的毛刷感，有明显的麻喉感，伴有轻微恶心感。
▌整体香、麻、滋味在口中持续时间约 20 分钟。

17. 甘孜藏族自治州九龙县

主要品种：南路花椒

风味类型：橘皮味花椒

学名：花椒（*Zanthoxylum bungeanum*）

地方名：南椒、迟椒。

分布：呷尔镇、乃渠镇、乌拉溪镇、雪窪龙镇、烟袋乡、子耳乡、魁多镇、三垭镇、小金乡、朵洛乡。

产季：农历7月到9月上旬，大约是阳历8月上旬到10月上旬。

【感官分析】

▌九龙南路花椒的外皮为深红色、暗紫红到黑棕色，其内皮为米黄色。

▌直接闻盛器中的花椒时，适中的熟甜果香、橘皮甜香，带轻微凉爽感。

▌抓一把在手中可以感觉到九龙南路花椒颗粒为颗粒感明显的粗糙感。

▌取5颗花椒握在手心提高些许温度后，橘皮甜香变得鲜明，舒服木香味中带凉感，有淡淡的干柴味。

▌将手中的花椒握紧搓5下后，香气转为橘皮清香加甜香夹有木香味，爽香感明显。

▌取两颗花椒粒放入口中咀嚼，可感觉到橘皮味轻，微苦后出现甜香，回甜感明显同时橘皮味大量出现，中段后苦涩味明显，生津感强，带橙皮甜香。后韵橘皮、甜香味并重。

▌麻度中上到强，麻度上升适中，麻感增强适中，为细密的细毛刷感，短时间食用量过多、过浓时容易产生恶心感。

▌整体香、麻、滋味在口中持续时间约30分钟。

18. 甘孜藏族自治州泸定县

主要品种：南路花椒

风味类型：橘皮味花椒

学名：花椒（*Zanthoxylum bungeanum*）

地方名：大红袍、红椒、正路椒。

分布：岚安乡、烹坝乡、泸桥镇、冷碛乡、兴隆乡、得妥乡。

产季：农历6月下旬到9月上旬，大约是阳历7月下旬到10月上旬。

【感官分析】

▌泸定南路花椒的外皮为暗红色到饱和的红色，内皮米白带微黄色。

▌直接闻盛器中的花椒时有明显的橘皮香与清甜香，木香味舒服。

▌抓一把在手中可以感觉到泸定南路花椒颗粒为轻微扎手的粗糙颗粒感。

▌取5颗花椒握在手心提高些许温度后，出现干柴味，凉香感及干的橘皮味变明显。

▌将手中的花椒握紧搓5下后，香气转为带甜香感的清新橘皮味，凉感出现且明显并有干橘皮味，木香味适中。

▌取两颗花椒粒放入口中咀嚼，可感觉到熟透的橘皮味，苦味中等，麻感出现得快，有干柴味，回甜感适中，生津感强。后韵橘皮味轻，凉麻感强。

▌麻度中上到微强，麻度上升偏快，麻感增中偏快，属于细密尖刺感的粗中带细的毛刷感，过多会有轻微的恶心感。

▌整体香、麻、滋味在口中持续时间约25分钟。

19. 阿坝藏族羌族自治州马尔康市

主要品种：南路花椒

风味类型：橘皮味花椒

学名：花椒（*Zanthoxylum bungeanum*）

地方名：狗屎椒、南椒、红椒。

分布：松岗镇、脚木足乡、木耳宗乡、党坝乡。

产季：农历6月下旬到8月中旬，大约是阳历7月中旬到9月下旬。

【感官分析】

▌马尔康南路花椒的外皮为黑褐红色至深红色，内皮为米黄色。

▌直接闻盛器中的花椒时，气味以陈皮味加干柴味为主，带甜香气与微凉感。

▌抓一把在手中可以感觉到马尔康南路花椒颗粒为扎手的疏松颗粒感。

▌取5颗花椒握在手心提高些许温度后，陈皮味加干柴味更明显。将手中的花椒握紧搓5下后，香气转为橘皮味加干柴味，夹带陈皮味，明显的微凉感。

▌取两颗花椒粒放入口中咀嚼，可感觉到木腥味先上冲，后转清爽橘皮味，陈皮味、干柴味明显，苦味轻，麻感上来得慢，生津感中下。回味干柴味明显，本味亦明显。

▌麻度中到中上，麻度上升偏快，麻感增强偏快，为粗糙的粗中带细毛刷感。

▌整体香、麻、滋味在口中持续时间约20分钟。

20. 阿坝藏族羌族自治州理县

主要品种：南路花椒　　风味类型：橘皮味花椒

学名：花椒（*Zanthoxylum bungeanum*）

地方名：南椒、正路椒、红椒。

分布：甘堡乡、薛城镇、通化乡、蒲溪乡。

产季：农历 6 月下旬到 8 月中旬，大约是阳历 7 月中旬到 9 月下旬。

【感官分析】

▌理县南路花椒的外皮为饱和红色到暗红褐色，内皮为米黄色。

▌直接闻盛器中的花椒时，可闻到橘皮香味加木香味，有轻微的甜香味。

▌抓一把在手中可以感觉到理县南路花椒颗粒为扎实的疏松感。

▌取 5 颗花椒握在手心提高些许温度后，呈现明显橘皮香加陈皮香味，有轻微凉香感及甜香味。

▌将手中的花椒握紧搓 5 下后，香气转为清新橘皮味加甜香味，有轻微的香水感与轻微木香味。

▌取两颗花椒粒放入口中咀嚼，可感觉到木腥味混合橘皮味，麻感出现得快但强度增加缓和，生津感中等到中上，苦味明显，有微涩感。回味带甜与轻凉麻、凉香。

▌麻度中上到高，麻度上升偏快，麻感增强偏快，属于细密的粗中带细的毛刷感。

▌整体香、麻、滋味在口中持续时间约 25 分钟。

21. 阿坝藏族羌族自治州金川县

主要品种：南路花椒　　风味类型：橘皮味花椒

学名：花椒（*Zanthoxylum bungeanum*）

地方名：正路椒、狗屎椒、南椒。

分布：观音桥镇、俄热乡、太阳河乡、金川镇、沙耳乡、咯尔乡、勒乌乡、河东乡、河西乡、独松乡、安宁乡、卡撒乡、曾达乡。

产季：农历 7 月上旬到 8 月下旬，大约是阳历 8 月上旬到 9 月中下旬。

【感官分析】

▌金川南路花椒的外皮为饱和暗紫红到黑红褐色，内皮米白。

▌直接闻盛器中的花椒时，熟甜果香味浓混合橘皮香，凉香感明显，有香水感，木香味轻。

▌抓一把在手中可以感觉到金川南路花椒颗粒为粗糙的颗粒感。取 5 颗花椒握在手心提高些许温度后，木香味混合熟甜果香加凉感橘皮味。

▌将手中的花椒握紧搓 5 下后，香气转为橘皮甜香明显，带有凉爽感，木香味适中。

▌取两颗花椒粒放入口中咀嚼，可感觉到苦味先出来，熟甜果香感明显，刚入口会有明显挥发感气味。后韵还是以橘皮甜香为主，加熟果香味，生津感中到中上。

▌麻度中上到高，麻度上升适中，麻感增强适中偏快，为绵刺感的细中带粗的毛刷感。

▌整体香、麻、滋味在口中持续时间约 30 分钟。

花椒风味感官分析

青花椒

22. 重庆市江津区

主要品种：九叶青花椒　　风味类型：青柠檬皮味花椒

学名：竹叶花椒（Zanthoxylum armatum）

地方名：九叶青、麻椒、香椒子、青花椒。

分布：蔡家、嘉平、先锋、李市、慈云、白沙、石门、吴滩、朱羊、贾嗣、杜市等镇（街）。

产季：农历 5 月到 6 月之间，大约是阳历 6 月到 7 月中旬。

【感官分析】

▌江津青花椒的外皮为浓郁的浓绿到墨绿色，内皮呈粉白带绿黄色。

▌直接闻盛器中的花椒时，有浓缩的柠檬皮味与可感觉的凉爽花香感，其中夹带有些许干柴味与藤腥味。

▌抓一把在手中可以感觉到江津青花椒扎实的颗粒感。

▌取 5 颗花椒握在手心提高些许温度后，香气转为浓缩、爽神的柠檬苦香味，以及可感觉的凉爽花香感，还有淡淡木香味。

▌将手中的花椒握紧搓 5 下后，转变为浓郁的清新柠檬香，其中苦香感和凉香感明显并带藤腥味及些许干藤味。

▌取两颗花椒粒放入口中咀嚼，能感受到浓郁而清新的浓缩柠檬皮香味，带明显的花香感及一定的藤腥味，全程滋味带有中等程度的苦涩味。

▌麻度中等，麻度上升适中偏快，麻感增强适中偏快，是明显刺麻感的粗毛刷感。

▌整体香与麻在口中十分鲜明，可在口中持续约 15 分钟。

23. 重庆市 璧山区

主要品种：九叶青花椒
风味类型：青柠檬皮味花椒
学名：竹叶花椒（*Zanthoxylum armatum*）
地方名：九叶青、麻椒、香椒子、青花椒。
分布：三合镇、福禄镇、河边镇、丹凤镇、大路镇、璧城街道、璧泉街道。
产季：农历 5 月到 6 月之间，大约是阳历 6 月到 7 月中旬。

【感官分析】

▌璧山青花椒的外皮为暗绿褐色到深浓绿色，其内皮米黄偏绿。

▌直接闻盛器中的青花椒时有清新浓缩柠檬皮味混合着花香感，凉香的感觉较轻，并带有淡淡的草香气。

▌抓一把在手中可以感觉到璧山青花椒为硬实的颗粒感。

▌取 5 颗花椒握在手心提高些许温度后，青花椒香气转为层次明显的清新柠檬皮味加花香感，以及舒服的凉香感，轻微的藤腥味。

▌将手中的花椒握紧搓 5 下后，层次明显的清新柠檬皮味加花香感中多出明显的挥发性凉香感。

▌取两颗青花椒粒放入口中咀嚼，以爽神的柠檬皮香气为主夹有成熟的甜柚香，麻感、苦味在入口后很快地出现但柔和，接着出现藤香味、藤腥味。生津感轻微，滋味中带明显甜花香感与舒服草香，回味有甜味与甜花香，凉感明显，全程苦涩味中等。

▌璧山青花椒的麻度中等，麻度上升适中偏快，麻感增强适中偏快，是细刺般的粗毛刷感。

▌整体香与麻在口中十分鲜明，持续时间约 15 分钟。

24. 重庆市 酉阳土家族苗族自治县

主要品种：九叶青花椒
风味类型：青柠檬皮味花椒
学名：竹叶花椒（*Zanthoxylum armatum*）
地方名：九叶青、青花椒、麻椒、香椒子。
分布：全县都有种植，以酉酬镇、后溪镇、麻旺镇、小河镇、泔溪镇、龙潭镇为主。
产季：农历 5 月到 6 月之间，大约是阳历 6 月到 7 月中旬。

【感官分析】

▌酉阳青花椒的外皮为浓绿中带黄，内皮为浅粉黄绿色。

▌直接闻盛器中的花椒时，有浓郁的柠檬皮苦香味，有微凉感，夹杂着轻微的干柴味与藤腥味。

▌抓一把在手中可以感觉到酉阳青花椒颗粒为扎实中略松的颗粒感。

▌取 5 颗花椒握在手心提高些许温度后，青花椒香气转为浓郁的柠檬苦香味混合藤香味，微凉感不变，仍带有轻微干柴味。

▌将手中的花椒握紧搓 5 下后，香气再转为偏浓的清新柠檬香，有微凉感，藤香味、草香与藤腥味适中。

▌取两颗花椒粒放入口中咀嚼，清新柠檬皮味鲜明，先尝到中等的苦味与涩味及些许藤腥味，花香感、藤香味明显并带淡淡甜香味，生津感轻微。回味时，甜味中带柠檬香与花香感，有些微干藤味，中后期苦涩味中等。

▌麻度中到中上，麻度上升适中，麻感增强适中，是粗中带硬的毛刷感，刺麻感明显。

▌整体香与麻在口中十分鲜明，持续时间约 15 分钟。

25. 凉山彝族自治州 西昌市

主要品种：金阳青花椒
风味类型：莱姆皮味花椒
学名：竹叶花椒（*Zanthoxylum armatum*）
地方名：麻椒、香椒子、青花椒。
分布：海南乡、洛古波乡、磨盘乡、大菁乡等。
产季：农历 6 月中到 8 月上旬，大约是阳历 7 月中旬到 9 月中旬。

【感官分析】

▌西昌青花椒的外皮为浓而亮的绿色带微黄，内皮浅米黄偏绿。

▌直接闻盛器中的花椒时，有甜香的莱姆皮味，带些许果香感及少许挥发性气味。

▌抓一把在手中可以感觉到西昌青花椒颗粒为粗糙而松的完整颗粒感。

▌取 5 颗花椒握在手心提高些许温度后，青花椒香气在甜香的莱姆皮味带些许果香的基础上面再多出舒服的草香味，并出现凉香感。

▌将手中的花椒握紧搓 5 下后，香气转为清新的莱姆甜香感，带熟果香与少许挥发凉香感，并保持舒服的草香。

▌取两颗花椒粒放入口中咀嚼，可感觉到突出的爽香与清新莱姆甜香，初期有明显涩味及苦味，凉香、凉麻感明显，藤腥味略重。回味时有回甜感，并带有舒服的橘皮香、草香与花香，中后期苦涩味中低。

▌麻度中到中上，麻度上升偏快，麻感增强偏快，是粗中带硬的毛刷感。

▌整体香与麻风味在口中鲜明，持续时间约 15 分钟。

26. 凉山彝族自治州雷波县

主要品种：雷波小叶青花椒 **风味类型：莱姆皮味花椒**

学名：竹叶花椒（*Zanthoxylum armatum*）

地方名：青椒、小叶青花椒、青花椒。

分布：渡口乡、回龙场、永盛乡、顺河乡、上田坝乡、白铁坝乡、大坪子乡、谷米乡、一车乡、五官乡、元宝山乡、莫红乡。

产季：农历6月中到8月之间，大约是阳历7月中到9月中旬。

【感官分析】

▌雷波青花椒的外皮为浓黄绿到浓绿色，内皮为米白带粉绿色。

▌直接闻盛器中的花椒时，有着浓郁莱姆皮味，带有橘皮香与甜香，凉香感明显。

▌抓一把在手中可以感觉到雷波青花椒颗粒为硬实的颗粒感。

▌取5颗花椒握在手心提高些许温度后，浓浓的莱姆皮味中有明显的橘皮香及清甜香，轻微凉香感、木香味与草香味。

▌将手中的花椒握紧搓5下后，香气转为鲜明清新的莱姆皮味加橘皮香，凉香感明显，夹有鲜甜香。

▌取两颗花椒粒放入口中咀嚼，可感觉到鲜明清新、具挥发感的莱姆皮香气，初期苦味、涩味明显，回甜味明显，并有舒服的草香。回味时有淡淡橘皮甜香味，凉麻感明显，隐隐中有香水味，中后期苦涩味中低。

▌麻度中到中上，麻度上升快，麻感增强偏快，属于细刺的细中带粗毛刷感。

▌整体香、麻、滋味在口中持续时间约15分钟。

27. 凉山彝族自治州金阳县

主要品种：金阳青花椒 **风味类型：莱姆皮味花椒**

学名：竹叶花椒（*Zanthoxylum armatum*）

地方名：麻椒、香椒子、青花椒。

分布：遍及全县28个乡镇，种植面积较大的多分布在金沙江边的乡镇，如派来镇、芦稿镇、对坪镇、红联乡、桃坪乡等乡。

产季：农历7月至8月间，大约是阳历8月到9月下旬。

【感官分析】

▌**金阳青花椒**的外皮为干净而饱和的黄绿色到深绿褐黄色，内皮粉白带嫩绿。

▌直接闻盛器中的花椒时清新的莱姆皮香、凉香感明显，有淡淡的清甜香。

▌抓一把在手中可以感觉到金阳青花椒颗粒为疏松的扎实颗粒感。

▌取5颗花椒握在手心提高些许温度后，青花椒清新莱姆皮香与薄荷香，凉香感明显，带有清甜香水味。

▌将手中的花椒握紧搓5下后，上述香气、味道更加明显而有层次，草香味舒服，藤腥味轻微。

▌取两颗花椒粒放入口中咀嚼，可感觉到浓郁清新带凉感的莱姆皮香与薄荷香，初期苦涩味轻并与麻味一起出现，藤腥味稍多，喉头有回甜感，草香味舒服，回味是甜香的莱姆皮味，中后期苦涩味低。

▌麻度中上到强，麻度上升适中，麻感增强适中偏快，细密刺麻感。

▌整体香、麻、滋味在口中持续时间约20分钟。

▌**金阳转红青花椒**外皮为墨绿到黑褐红及暗红色，内皮米黄偏绿。

▌直接闻盛器中的花椒时，浓郁莱姆皮香，带熟成的爽香感，少许木香味。

▌抓一把在手中可以感觉到金阳花椒颗粒为疏松的扎实颗粒感。

▌取5颗花椒握在手心提高些许温度后，熟成爽香感更明显，且有淡淡的清甜香夹少许草香味。

▌将手中的花椒握紧搓5下后，香气转为鲜明的熟成感、甜香感莱姆皮味，带爽香感及明显、舒服的草香，少量凉香感。

▌取两颗花椒粒放入口中咀嚼，初期出现苦涩味但时间很短，接着爽香莱姆皮味冲上鼻腔，带凉香感、凉麻感，熟成甜香感、回甜感明显，有清爽草香味。回味时有清爽感、鲜香感及少许甜香感，中后期几乎没有苦涩味。

▌麻度中到高，麻度上升适中，麻感鲜明，为粗硬中带细毛刷感。

▌整体香、麻、滋味在口中持续时间约20分钟。

→当前市场上的青花椒油多是去色去味之精炼油炼制的，其色泽清，有些带轻微的绿，风味为清爽、层次感纯粹的纯青花椒香麻。

28. 凉山彝族自治州盐源县

主要品种：金阳青花椒风味品种：莱姆皮味花椒

学名：竹叶花椒（*Zanthoxylum armatum*） 地方名：青椒、麻椒。

分布：金河乡、平川镇、树河镇。

产季：农历6月中旬到8月，大约阳历7月下旬到9月中旬。

【感官分析】

▌盐源青花椒的外皮为饱和的深黄绿色到暗褐绿色，内皮为粉白绿带微黄色。

▌直接闻盛器中的花椒时是明显的干草味加干柴味。

▌抓一把在手中可以感觉到盐源青花椒颗粒为硬实的颗粒感。

▌取5颗花椒握在手心提高些许温度后，依旧是干草味加干柴味为主，出现少许草香味。

▌将手中的花椒握紧搓5下后，香气转为轻的莱姆皮香及少许草香味、淡淡的凉香感。

▌取两颗花椒粒放入口中咀嚼，可感觉到鲜明而浓郁的莱姆皮味，带明显的凉香感，初期苦涩味出来得快而明显，接着是明显的草香味及淡淡甜味与舒服的甜香感，藤腥味明显却不过度。回味时花香感足，凉香感、回甜感明显，并有明显的甜香感，中后期苦涩味中低。

▌麻度为中到中上，麻度上升快，麻感增强偏快，属于细刺的细中带粗毛刷感。

▌整体香、麻、滋味在口中持续时间约15分钟。

29. 凉山彝族自治州普格县

主要品种：金阳青花椒
风味类型：莱姆皮味花椒
学名：竹叶花椒（*Zanthoxylum armatum*）
地方名：青花椒、青椒。
分布：大槽乡、特补乡、洛甘乡、五道箐乡、月吾乡、东山乡。
产季：农历 6 月上旬到 8 月中旬，大约是阳历 7 月上旬到 9 月下旬。

【感官分析】

▌普格青花椒的外皮为朴实的、浓而深的黄绿色，内皮是米白带绿色。

▌直接闻盛器中的花椒时，以干草味为主加明显的莱姆皮香味，香气有微凉感。

▌抓一把在手中可以感觉到普格青花椒颗粒为粗糙带松而扎手的颗粒感。

▌取 5 颗花椒握在手心提高些许温度后，仍以干草味为主，明显的莱姆皮香味，加上少许凉感，少许藤腥味。

▌将手中的花椒握紧搓 5 下后，香气转为清新莱姆皮香混合干草味与少许凉感。

▌取两颗花椒粒放入口中咀嚼，可感觉到略微寡淡的莱姆味，初期有中等程度的苦涩味，干草味明显及淡淡的花香感。回味有轻的甜香气与轻花香，后味凉麻感明显，中后期苦涩味中低。

▌麻度中下至中，麻度上升偏快，麻感增强适中，属于轻刺感的粗毛轻刷感。

▌整体香、麻、滋味在口中持续时间约 15 分钟。

30. 凉山彝族自治州德昌县

主要品种：金阳青花椒
风味类型：莱姆皮味花椒
学名：竹叶花椒（*Zanthoxylum armatum*）
地方名：青花椒、麻椒。
分布：前山乡、王所乡、巴洞乡、南山傈僳族乡、茨达乡、乐跃镇、金沙傈僳族乡。
产季：农历 6 月中到 8 月上旬，大约阳历 7 月中旬到 9 月中旬。

【感官分析】

▌德昌青花椒的外皮为浓的墨绿色，其内皮为嫩绿色。

▌直接闻盛器中的花椒时，淡淡莱姆皮味中有草香味，夹着明显的干草味。

▌抓一把在手中可以感觉到德昌青花椒颗粒为硬实的完整颗粒感。

▌取 5 颗花椒握在手心提高些许温度后，莱姆皮味转趋明显，干柴味与干草味仍明显，具有凉香味和草香味。

▌将手中的花椒握紧搓 5 下后，香气转为挥发感明显的莱姆皮凉香味，草香味明显，干草味还是闻得到。

▌取两颗花椒粒放入口中咀嚼，可感觉到明显挥发感的莱姆凉香味，初期苦味明显，涩味中上，草香味明显，有藤腥味。后韵有淡淡的回甜感与甜香味且凉麻感明显，带橘皮香，中后期苦涩味中低。

▌麻度中到中上，麻度上升偏快，麻感增强偏快，刺麻的粗毛刷感。

▌整体香、麻、滋味在口中持续时间约 20 分钟。

31. 凉山彝族自治州宁南县

主要品种：金阳青花椒
风味类型：莱姆皮味花椒
学名：竹叶花椒（*Zanthoxylum armatum*）
地方名：青椒、青花椒。
分布：松新镇、披砂镇。
产季：农历 6 月上旬到 7 月下旬，大约阳历 7 月中旬到 9 月中旬。

【感官分析】

▌宁南青花椒的外皮为鲜黄绿色带些许褐黄色，内皮是明显偏绿的米白色。

▌直接闻盛器中的花椒时，莱姆皮味中带有浓浓的干柴味与干草香，凉香感明显。

▌抓一把在手中可以感觉到宁南青花椒颗粒为蓬松的颗粒感。

▌取 5 颗花椒握在手心提高些许温度后，莱姆皮凉香味中夹有陈皮味与干柴味。

▌将手中的花椒握紧搓 5 下后，香气转为清新莱姆皮香伴着爽香感，干草香气偏多。

▌两颗花椒粒放入口中咀嚼，可感觉到鲜明的清新莱姆香，初期苦味略为明显，涩味中等，草香气明显并带少许藤腥味，有些许挥发感的草香气。凉香感普通，凉麻感普通，中后期苦涩味中低。

▌麻度中到中上，麻度上升缓和，麻感增强适中，细刺的细中带粗毛刷感。

▌整体香、麻、滋味在口中持续时间约 20 分钟。

32. 凉山彝族自治州布拖县

主要品种：金阳青花椒
风味类型：莱姆皮味花椒
学名：竹叶花椒（*Zanthoxylum armatum*）
地方名：青花椒。
分布：采哈乡、委只洛乡、联补乡、基只乡、吞都乡、地洛乡、和睦乡、四棵乡、浪珠乡、乌依乡、拉果乡。
产季：农历5月下旬到7月下旬，大约阳历7月上旬到9月中旬。

【感官分析】

▌布拖青花椒的外皮为深浓的绿褐色，内皮米黄带绿色。

▌直接闻盛器中的花椒时莱姆皮味有明显的浓缩感，并有草香味及明显而浓干柴味与干草味。

▌抓一把在手中可以感觉到布拖青花椒颗粒为粗糙略松的颗粒感。

▌取5颗花椒握在手心提高些许温度后，可闻到轻淡莱姆皮味与草香味，干草味仍明显。

▌将手中的花椒握紧搓5下后，香气转为淡莱姆味与稍明显的草香味，干草味比例下降。

▌取两颗花椒粒放入口中咀嚼，可感觉到清新且有浓缩感的莱姆皮味，草香味明显，初期苦涩感强，凉香与凉麻感明显。回味时，回甜感微弱，以草香味为主，带轻微藤腥味。生津感为中等，中后期苦涩味中低。

▌麻度中到中上，麻度上升快，麻感增强偏快，为强烈而刺麻的粗硬毛刷感，除口腔外，喉头也会有麻感。

▌整体香、麻、滋味在口中持续时间约20分钟。

33. 攀枝花市盐边县

主要品种：九叶青花椒
风味类型：青柠檬皮味花椒
学名：竹叶花椒（*Zanthoxylum armatum*）
地方名：青椒、青花椒、麻椒。
分布：渔门镇、永兴镇、国胜乡、共和乡、红果乡。
产季：农历6月中旬到8月上旬，大约阳历7月中旬到9月上旬。

【感官分析】

▌盐边县的青花椒外皮为浓绿色到暗绿色与暗褐色，内皮为米白带绿。

▌直接闻盛器中的青花椒，可感受到淡淡的清新柠檬皮味、甜香感与凉感，藤香味轻。

▌抓一把在手中可以感觉到盐边青花椒颗粒为硬实的颗粒感。

▌取5颗花椒握在手心提高些许温度后，气味转变为柠檬皮味中带明显藤腥味、木腥味，有凉香感。

▌将手中的花椒握紧搓5下后，清新柠檬皮味中多出挥发感，甜香感增加，藤香味轻，仍有藤腥味、木腥味。

▌取两颗入口，其滋味为爽香而浓的清新柠檬皮味，初期苦涩味来得快而明显，过程中可感觉到浓郁的草香味并带有可感觉到的木腥味与藤腥味，生津感中等。回味时甜香中带明显藤香与橘皮香，中后期苦涩味中等。

▌麻度中上，麻度上升缓和，麻感增强适中，为刺麻的粗毛刷感。

▌整体香、麻、滋味在口中持续时间约25分钟。

34. 甘孜藏族自治州康定县

主要品种：金阳青花椒
风味类型：莱姆皮味花椒
学名：竹叶花椒（*Zanthoxylum armatum*）
地方名：青椒、麻椒。
分布：孔玉乡、舍联乡、麦崩乡。
产季：农历6月中旬到8月上旬，大约是阳历7月下旬到9月上旬。

【感官分析】

▌康定青花椒的外皮为黄褐色偏淡绿色，内皮为米黄带点绿。

▌直接闻盛器中的花椒时，是干莱姆皮味与干草味的混合味。

▌抓一把在手中可以感觉到康定青花椒颗粒为干松的粗糙感。

▌取5颗花椒握在手心提高些许温度后，仍是干莱姆皮味与干草味的混合味。

▌将手中的花椒握紧搓5下后，香气转为新鲜莱姆皮味混着浓浓的干草味。

▌取两颗花椒粒放入口中咀嚼，可感觉到苦味先出来，清新莱姆皮味尚可，干草味、干柴味太浓（应是陈放时间过长），苦味重，藤腥味偏多。

▌麻度中下到中，麻度上升偏快，麻感增强适中，属于明显的粗毛轻刷感。

▌整体香与麻在口中普通，持续时间约10分钟。

35. 甘孜藏族自治州九龙县

主要品种：金阳青花椒
风味类型：莱姆皮味花椒
学名：竹叶花椒（*Zanthoxylum armatum*）
地方名：青花椒、麻椒。
分布：烟袋乡、魁多镇、小金乡、朵洛乡。
产季：农历 6 月下旬到 8 月中旬，大约是阳历 7 月下旬到 9 月上旬。

【感官分析】

▌九龙青花椒的外皮为黄绿色中带褐色感，内皮为淡嫩绿色。

▌直接闻盛器中的花椒时，清新莱姆甜香味鲜明中带点橘皮味，隐约有股花香感，草香味轻而雅，凉香感适中。

▌抓一把在手中可以感觉到九龙青花椒颗粒为硬实的粗粒感。

▌取 5 颗花椒握在手心提高些许温度后，莱姆甜香味加上橘皮味、花香感与轻而雅的草香味变得更鲜明有层次，凉香感与甜香味更突出。

▌将手中的花椒握紧搓 5 下后，香气转为鲜明莱姆皮香，橘皮甜香增加，草香味与凉香感更鲜明。

▌取两颗花椒粒放入口中咀嚼，可感觉到苦涩味先出现，浓浓莱姆皮味窜出并混合橘皮味，草香适中，藤腥味轻，回甜感适中。回味时有舒服的莱姆味混合橘皮味，淡淡草香味与藤腥味、甜香味，中后期苦涩味中低。

▌麻度中到中上，麻度上升偏快，麻感增强适中，属于刺麻的粗毛刷感。

▌整体香、麻、滋味在口中持续时间约 20 分钟。

36. 甘孜藏族自治州泸定县

主要品种：九叶青花椒
风味类型：青柠檬皮味花椒
学名：竹叶花椒（*Zanthoxylum armatum*）
地方名：青花椒、青椒。
分布：泸桥镇、冷碛乡、兴隆乡、得妥乡。
产季：农历 5 月下旬到 7 月上旬，大约是阳历 7 月上旬到 8 月上旬。

【感官分析】

▌泸定青花椒的外皮为柔和的黄绿色，内皮是浅黄绿色。

▌直接闻盛器中的花椒时，清新柠檬皮味与凉香感明显，有舒服的草香气。

▌抓一把在手中可以感觉到泸定青花椒颗粒为粗糙干松的颗粒感。

▌取 5 颗花椒握在手心提高些许温度后散发出凉薄荷感的柠檬皮味，但草香味转为不是很舒服的藤腥味。

▌将手中的花椒握紧搓 5 下后，凉薄荷感柠檬皮味更鲜明，有草香味但干草味偏浓。

▌取两颗花椒粒放入口中咀嚼，可感觉到清新薄荷凉感明显，柠檬皮味也鲜明，整体苦味太重，涩味明显，有点恶心感。后韵的凉麻感强，藤腥味明显。

▌麻度中下到中，麻度上升偏快，麻感增强适中，属于粗硬毛刷感。

▌整体香、麻、滋味在口中持续时间约 20 分钟。

37. 阿坝藏族羌族自治州茂县

主要品种：九叶青花椒
风味类型：青柠檬皮味花椒
学名：竹叶花椒（*Zanthoxylum armatum*）
地方名：麻椒、青椒、青花椒。
分布：土门乡。
产季：农历 5 月上旬到 6 月中，大约是阳历 5 月下旬到 7 月中。

【感官分析】

▌茂县青花椒的外皮为墨绿色到红褐、黑褐色，内皮为带嫩绿的米白色。

▌直接闻盛器中的花椒时，柠檬皮味足且带橘皮味，草香味轻而足。

▌抓一把在手中可以感觉到茂县青花椒颗粒为粗糙扎实的颗粒感。

▌取 5 颗花椒握在手心提高些许温度后，清新柠檬皮味明显并有凉香感，橘皮味与甜香味转轻，草香味变明显，出现淡淡的藤腥味、干柴味。

▌将手中的花椒握紧搓 5 下后，香气转为明显带凉感的清新柠檬皮味，草香明显，有轻微藤腥味、木腥味及轻微甜香感。

▌取两颗花椒粒放入口中咀嚼，可感觉到浓而清新的柠檬皮味，初期苦涩味出来得快而明显并带有藤腥味，淡淡的橘皮甜香味，回甜感适中。回味花香感明显，带回甜感与甜香味，中后期苦涩味中等，全程有苦涩感。

▌麻度中到中上，麻度上升偏快，麻感增强适中，为刺麻的粗硬毛刷感。

▌整体香、麻、滋味在口中持续时间约 20 分钟。

38. 眉山市洪雅县

主要品种：藤椒
风味类型：黄柠檬皮味花椒
学名：竹叶花椒（*Zanthoxylum armatum*）
地方名：藤椒、香椒子。
分布：止戈镇、余坪镇、洪川镇、东岳镇、中山乡等。
产季：农历 4 月中旬到 6 月中旬，大约阳历 5 月下旬到 7 月下旬。

【感官分析】

▌藤椒油的风味受炼制食用油的影响很大，目前市场上主要分浓香型与纯香型，浓香型属于传统经典风味，以香气醇厚且鲜明的压榨式熟香菜籽油中高温炼制，成品是藤椒香混合菜油香产生醇厚感与丰富层次感；纯香型则使用除色、除味、精炼过的食用油制作，成品则是较纯粹的藤椒香，层次感较少。这里提供直接从藤椒树上摘取鲜藤椒果做的感官分析。

▌**洪雅鲜藤椒果**外观为油泡饱满、密集的鲜浓绿色果实，搓揉使油泡破裂溢出精油后，闻其香气为爽神的本味中有鲜明的黄柠檬皮味混合草香味及些许木香味。

▌取一颗鲜藤椒入口咀嚼后，有明显的草香味、黄柠檬皮味混合木香味，极淡的藤腥味，苦涩味中低，整体气味有挥发感，全程风味转变较明显，后韵转为青绿橘皮味混合木香味为主。

▌麻度中到中上，麻度上升适中，麻感增强适中，属于细密的细毛刷感，全口麻感以嘴唇、舌尖较为集中。

▌整体香、麻、滋味在口中持续时间约 15 分钟。

▌**洪雅干藤椒粒**外皮为深绿到墨绿，内皮为浅粉绿。

▌直接闻盛器中的花椒时，有偏沉的柠檬皮香，具有藤香味及少许木香味。

▌抓一把在手中可以感觉到洪雅花椒颗粒为疏松、扎实带扎手的颗粒感。

▌取 5 颗花椒握在手心提高些许温度后，柠檬皮味转为爽香感中有藤香味、草香味，有轻微的凉香感。

▌将手中的花椒握紧搓 5 下后，香气转为突出的黄柠檬皮味带爽香感、藤香味、草香味，轻微的凉香感。

▌取两颗花椒粒放入口中咀嚼，爽香黄柠檬皮味冲上鼻腔，初期苦涩味很快出现但时间短，接着出现凉香感、凉麻感，带轻微的甜香感、回甜感，有藤香味、草香味。回味时有淡而清新的橙香与甜香感，中后期苦涩味低。

▌麻度中到高，麻度上升适中，麻感鲜明，为粗中带细毛刷感。

▌整体香、麻、滋味在口中持续时间约 20 分钟。

→幺麻子藤椒油属于熟香菜籽油炼制的经典风味藤椒油，其色泽较浓，风味为醇厚、层次丰富并融合菜籽油香的香麻。

39. 乐山市 峨眉山市

主要品种： 峨眉一号

风味类型： 黄柠檬皮味花椒

学名： 竹叶花椒（*Zanthoxylum armatum*）

地方名： 藤椒、香椒子。

分布： 罗目镇、沙溪乡、龙门镇、高桥乡、峨山镇、黄湾乡等 10 多个镇乡。

产季： 农历 4 月中旬到 6 月中旬，大约是阳历 5 月下旬到 7 月中下旬。

【感官分析】

▌藤椒油的风味受炼制食用油的影响很大，目前市场上主要分浓香型与纯香型，浓香型属于传统经典风味，以香气醇厚且鲜明的压榨式熟香菜籽油中高温炼制，成品是藤椒香混合菜油香产生醇厚感与丰富层次感；纯香型则使用除色、除味、精炼过的食用油制作，成品则是较纯粹的藤椒香，层次感较少。这里提供直接从藤椒树上摘取鲜藤椒果做的感官分析。

▌**峨眉山市鲜藤椒果**外观为油泡饱满、密集的浓绿色果实，搓揉使油泡破裂溢出精油后，其香气为清新本味中带新鲜的草香味混合黄莱姆皮味，并有轻微的藤腥味。

▌取一颗鲜藤椒入口咀嚼后，明显的草香味混合淡淡藤腥味，苦涩味适中，带明显甜香，全程风味衰减较不明显，后韵仍保有舒适感。

▌麻度中到中上，麻度上升适中，麻感增强适中，属于直接的点状的粗毛刷感。

▌整体香、麻、滋味在口中持续时间约 15 分钟。

▌**峨眉干藤椒粒**外皮为深绿到墨绿，内皮为浅粉绿。

▌直接闻盛器中的花椒时，有较沉的黄柠檬皮香，具藤香味及少许木香味。

▌抓一把在手中可以感觉到峨眉花椒颗粒为疏松、扎实带扎手的颗粒感。

▌取 5 颗花椒握在手心提高些许温度后，柠檬皮味转为爽香感中有藤香味及轻微凉香感。

▌将手中的花椒握紧搓 5 下后，香气转为鲜明的黄柠檬皮味带爽香感、藤香味及轻微草香味、凉香感。

▌取两颗花椒粒放入口中咀嚼，爽香黄柠檬皮味冲上鼻腔，初期苦涩味很快出现，时间不长，接着出现凉香感、凉麻感及轻微甜香感、回甜感，有藤香味与少许草香味。回味时有淡而清新的橙香与甜香感，中后期苦涩味低。

▌麻度中到高，麻度上升适中，麻感鲜明，为粗中带细毛刷感。

▌整体香、麻、滋味在口中持续时间约 20 分钟。

→去色去味之食用油炼制的纯香藤椒油，其色泽较清，风味为清爽、层次感普通的纯藤椒香麻。

40. 泸州市龙马潭区

主要品种：九叶青花椒
学名：竹叶花椒（*Zanthoxylum armatum*）
风味类型：青柠檬皮味花椒
地方名：青椒、青花椒、九叶青、麻椒。
分布：金龙镇、石洞街道、胡市镇。
产季：农历 5 月上旬到 6 月上旬，大约是阳历 6 月上旬到 7 月中旬。

【感官分析】

▌龙马潭青花椒的外皮为浓绿中带黄，少许偏褐色，内皮米黄偏绿。

▌直接闻盛器中的花椒时，有清新的青柠檬皮香，爽香感明显，藤香味中有淡淡金桔香与清新甜香。

▌抓一把在手中可以感觉到龙马潭青花椒颗粒为疏松的扎实颗粒感。

▌取 5 颗花椒握在手心提高些许温度后，突出的青柠檬皮香加明快的爽香感及淡淡的清甜香，藤香味中有少许草香味。

▌将手中的花椒握紧搓 5 下后，香气转为浓郁的青柠檬皮甜香，爽香感明显，清甜香明显，舒服的藤香味、草香味。

▌取两颗花椒粒放入口中咀嚼，可感觉到明显挥发感的爽香柠檬皮味冲上鼻腔，凉麻感明显，苦涩味中等，清爽藤腥味，草香味少许。回味时有淡淡金桔香与清新甜香感，中后期苦涩味中等。

▌麻度中到高，麻度上升偏快，麻感增强偏快，为细中带粗毛刷感。

▌整体香、麻、滋味在口中持续时间约 20 分钟。

41. 自贡市沿滩区

主要品种：九叶青花椒
学名：竹叶花椒（*Zanthoxylum armatum*）
风味类型：青柠檬皮味花椒
地方名：青椒、青花椒、九叶青、麻椒。
分布：刘山乡、九洪乡、王井乡、永安镇、联络乡。
产季：农历 5 月上旬到 6 月上旬，大约是阳历 6 月上旬到 7 月中旬。

【感官分析】

▌沿滩青花椒的外皮为浓黄绿色与褐绿色混杂，内皮为米黄带绿色。

▌直接闻盛器中的花椒时，有爽神的浓缩青柠檬皮味，凉香感十分明显，令人舒服的鲜明甜花香感。

▌抓一把在手中可以感觉到沿滩青花椒颗粒为扎实的颗粒感。

▌取 5 颗花椒握在手心提高些许温度后，有浓而爽神的凉香青柠檬皮味，带甜香与花香感，舒服的藤香味。

▌将手中的花椒握紧搓 5 下后，香气转为浓而层次分明的青柠檬皮凉香味，甜香变得清晰，花香明朗，藤香味足。

▌取两颗花椒粒放入口中咀嚼，可感觉到浓郁带凉感的青柠檬苦皮味，苦涩味明显，麻味和甜香味同时出现，花香、甜感也鲜明，混合舒服的藤香味及少许草香味。中后段凉麻香突出，有淡淡的橘皮香，中后期苦涩味中等。

▌麻度为中到中上，麻度上升适中，麻感增强适中，属于明显的粗毛刷刺麻感。

▌整体香、麻、滋味在口中持续时间约 20 分钟。

42. 绵阳市 盐亭县

主要品种：藤椒
学名：竹叶花椒（*Zanthoxylum armatum*）
风味类型：青柠檬皮味花椒
地方名：青椒、青花椒、麻椒。
分布：八角镇、黄甸镇、高渠镇、富驿镇、玉龙镇、文通镇。
产季：农历5月上旬到6月中下旬，大约是阳历6月上旬到7月中下旬。

【感官分析】

- 盐亭青花椒的外皮为浓绿中带有红褐色感，内皮是米黄绿色。
- 直接闻盛器中的花椒时，有浓郁的青柠檬皮香味，花香感明显，带淡淡甜香味，有凉香感，草香味轻。
- 抓一把在手中可以感觉到盐亭青花椒颗粒为紧实的颗粒感。
- 取5颗花椒握在手心提高些许温度后，花香感、甜香味明显，青柠檬皮味浓，有凉香感，草香味足、藤香味轻。
- 将手中的花椒握紧搓5下后，香气转为鲜明黄柠檬甜香味，花香感足，有凉香感，草香味足、藤香味轻。
- 取两颗花椒粒放入口中咀嚼，可感觉到青柠檬皮苦味先出现，青柠檬香味浓，初期苦味偏重，回甜感柔和，藤香味、草香味柔和并混合着花香令人愉悦。回味有甜香味与花香感，凉麻感，生津感中下，中后期苦涩味中偏低。
- 麻度中到中上，麻度上升温和，麻感增强温和，为粗中带细毛刷感。
- 整体香、麻、滋味在口中持续时间约20分钟。

43. 广安市 岳池县

主要品种：九叶青花椒
学名：竹叶花椒（*Zanthoxylum armatum*）
风味类型：青柠檬皮味花椒
地方名：青椒、青花椒、九叶青、麻椒。
分布：粽粑乡、白庙镇、兴隆、秦溪镇、镇裕镇。
产季：农历5月上旬到6月中下旬，大约是阳历6月上旬到7月中下旬。

【感官分析】

- 岳池青花椒的外皮为暗浓绿到黑褐绿色，内皮米白带浅黄绿色。
- 直接闻盛器中的花椒时青柠檬皮味足，花香感明显，有舒服的藤香味、草香味，少许藤腥味，凉香感轻。
- 抓一把在手中可以感觉到岳池青花椒颗粒为硬实微扎手的颗粒感。
- 取5颗花椒握在手心提高些许温度后，青柠檬皮味更明显，凉香感变明显，有着淡淡草香味混合少量藤腥味，出现干柴味。
- 将手中的花椒握紧搓5下后，香气转为清新柠檬皮香味，凉香感明显，舒服的草香味混合少量藤腥味。
- 取两颗花椒粒放入口中咀嚼，可感觉到清新、具浓缩感的柠檬香，苦味先出现并且夹有可感觉的藤腥味与草香气，凉麻感明显。回味时喉头回甜感明显，带出舒服的花香气，全程苦涩味中等。
- 麻度中到中上，麻度上升缓和，麻感增强适中，呈细刺的粗中带细毛刷感。
- 整体香、麻、滋味在口中持续时间约20分钟。

44. 资阳市乐至县

主要品种：九叶青花椒
学名：竹叶花椒（*Zanthoxylum armatum*）
风味类型：青柠檬皮味花椒
地方名：青椒、青花椒、九叶青、麻椒。
分布：佛星镇、大佛镇、天池镇、放生乡、蟠龙镇、中和场镇、通旅镇。
产季：农历 5 月上旬到 6 月下旬，大约是阳历 6 月上旬到 8 月上旬。

【感官分析】

▌乐至青花椒外皮呈浓郁的深绿色到黑褐绿色，内皮为浅粉绿色。

▌直接闻盛器中的花椒时，有清淡而具浓缩感的青柠檬皮香味，明显的凉花香感与草香味，淡淡的藤腥味。

▌抓一把在手中可以感觉到乐至青花椒颗粒为扎实的颗粒感。

▌取 5 颗花椒握在手心提高些许温度，浓缩感的青柠檬皮香味及凉花香感、草香味层次变得鲜明而浓郁，带有淡淡的藤腥味。

▌将手中的花椒握紧搓 5 下后，香气转为清新柠檬皮甜香味，凉花香感不变，舒适的草香中有少量藤腥味。

▌取两颗花椒粒放入口中咀嚼，可感觉到具浓缩感的青柠檬皮味与混合着少量藤腥味的草香味，带有苦香感，苦涩味明显。后期出现明显藤腥味，回味时有轻微甜香感、花香感与凉麻感，生津感中等，全程苦涩味中等。

▌麻度中到中上，麻度上升适中，麻感增强偏快，属于刺麻感鲜明的粗毛刷感。

▌整体香、麻、滋味在口中持续时间约 20 分钟。

45. 甘孜藏族自治州康定县

品种：西路花椒
风味类型：青柚皮味花椒
学名：花椒（*Zanthoxylum bungeanum*）
地方名：花椒、大红袍花椒。
分布：炉城镇、孔玉乡、捧塔乡、金汤乡、三合乡、麦崩乡、前溪乡、舍联乡、时济乡。
产季：农历 5 月下旬到 7 月上旬，大约是阳历 7 月上旬到 8 月上旬。

【感官分析】

▌康定西路花椒的外皮为暗紫红色带荧光感的蓝色到浅紫红色，内皮是米黄带嫩绿色。

▌直接闻盛器中的花椒时，干柴味中有着明显而浓郁的青柚皮味与西路花椒本味的腥味，并有相对明显而浓的挥发腥味（刚晒好时挥发感的腥味极浓，让人有头晕恶心感）。

▌抓一把在手中可以感觉到康定西路花椒颗粒为薄木片的疏松带粗糙感。

▌取 5 颗花椒握在手心提高些许温度后，气味以干柴味加青柚皮味为主，夹杂有木耗味，西路花椒本味的腥味浓。

▌将手中的花椒握紧搓 5 下后，香气转为干柴味浓，青柚皮味也浓，带浓挥发感的木腥味，有微凉香感的陈皮味。

▌取两颗花椒粒放入口中咀嚼，可感觉到干柴味混合青柚皮味明显，带鲜青柚白皮苦味，有明显挥发性木腥味，些许藤腥味，苦味、青涩味明显，有很淡的甜香味。后韵挥发性木腥味明显，西路花椒本味为主。

▌麻度为中上到强，麻度上升快，麻感增强极快，属于明显尖刺感的粗中带硬毛刷感，凉麻感明显。

▌整体香、麻、滋味在口中持续时间约 30 分钟。

47. 阿坝藏族羌族自治州茂县

品种：西路花椒

风味类型：柚皮味花椒

学名：花椒（*Zanthoxylum bungeanum*）

地方名：六月红、大红袍、花椒、红椒。

分布：叠溪镇、渭门镇、沟口镇、黑虎镇为主，其他乡镇也都普遍种植。

产季：农历 5 月下旬到 7 月上旬，大约是阳历 6 月下旬到 8 月上旬。

【感官分析】

▌茂县西路花椒的外皮为浓郁而亮的红色、红紫色到暗红色并泛着淡淡的蓝紫色光泽，内皮米黄。

▌直接闻盛器中的花椒时，浓郁甜柚皮香带有酒精挥发感，夹有木香味，木腥味淡。

▌抓一把在手中可以感觉到茂县西路花椒颗粒为干木片的疏松感。

▌取 5 颗花椒握在手心提高些许温度后，呈现凉爽感的甜柚皮香，后韵木香气浓而舒服，刚晒好的新花椒带有类似香蕉水的浓香水味。

▌将手中的花椒握紧搓 5 下后，香气转为凉爽柚皮香，西路花椒特有的木腥味轻微，夹有淡淡的橘皮香。

▌取两颗花椒粒放入口中咀嚼，先感觉到挥发感木腥味上冲，苦味明显，涩味中，有熟果香，后面开始有甜香回甜感，生津感强，强度让人有轻微恶心感。回味时以甜柚皮味为主。

▌麻度高到强，麻度上升极快，麻感增强极快，属于尖锐感的粗中带硬毛刷感。

▌整体香、麻、滋味在口中持续时间约 30 分钟。

46. 甘孜藏族自治州九龙县

品种：西路花椒

风味类型：柚皮味花椒

学名：花椒（*Zanthoxylum bungeanum*）

地方名：大红袍花椒、红椒。

分布：呷尔镇、乃渠镇、乌拉溪镇、雪窪龙镇、烟袋乡、子耳乡、魁多镇、三垭镇、小金乡、朵洛乡。

产季：农历 6 月上旬到 7 月上旬，大约是阳历 7 月到 8 月上旬。

【感官分析】

▌九龙西路花椒的外皮为棕红色到紫红色，其内皮属于米黄色。

▌直接闻盛器中的花椒时，具有熟甜柚皮味，轻微的陈皮味，有凉爽感，带果香味。

▌抓一把在手中可以感觉到九龙西路花椒颗粒是微扎手的粗糙感。

▌取 5 颗花椒握在手心提高些许温度后，柚皮味与凉爽感转明显，木香味中带有轻微的西路花椒本味。

▌将手中的花椒握紧搓 5 下后，香气转为柚皮味中有些许柠檬皮味，凉爽感明显，舒服的木香味，西路花椒本味相对轻微。

▌取两颗花椒粒放入口中咀嚼，先感觉到苦味出现，柚皮味明显，随后出现橘皮甜香味，香气有上冲到鼻腔的感觉，回甜感明显，生津感适中。后韵都保持柚皮加橘皮甜香感及少许金橘味。

▌麻度中上到高，麻度上升快，麻感增强快，属于密刺的细中带粗毛刷感。

▌整体香、麻、滋味在口中持续时间约 30 分钟。

48. 阿坝藏族羌族自治州松潘县

主要品种：西路花椒
风味类型：柚皮味花椒
学名：花椒（*Zanthoxylum bungeanum*）
地方名：六月红、大红袍、花椒、红椒。
分布：镇坪乡、镇江关乡、岷江乡、小姓乡。
产季：农历 6 月中到 8 月，大约是阳历 7 月中到 9 月上旬。

【感官分析】

▌松潘西路花椒的外皮为红褐色到浓亮红色，内皮为米黄色。
▌直接闻盛器中的花椒时，有木香味加干的熟透柚皮香。
▌抓一把在手中可以感觉到松潘西路花椒颗粒为干薄木片般的疏松感。
▌取 5 颗花椒握在手心提高些许温度后，木香味、木腥味并重，柚香味明显，夹有陈皮味。
▌将手中的花椒握紧搓 5 下后，香气转为清新柚香味加木香味，木腥味感减低。
▌取两颗花椒粒放入口中咀嚼，可感觉到明显柚皮味中带凉麻味感，西路花椒特有挥发感本味明显，干柴味中有明显的木腥味，苦味中等。后韵回甜而爽香，有微涩感，生津感中等。
▌麻度中上到强，麻度上升快，麻感增强快，为细刺的硬细毛刷感。
▌整体香、麻、滋味在口中持续时间约 30 分钟。

49. 阿坝藏族羌族自治州马尔康市

品种：西路花椒
风味类型：柚皮味花椒
学名：花椒（*Zanthoxylum bungeanum*）
地方名：大红袍。
分布：松岗镇、脚木足乡、木耳宗乡、党坝乡。
产季：农历 6 月中到 7 月下旬，大约是阳历 7 月上旬到 9 月上旬。

【感官分析】

▌马尔康西路花椒的外皮为红紫色到粉红紫色带少许蓝紫色，内皮是米黄色。
▌直接闻盛器中的花椒时，鲜明青柚皮味中带少许西路花椒特有的挥发感腥味，木香味轻微。
▌抓一把在手中可以感觉到马尔康西路花椒颗粒为硬的蓬松感。
▌取 5 颗花椒握在手心提高些许温度后，转为干柴味明显中带柚皮味与陈皮味，木香味轻。
▌将手中的花椒握紧搓 5 下后，香气转为柚皮香味加青橘皮味与少许甜香味、木香味，少许凉香味，轻微的西路花椒特有的腥味。
▌取两颗花椒粒放入口中咀嚼，可感觉到柚皮苦香味，苦味、麻味一起出现，甜味与特有腥味穿梭其中，干柴味明显。生津感中等，轻微恶心感，回味凉爽中带干柴味。
▌麻度中等，麻度上升偏快，麻感增强快，属于略刺的细中带硬毛刷感。
▌整体香、麻、滋味在口中持续时间约 25 分钟。

50. 阿坝藏族羌族自治州理县

品种：西路花椒

风味类型：柚皮味花椒

学名：花椒（*Zanthoxylum bungeanum*）

地方名：六月红、大红袍。

分布：甘堡乡、薛城镇、通化乡、蒲溪乡。

产季：农历 6 月中到 7 月下旬，大约是阳历 7 月上旬到 9 月上旬。

【感官分析】

▌理县西路花椒的外皮为橙红色到暗紫红色，带有淡淡的蓝色光泽，内皮为米黄色。

▌直接闻盛器中的花椒时，柚皮香中有酒精挥发感的气味，轻微的陈皮味与木香味，明显柚皮腥味与浓的挥发性腥味。

▌抓一把在手中可以感觉到理县西路花椒颗粒为轻质、微扎手颗粒的疏松感。

▌取 5 颗花椒握在手心提高些许温度后，柚皮香变得浓纯，干柴味明显。

▌将手中的花椒握紧搓 5 下后，香气转为柚皮味香浓，出现橘皮味，干柴味仍明显。

▌取两颗花椒粒放入口中咀嚼，可感觉到青柚皮味浓，并感觉到苦味，有涩味，其有柠檬皮味凉香感，生津感浓，干柴味明显。回味略有清甜清香，凉麻感轻。

▌麻度中等，麻度上升快，麻感增强偏快，麻感属于尖锐的粗中带细硬毛刷感。

▌整体香、麻、滋味在口中持续时间约 30 分钟。

51. 阿坝藏族羌族自治州金川县

品种：西路花椒

风味类型：柚皮味花椒

学名：花椒（*Zanthoxylum bungeanum*）

地方名：大红袍、臭椒。

分布：观音桥镇、俄热乡、太阳河乡、金川镇、沙耳乡、咯尔乡、勒乌乡、河东乡、河西乡、独松乡、安宁乡、卡撒乡、曾达乡。

产季：农历 6 月中到 7 月下旬，大约是阳历 6 月下旬到 8 月中下旬。

【感官分析】

▌金川西路花椒的外皮为红褐色到褐黄色，内皮为米白带微黄色。

▌直接闻盛器中的花椒时，柚皮味明显，西路花椒特有的挥发感腥味适中，舒服的木香味。

▌抓一把在手中可以感觉到金川西路花椒颗粒为粗糙微扎手疏松感。

▌取 5 颗花椒握在手心提高些许温度后，柚皮味与凉感明显，舒服的木香味及明显的西路花椒特有的腥味。

▌将手中的花椒握紧搓 5 下后，柚皮味与凉感更加明显，有少许柠檬皮味，舒服的木香味，明显的西路花椒特有腥味。

▌取两颗花椒粒放入口中咀嚼，可感觉到明显苦味、柚皮味，出现挥发感腥味后才感觉到木香味加甜香味及少许橘香味。余韵有橘香气与凉麻感。

▌麻度中上到高，麻度上升快，麻感增强偏快，为细刺的硬细毛刷感。

▌整体香、麻、滋味在口中持续时间约 25 分钟。

52. 阿坝藏族羌族自治州九寨沟县

主要品种：西路花椒

风味类型：柚皮味花椒

学名：花椒（*Zanthoxylum bungeanum*）

地方名：大红袍、红椒、家花椒。

分布：陵江乡、双河乡、永丰乡、白河乡、永和乡、保华乡。

产季：农历 5 月下旬到 7 月上旬，大约是阳历 6 月下旬到 8 月上旬。

【感官分析】

▌九寨沟西路花椒外皮为暗红色到暗紫红色，夹有少量黑褐色，内皮为米黄色。

▌直接闻盛器中的花椒时，以橘皮味木香气为主，带有干柴味、干柚皮香，挥发感轻，西路花椒腥味轻。

▌抓一把在手中可以感觉到九寨沟的西路花椒颗粒为颗粒状明显疏松感。

▌取 5 颗花椒握在手心提高些许温度后，散发出更鲜明的干柴味、干柚皮味、干橘皮味等混合气味，仍有轻微的挥发感与西路花椒腥味。

▌将手中的花椒握紧搓 5 下后，香气转为轻淡凉香味中有明显的苦柚皮味、木香味、陈皮味，西路花椒腥味仍可感觉到。

▌取两颗花椒粒放入口中咀嚼，可先感觉到明显的柚皮味混合些许橘皮味，具有中等的苦涩味，麻感舒爽，及轻微的回甜味。后韵为橘皮味中带凉感与淡淡的柚果香味，生津感中上。

▌麻度中上到高，麻度上升快，麻感增强快，为细刺的硬细毛刷感。

▌整体香、麻、滋味在口中持续时间约 25 分钟。

53. 阿坝藏族羌族自治州汶川县

主要品种：西路花椒

风味类型：柚皮味花椒

学名：花椒（*Zanthoxylum bungeanum*）

地方名：六月红、六月椒、大红袍。

分布：威州镇、绵虒镇、克枯乡、龙溪乡、雁门乡。

产季：农历 5 月下旬到 7 月上旬，大约是阳历 6 月下旬到 8 月上旬。

【感官分析】

▌汶川西路花椒的外皮为浓郁紫的红色到暗红褐色，内皮米黄偏深。

▌直接闻盛器中的花椒时，柚皮味混合干柴味明显，有微凉感，木腥味不明显。

▌抓一把在手中可以感觉到汶川西路花椒颗粒为干燥的薄木片疏松感。

▌取 5 颗花椒握在手心提高些许温度后，呈现凉而爽的青柚皮味，木香味柔和。

▌将手中的花椒握紧搓 5 下后，香气转为凉爽的青柚皮味并带有青橘皮味与挥发感气味，木香柔和。

▌取两颗花椒粒放入口中咀嚼，可感觉到先有一点橘皮味，后续青柚皮味香而浓，苦味中上，回甜味明显，有凉香感与凉麻感，柔和的西路花椒标志腥味，生津感中上，尾韵爽麻回甜。

▌麻度中上到强，麻度上升快，麻感增强快，麻感属于细刺的细中带硬毛刷感。

▌整体香、麻、滋味在口中持续时间约 25 分钟。